中国城池史

张驭寰 著

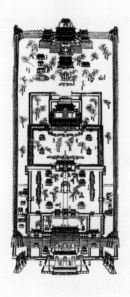

中国友谊出版公司

图书在版编目（CIP）数据

中国城池史 / 张驭寰著. -- 2版. -- 北京 ： 中国
友谊出版公司，2015.8 (2021.3重印)

ISBN 978-7-5057-3540-8

Ⅰ．①中… Ⅱ．①张… Ⅲ．①古城－建筑史－中国
Ⅳ．①TU-098.12

中国版本图书馆CIP数据核字(2015)第142291号

书名	**中国城池史**
作者	张驭寰
出版	中国友谊出版公司
发行	中国友谊出版公司
经销	新华书店
印刷	文畅阁印刷有限公司
规格	710×1000毫米　16开
	24.75印张　449千字
版次	2015年9月第2版
印次	2021年3月第5次印刷
书号	ISBN 978-7-5057-3540-8
定价	48.00元
地址	北京市朝阳区西坝河南里17号楼
邮编	100028
电话	（010）64678009

序　言

　　我国古代城池的建设很早就有了,经过 5000 多年筑城的发展,历代建设的城池,从都城到一般城池,有近千座,再加上明清以来各县镇建城至少有 3000 多座,总计有四五千座城池。这些浩大壮伟的工程,显示出中国先民的气魄,同时也是我国的一笔宝贵财富。

　　我国古代城池数量很多,其中有许多城池的规划设计手法对今天做城市规划也有借鉴的价值。特别是其中蕴含的军事防卫、战备攻城等观念对现代军事学中的战斗学、防守进攻学等方面有很大的指导意义。

　　我国古代有一些著名的历史人物,对城池有很深的研究,为我国古代城池的建设与规划作出了很大贡献。例如,墨子对筑城有一套理论,管仲对筑城也有一些想法,隋朝长安城的设计者宇文恺、元大都的设计者刘秉忠等人对城池建设与规划都有独到的见解。

　　多年以来,我国学者在城池建设方面的论著不多,专著也甚少。留传下来的只是一些人对城池建设的不成系统的观点。民国年间,乐嘉藻先生的《中国建筑史》仅对中国的城池建设有一篇论述。新中国建立以后,关于城池的著作也是凤毛麟角,在各种中国建筑史书中仅有一章半节的论述,就是城市史的论述也是比较简单的。对学界来说,对中国古代城池的研究还要进一步加深,以适应社会发展的需要。

作者　于冬篱书屋

2000年10月31日

绪　论

　　我国古代的城池，起初之时，是为人们聚居而建设的。通过对考古人员清理出来的城池的研究发现，建城时间最早，形状又十分完整的，首推史前龙山文化藤花落古城遗址，这应当说是我国古代城池建设的一个开端。

　　之后很长时间没有发现与之相比的古代城池遗址，一直到发现郑州商城。这说明从商周时代开始，我国古代的城池建设进入了一个新阶段。

　　到春秋战国之时，各诸侯国分别建造都城，规模都是很大的。从各国都城的遗址状况来看，城内规划以及宫殿区、作坊区都很明显，同时也有明确的分区，这些城池实际上是统治阶级居住的场所。而广大老百姓的居住环境等并没有得到认真解决。至于城池的形状，当然是按先人传下来的风格设计规划的。

　　在当时的情况下，建城较多，先人总结过去建设的经验，写成《考工记》一书，其中有一幅王城图。该书为后人留下了重要的建城资料，成为后来的人们建设城池的一个蓝本。后人在建城时，对于城池的形状，城门的数量，道路的设计，宫城的安排等等都遵循了《考工记》的设计。后来的学者将《考工记》补入《周礼》之中，使后人建城时遵循《周礼》，这便成为建城的一个原则。从此，我国城池建设又有了一个新的转折点。

　　在《考工记》的影响下，后来的城池多建造成方形。方形城池是古代城池发展的主流。在实际建城中，虽然大多以《考工记》中的王城图为参考，但由于地形和地理位置的不同,城池有的做成矩形,有的建成方而不方、圆而不圆的极不规则形。与此同时,还出现了一些圆形城池。但无论形状怎样变化,大都体现了王城图的基本思想。

从秦汉到南北朝,时值封建社会初期,在各地建设的许多城池,基本上都以《考工记》中的王城图为依据。此后,从隋唐至北宋时期,各地建造的城池,仍是以《考工记》中的王城图为蓝本规划建设的,同时也表现出了一些创造性的建设思想。

在唐代,长安城是当时世界上一个最大的城市,城池庞大,人口密集,城市分区采取里坊制度,建得非常整齐。为了防卫安全,每个街坊都建有坊墙,四面坊门早开晚闭,人们不能随便出入。城池里还建有寺院、庙宇以及各种衙门。街道很宽,但一到晚上在大街上人们往来并不多,因为实行夜禁制度。

从北宋东京城开始,城池里出现了大量的商店、酒楼、货栈、餐馆以及各种店铺,大街上来往人员很多,街面非常繁华,改变了城池的封闭状态。这种建城风格一直影响到元明清。

在元明清时期,北京城采用大街小巷的布局,大街两边有商店,车马通行。而建在东西巷子里的住宅,使城内居住的人格外安适。这是在北宋东京城的规划影响下产生的。所以说北宋东京城在城池史上是一个比较大的转折。

在我国历史上,各地的城池大都用土做城墙,即谓土筑城,也有个别城池用砖包皮做成砖城。但到明代以后,国力强盛,手工业发展很快,大量生产青砖,因此建设砖城。也就是说,把城墙的内外都用砖砌,砖城看起来非常美观,而且又坚固。明代修建的万里长城,特别是从府谷、偏关往东到山海关一段长城内外都是用砖砌的。其他如北京城、南京城等地的砖城,基本上都是明代包砌的。砖城的建造是中国城池建设史上一个关键性的变化。

建设一座城池,建在什么地方,如何建设,这与选取地址的地形也有很大的关系。

对一座城池进行规划,要对城墙结构,城池大小,城门设置,城池形状等都要具体考虑。对城池各个部位的设置应进行系统的规划,既使居住的百姓感到方便,又能够很好地防卫。因而如何引水进城,如何贯通全城,如何运用支流以及各种桥梁的架设等等都要进入具体的规划。

　　城池里的生活需要水。但是护城河的水不能用于居民生活。它仅仅是作为一种防卫设施而出现的。因此,必须把大河的水引入城中。在我国古代城池的规划中,有方形的城,但城中的河流是弯曲的,二者对比非常有趣。在设计对称的城池中,设计了不对称的河海湖池,这是我国城池规划的一个创举。

　　城池里最主要的建筑群,有宫廷、衙署、寺院、庙宇、书院、民居等等。古代城池里的许多大型建筑栽有绿树进行绿化,很注重环境的安静幽雅。

　　我国古代几千年来的城池建设,很有特色。我们今天应当保护旧城,在改造旧城时要吸取古代城池建设的经验与手法,应用到今天新的城市建设规划中。

第一章　都城与一般城池

早期城池

史前藤花落古城[①]

　　这是史前龙山文化时期的一座城址，具体位置在江苏省连云港藤花落(lào)这个地方，命名为藤花落古城。

　　全城分为两重，内城是方形，外城是长方形。内城紧贴于外城的东南墙，外城外面有一圈护城河。内城有三处高台基，在台基上有大型回廊式建筑。城中有主要道路，也有次要道路。外城还有城门的遗址。外城城围1520米，南北长435米，东西宽325米，城墙的宽度达21米～25米，残留的城墙高1.2米。全城的总面积有14万平方米，根据现存的遗址情况来分析，城墙墙体是由夯土和版筑筑成的。城墙的中心由土夯成，剖面上都呈半圆形，底面呈凹圆形。护城河宽7.5米～8米，残深只有0.8米。城墙的转角不是直角，全部做成弧形，十分圆润。南城门在南城墙的中部，略微偏西，宽达10米。城门残高0.45米，坡度为9度，门槛的东端

---

　　① 林留根、周锦屏、高伟、刘原学著《藤花落遗址聚落考古取得重大收获》，详见2000年6月25日《中国文物报》。

尚有较大的柱洞。

内城也筑有城墙，由城垣、城外道路、城门和哨所组成。内城城墙的四角，也做成弧形。南北长209米，东西宽200米，城围806米，墙体宽14米，残高1.2米，内城面积4万平方米。内城也是用夯土和版筑筑成的，但是版块大小不一样，薄厚也不均匀。在内墙墙体中有很密的木桩，沿城墙垂直方向，直入地下，成排的木桩数以万计，间距20厘米～60厘米，残高约1.2米，但不完全相同。这些木桩是先被打入地下，然后夯土夯实的。内城南城门与外城南城门在一条中轴线上。

内城外的道路与外城门的门道相交，根据木桩来看，这很可能是干阑式建筑或者是短桩台基的做法。内城中有3个土台，总面积有600平方米，另外发现有35座房屋，其中有长方形的单间房、双间房、排房，但回字形房、圆形房式样也很多。

这座古城是山东龙山文化时期的古城遗址，是已发现的数十个史前遗址中最具代表性的。从全城的平面图来看，它建得如此完整，如果不是有确凿证据证明它是史前龙山文化时期的古城，人们或许会认为它是我国封建社会时期建的一座古城。

从古城的平面布局来看，这并不是一般的城。后期《考工记》中的周王城图，并不是凭空臆想的，而是对早期我国的各个城池的实物总结以后产生的。周王城图的产生时间也是很早的，起码在秦汉之际。远在商周时期的古城，如郑州商城、《考工记》中的王城图，基本上都做方形城池。藤花落城池是早期城池的示

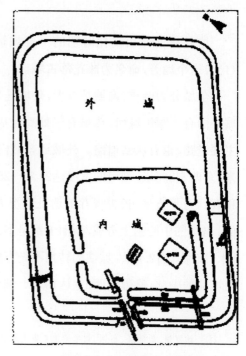

史前龙山文化藤花落古城址

范蓝本了。周王城图从产生之时便是方形的,它对封建社会早期城池建设的影响很大,也可以说,封建社会早期的城池建设都是在周王城图的影响下产生的。

郑州商城

建国后,在郑州市城内偏东南方向,考古人员发掘出了一座古城,经过他们考察,确定这是一座商代城池,名曰郑州商城,其面积达到25平方千米,是商代早期的城池。

据《竹书纪年》《史记·殷本纪》记述,从成汤建国到殷纣王亡国,商代前后共600年左右。从成汤建国到盘庚迁殷前,是前期;从盘庚迁殷到商被周武王所灭,属于商代后期。郑州商城是商代前期的一处都城。

郑州商城建在平地上,周围没有山,全城平面为长方形,南北长2500米,东西宽2000米。全城周长约有7000米,城墙的四周有大小缺口11处,这些缺口很可能是当年城门的遗址。城墙是全城的主体工程,主要城墙高7米~9米不等;较低的为1米、0.5米,还有的刚露出地面。大部分城墙已埋没于地底下。全城都是采用夯土版筑的形式分层夯实的,每个夯层都有密集的夯窝。

商代已进入奴隶社会,这在建筑上已有充分的表现。在郑州商城的东北部发现有大批房屋都建在夯土台基上。应是商代大

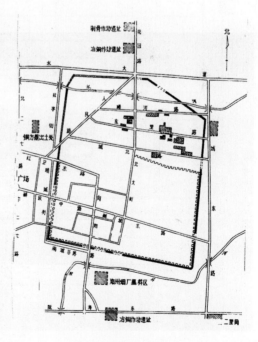

郑州商城平面图

郑州商城夯土层

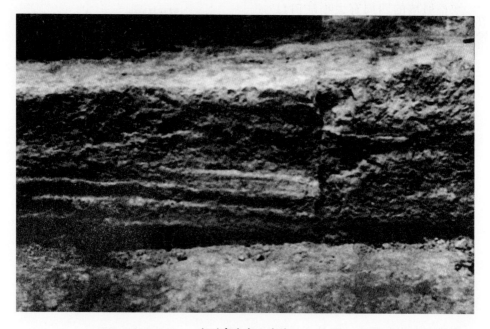

郑州商城夯土城墙

郑州商城夯土墙

贵族居住的宫殿区。土台都是分层夯筑的，在台基上面用细砂和料礓石铺砌。台基表面排列有整齐的柱穴，柱穴底部大都有圆形础石。郑州商城与河南偃师二里头夏都遗址、湖北黄陂盘龙城商代遗址在建筑上有许多共同处，同时也表明了商代宫殿建筑的规模还很宏大。

城中居民区的房屋可以分两类，一类是在地下挖一个方形池或长方形池作为房屋的基础部分，再在地面筑墙；另一类是在地面上打夯，然后筑墙。商城外面还有许多小型房屋，可能是当时青铜冶炼、骨器制作、陶器制作的作坊遗址。

郑州商城遗址的宫殿区面积达6万平方米，比殷墟的宫殿区面积大出两倍以上。考古人员推断郑州商城是一座商代时期的都城，它向人们展示了我国奴隶社会早期的城池面貌，展现了3500年前的商代文化，是我国建筑史上的一个重要里程碑。

郑州商城夯土层

郑州商城夯土墙版缝

洛阳东周王城[①]

公元前11世纪,周武王即位后,积极做灭商的准备。他在河南孟津一带进行军事演习,规模比较大,当时有八百诸侯闻讯赶来参加。几年后,周武王乘商朝统治集团内部自相残杀之机,率大军从孟津渡过黄河,在商都朝歌(今河南淇县)郊外的牧野与商军进行大战,大战之中商军溃败,周武王一举推翻了商朝的统治,建立了周王朝。历史上称为西周。周武王打败商军之后,回到镐京,对周公姬旦说,洛邑南望嵩山,北看太行,后有黄河,前临伊洛,是建都的好地方。但是周武王在打败商军的第二年就死了。其子周成王即位后,周公奉命负责营建洛邑的工作。

公元前770年,周平王迁都洛阳。西周变为东周,开始大规模建设洛阳城。洛阳的东周王城城池很大,但考古人员至今尚未发现大型的建筑遗迹。

洛阳东周王城在洛阳西边一带,方圆15里。全城大体上为方形,北城墙东端向北斜约25度,东城墙南段略微东斜,南城墙比较平直,西城墙由于涧河流经城中有几段拐角城。

全城四面各开3个城门,共计12座城门,东门称作九鼎门,传说周成王迁九鼎就是从这里入城的。城内东西向、南北向道路各有9条。王宫修建在中央大道上,左有宗庙,右有社稷。王宫前面是朝会诸侯和群臣的各种殿宇,王宫后面是商业市场。这可以说早在3000多年前,我国古代的都城规划已经有了合理的布局,这种"前朝后市"的设计已正式确定下来。

---

① 作者于1960年3月到达洛阳,勘察了周王城的全部面貌。

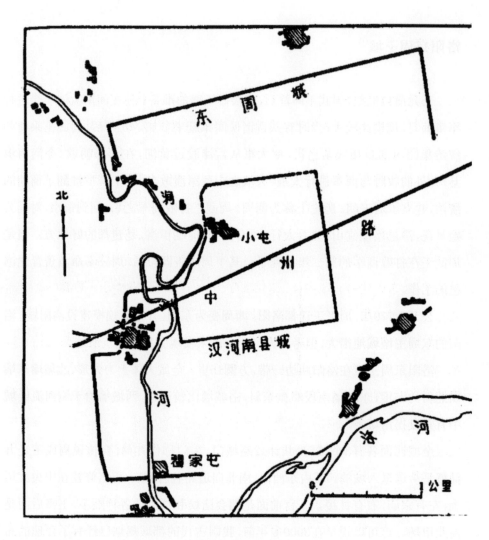

洛阳东周王城平面图

东周王城出土半瓦当

东周王城出土半瓦当

古晋城

山西汾城附近有一处古城遗址,当地称之为"古晋城"。该城址规模很大。当年晋都曾数次迁移,此处古城址是哪一时期的晋都,尚需要进一步研究。

古晋城,建在汾城镇(旧太平县城)西南25里处的一个台地上。城东北是藐姑射山,城西的汾河弯曲如带,城南是一片开阔的汾水平原。这里左山右水,地势开阔,形势适中,春秋时晋国选择此地建设都城是很合适的。

古晋城紧邻汾河,西北略高,东南方向地势略低。全城平面是南北方向的矩形,一条中轴线贯通南北。局部城墙略有向里做弯曲的折角现象。东北角有一段向里凹进,东南角有一段向外凸出;西南、东南两处城角各做出一段斜墙。城东西宽1500米,南北长3000米,总面积约450万平方米。

城墙全部采用夯土筑成,因年代久远,已逐渐坍塌成为土叠。最宽处有12米,最窄处只有6米。土叠高低起伏。北城和西城保存较完整,城的西南角和南墙已铲为平地。特别是南城墙的中央部分,因在明清时建造了一个小镇,城墙原貌遭到了彻底的破坏。现存城墙的形制和汉魏时期遗留的古城相似,但古晋城的建筑年代比汉魏时要早得多。城墙保存到今日还有那么高的土叠,可见当时的城墙建得多么高大雄伟。

古晋城的城门,只有北门遗址阙口明显。北城墙的中央有很大的一个门道,可知北城只有一座城门。东城墙有3处缺口,西城墙也有类似城门的遗迹。据观察,东城墙的3处缺口,可能是城门的位置。东西城墙是否各有3座城门,尚不能断言。

北门内的大路已走成道槽,当是一条古道,可以判断至少通到中心。这条道路至今犹存。城中的宫殿土台,分布在路的两侧。

护城河的遗址还很清楚。河道距城墙5米左右。护城河宽约15米,河床淤塞,几乎与地面相平。南城、西南城的河道已成为平地。

城里偏北半部分中心干路的两侧,有隆起的土台数处,当地群众称其为"宫殿"遗址。据调查,偏东部分有土台3处,最东边一处高约8米,做拐角形;西部有有土台2处,紧靠东者亦是一拐角形。这些土台都在一条横轴线上,说明当年有并列的殿宇建筑。宫殿建在都城的北半部中心处,这在古代城池中是常见的。古晋城的土台规模相当可观,全部采用夯土筑成。这显然是当年高台建筑的遗迹。

我们除对古晋城城址形制规模做了调查外,还在地表上发现了许多陶片、瓦片。有红陶、灰陶、粗绳纹瓦片、细绳纹瓦片、筒瓦、砖、纺轮以及印有五铢钱纹的陶片。这些遗物大多分布在东北城门附近,东南城墙及宫殿前端的干道等处。

其中粗绳纹瓦,厚1厘米,青灰色。瓦表面印有突起的斜格纹样,方格距离0.06厘米。从断面来看,泥质细密,火候适度,质地坚硬。瓦片中小片、碎片较多,长10厘米的要算最大的了。还有比较整齐的细绳纹瓦片,形式和粗绳纹瓦片相同,只是内部轧出一个小坑,质地青灰色,敲之有清脆声。

汾水一带是一片广阔的平原,从公元前678年至公元前475年,晋国的历代统治者都在这里建都。据文献记载,晋国国都有4处。但是文献的说法不相同,有的说是在绛县、翼城;有的说是在汾城、闻喜、侯马、新田……究竟晋都在何处?这是研究晋国都城位置遇到的一个重要问题。

我在山西实地调查过,后来又查找了一些文献资料,得知汾水一带确有五处晋城遗址——

侯马

故城在原侯马镇西北2里,即是目前山西省文物工作管理委员会侯马工作站所发掘之晋城遗址。

翼城

在县城东南15里,有晋城遗址,称为故城村。清初"翼城八景",其中有"故城春色",即指这座晋国故城基址。

闻喜

在县城西北30里,故城遗址依然存在。《闻喜县志》记载此地曾是晋献公避暑城。

曲沃

在县城西南2里。

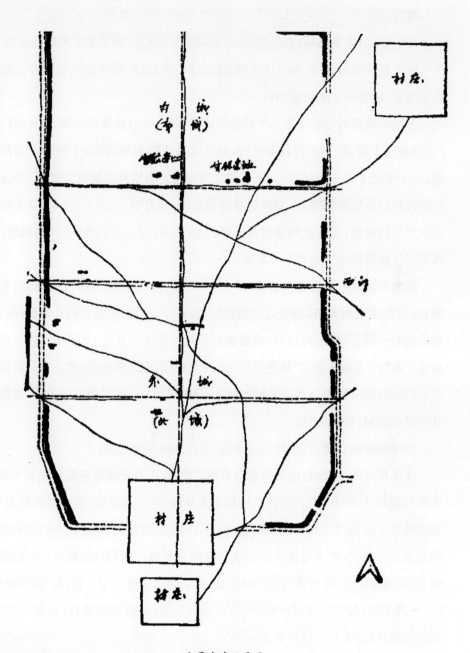

古晋城遗址平面

襄汾

在汾城（旧太平县境）东南25里有一座古晋城遗址，即是本文考察的故城。

以上五处晋城遗址，除侯马的晋城遗址不明显外，其余几处都残存大部分城墙故基，实物和文献记载相符。

晋国初期都城设在太原。晋穆侯时迁于翼城，当时称翼为绛翼。《诗谱》云："晋穆侯迁于绛翼。"到晋侯缗之时，曲沃武公攻陷翼城，武公下令僖王建都翼城，至子献公才迁入绛县。今天在翼城之故城附近有唐叔虞墓可做证明。公元前668年，献公开始建都绛城。这座绛城即是北绛，故晋城。司马迁《史记》年表称献公九年始城绛县，其实此绛县也是北绛。《左传•庄公二十六年》，"士蒍城绛，以深其宫"，也是指这个地方——北绛。

到晋景公时，"景公谋去故绛，诸大夫议居郇瑕。韩献子曰：'土薄水浅，不如新田。'"后来迁居新田。景公之后历经厉公、悼公、平公、昭公、顷公、定公、出公、敬公、幽公、烈公、桓公等11世，全部建都于此。曲沃八景之一"新田秋色"，就是指这个地方。当地还建有"秋色亭"。《山西大观》所记之秋色亭，就在侯马的西门外，正是侯马牛村，平望故城发掘的地方。《曲沃县志》也有同样的记载。后来流传的新田故城，即指此处。

至于闻喜的晋城，乃是献公避暑城，不在都城范围之内。

本文所述的古晋城，应是晋献公都城。首先，在古晋城内各处发现有大量的东周时期陶片、版瓦和筒瓦，残片面饰以粗绳纹，里面为布纹，其中以绳纹为主。地面残存平底器残片也不少，跟我在侯马工作站看到的东周遗址中的春秋遗物较为接近。其次，很多历史文献都认为这里是晋城。如《史记》称："……献公城聚，聚即故绛。"司马光曾有《故绛城》诗，也认为这里是晋城。《晋城考》也说到："……其子献，城绛居之，至今太平县南二十五里，所筑城址尚存，历惠、怀、文、襄、灵、成六公，至景公迁于新田……"

光绪八年修《太平县志》，道光五年修《太平县志》，也均有记载。至今在晋城遗址以东，有献公为骊姬二子筑的九层台。在晋城北60里，有襄公陵，今并入襄汾县。由以上这些例子，可以证明古晋城从晋献公时始建，这是没有多大问题的。

春秋战国时代

临淄城

临淄在山东省中部,位于青州之北淄博市之东,地处淄河之畔。战国时代齐国的都城,就建在这个地方,因为全城紧临淄河,故曰临淄。

临淄城分内城、外城,外城是一座大的方城,内城建在外城西南角。内城的南城墙长1402米,西城墙2274米,东城墙2195米,北城墙1404米。外城南城墙2821米,北城墙3316米,东城墙2143米,西城墙2812米。

全城有城门共11座,其中内城城门5座,东门、西门、北门各1座,南门2座。外城城门6座,东门、西门各1座,北门有2座,南门有2座,城门的门道遗迹尚可看出。

内城是宫殿区。主要建筑有桓公台,至今尚有遗存,台高约14米,共有3层土台。从土台来看,建在这座土台上的宫殿,当年的规模是十分庞大的。

外城的北城墙偏西有一个90度折角,东城墙紧临淄河,也有两处折角,南城

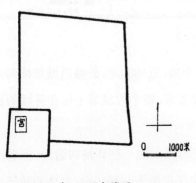

齐·临淄城简图

临淄城半瓦当

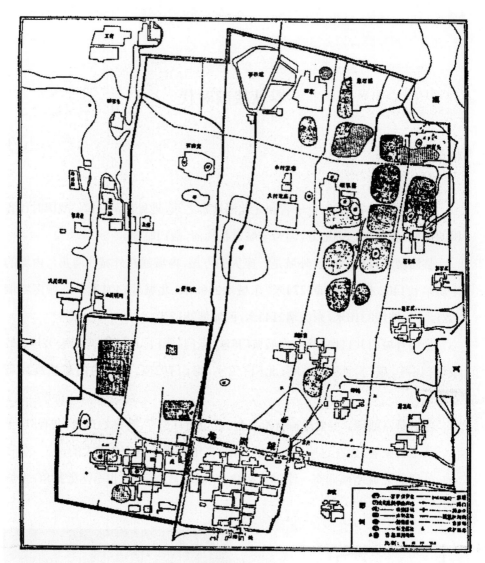

齐国临淄城实测图

墙东西方向略斜。内城墙的南墙向南伸出半个城，近1000米，外城西城墙伸向西端与内城之北墙相接，内城西城向西伸出100多米，整个内城等于压在外城的西南城角。

外城面积比内城面积大五六倍。现在还可以发现一些作坊的遗迹，但看不出居民居住的街巷痕迹。在内城的宫殿区，也仅仅留下一些土台，具体的建筑遗

临淄内城桓公台

临淄内城西城墙

迹也都不存在了。

全城的道路,大体上小城有3条,大城有7条,南北的道路比较宽,约20米左右。

城墙全部用夯土版筑,在城墙夯土中,加上圆木,有利于加强土墙的坚固性。

楚国纪南城

在春秋战国时代，楚国是一个大国，统治50多个小国。楚国地域南至湖南之南部，西达云南，东至大海，北到黄河。纪南城是我国春秋末期至战国中晚期楚国的都城郢都。公元前689年楚文王在这个地方建立都城，以后20多代国王在此建都，历时400多年，是楚国的政治经济、文化中心，为当时南方第一大都会。

纪南城位于今天湖北省荆州城正北5公里处。前往纪南城从荆州走，路是最

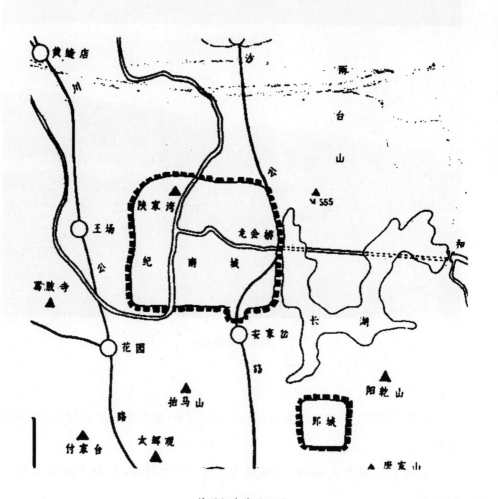

楚国纪南城平面图

近的。纪南城城的北面是砖桥镇,西面是王场镇,有漳河流过,东面有一条长湖,南边是荆州城,临近长江。纪南城的东北方向有雨台山,东南方向有阳乾山、唐家山,正南有拍马山。

全城为方形,四个城角略作圆弧形。南城墙偏东端呈一个圆弧状,这应当是一个小型瓮城。每面城墙长约5000米,全城周长约2万米。城墙之四面,有土墙遗址,城墙的坍落宽度达12米,城墙原高7米,目前已全部塌落。东南角城墙尚存一

楚国纪南城内远望

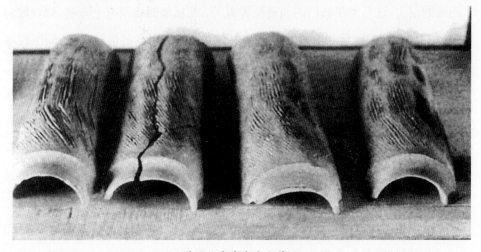

楚国纪南城内出土筒瓦

定高度，城东有长湖，湖水尚存留。从南向北城墙看，城外之水，平静没有波浪，它是当年的护城河，至今尚可窥出。城的东城墙，还有一定的高度，城墙顶端有树木，城内已成为片片良田。西城墙也与其他城墙相仿，唯独在西城门的位置塌落，亦无遗土。笔者听陪同考察的朋友说：当年清理古城时，曾找到三孔城门道，同时也找到一个水门。由此可见，纪南城原来有河，因此，才做水门。三孔门道说明当时城门

全国重点文物保护标志

的规制很大，这与当年城门的通道位置有关。北城墙的墙顶夯土隆起，似双坡向下，左为城边大道，至今通向城中。城内有当地乡民居住的房屋，村子周围树木繁茂。城内的道路平而且直，路边仅有成排的小树。城内偏北屹立有高大的土台，长而宽大，高约6米。笔者在勘察时，曾发现在高台附近出土有版瓦、筒瓦、水井等等。筒瓦瓦面都用粗绳纹压制纹样，版瓦也是同样的纹样，其中有一个筒瓦正端部还带一小孔，这应是当年砌瓦时，用钉钉牢，以便固定筒瓦。其中还有半瓦当，圆瓦当，但是这些都是素面的，没有任何的纹样。瓦当直径都在15厘米左右。

这座纪南城，从建立到被秦将白起焚毁，前后经历400多年的时间。1961年3月，纪南城被国务院公布为全国文物保护单位，当地有人专管，专门保护。至今

全城遗址保存完整,没有遭到破坏。

纪南城选取的地理位置平坦,依山靠水,十分开阔,非常理想,是战略防守的重要地区。战国时代七雄争霸,纪南城作为楚国的都城是其中最大最强的。城的西北方向空旷无垠,东南方向有一些小山,建城时把河道引入城中,建设有水门。城池的四个转角做弧形。东南方向建有一个瓮城,可攻可守。当年的护城河水面宽广,有利于城池的防御。在城的东面还有一条长湖,可引水入城作为城市

纪南城东城内大道

纪南城城墙豁口

生活用水。

　　古荆州城位于长江北岸。古时就建有江陵城，东晋时改江陵为荆州。到后梁时守将高季兴占据江陵城，驱使10万人筑城，因为砌城墙的砖不够用，决定在荆州50里范围内挖墓取砖。当城墙建成之后，相传每至更深夜半之时，城墙上磷光闪闪，居民大有毛骨悚然之感！至南宋咸淳年间，荆州安抚使赵雄又重修荆州城，砖城长10里，并造楼屋1000多间。从而使城墙达到8公里。墙高8米。城墙的基础全用条石平砌，缝间使用灰浆，水洞用条石完整砌筑。护城河挖到3米深。全城建有6座城门，均有城楼，其中的大北门通往京城驿道，称为折柳门。

　　在城内尚有三观建筑最为出名。太晖观在西门外，为明代所建。开元观、元妙观是在唐代开元年间建造的，后来到明代改建，但仍保留唐代的风格。

　　三国时代两部精彩的故事戏——"刘备取荆州""关羽大意失荆州"，就出在这里——荆州城。

燕下都

　　燕国有两座都城，分上下两座。燕上都位于河北省蓟州，至今已无遗迹。燕下都位于河北省易县城南，建在中易水与北易水之间。燕国是战国七雄之一，燕下都是燕国最大的一个城池，全城面积特别大。

　　全城分为东西二城：东城是主城，为内城；西城是外城，为加强防御而建的。东城正面中轴，都偏于西南方向。外城只有西墙与北墙，东墙与内城西墙合而为一，城南为南易水，两座城的南城墙极不完整。城墙有七八米厚，城墙高4米～7米，最高

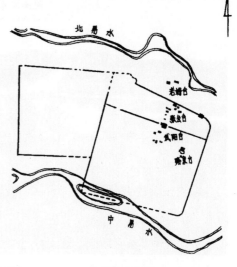

燕下都平面图

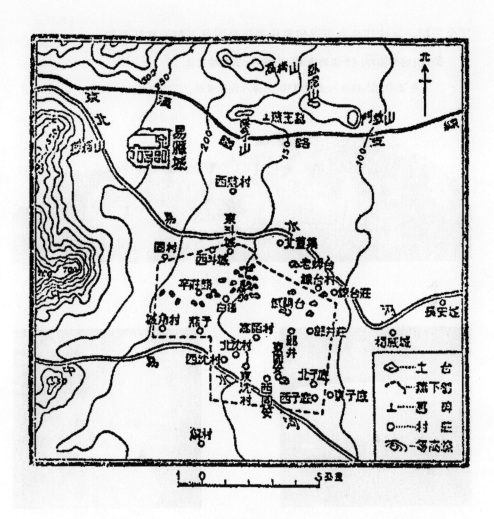

燕下都附近图

部分达到10米。外城西南城角,版筑墙非常明显,墙高10米左右。全城东西长8公里,南北长4公里。

　城内土台大部分都建在东城,东城偏北是宫殿区,所以土台特别高。在战国时期,高台建筑很多,"高台榭,美宫屋",当时的大型建筑,都建在夯土台基上。保留到今天的,有武阳台、张公台、老姆台、路家台、老爷庙台……其中最大最高的台是武阳台,长100米,高六七米。城内高台总数约计有50多个,有的土台高两层至三层。从这些高台可以想象出当年战国燕下都的宫廷面貌。

    参注：村田治郎：《中国的帝都》，1981年，京都综艺社。

      郦道元：《水经注》，王国维校，上海人民出版社。

燕下都老爷庙台

燕下都出土筒瓦

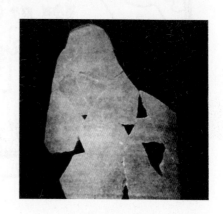

燕下都出土大版瓦

燕下都东城墙

燕下都城墙断面

燕下都张公台

燕下都朱家台

燕下都练台

燕下都老姆台

燕下都路家台

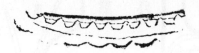

燕下都出土盆唇瓦边（一）

燕下都出土半瓦当

燕下都出土盆唇瓦边（二）

郑韩故城

春秋时代郑国的都城和战国时代韩国的都城建在一处,它的遗址人们称之为郑韩故城,它位于今天河南省新郑县城周围。

郑韩故城大体上是一座方形的城市,当年设九门九关,是一座城围长达40多里的牛角城。全城分为内城、外廓城,外廓城是内城的两倍大。城墙全长为42里,内城方形。外廓城位于内城的东南部,城墙从内城东北角(竹园)起,向东而南,再折向西北,最后,后端弯墙北部与内城东南角相连,弯弯曲曲成为一个不规矩的城。全城用夯土筑成的,夯层是一层一层筑起。每层都布满了圆形夯窝,据《玉海》一书记载:"春秋战争之多,莫如郑国,战国战争之多莫如韩国。"郑韩故城城墙非常宽厚,敌人很难攻破。

全城分为宫殿区、居住区、手工业区、作坊区、商业区以及大规模的冶铁厂区。宫殿在内城的西北角，宫殿分为大宫、西宫以及内宫……居住区在宫殿区的北部,至今尚存有大大小小的房基和陶制井圈。

在城内还有竹园区、竹林区、教场、屯兵之遗迹，等等。在城的西部有双洎河(古洧水)从东南方向斜穿城区。

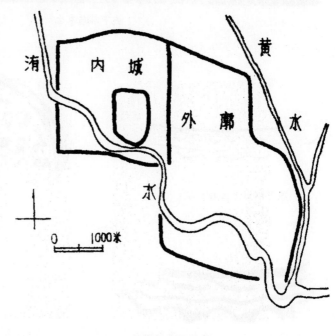

郑韩都城平面图

这个城作为都城，大概建于春秋初期。笔者于1972年到郑韩故城实地考察过。外城北墙东北城角，有一个自然塌落的大洞，有五六间房屋大小。向大洞天花板看去，顶部有一个圆形柳条筐以及麻绳、扁担的印痕，十分明显。这是当年郑韩故城施工时上土、夯土、抬土的工具。考察春秋战国时代筑城的具体施工方法，这是非常重要的一个证据。

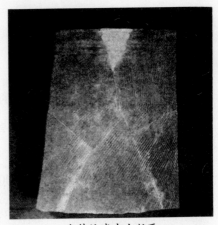

郑韩故城出土版瓦

内城东西长2500米。外城东西长3000米，南北长5000米，其中有洧水贯穿全城，河水弯弯曲曲流过两个城。河水在外城的东南方向紧贴城墙，流向内城的西北方向。

郑韩故城已年代久远，沿洧水这一边的城墙高而且厚，至今留存。内城的西北墙、北部城墙以及南部的部分城墙保持尚完整，其他部分断断续续，已经不成为一个大型的城体。今天的人们如果从郑州方向过来，远看郑韩故城基本完整，全城宽广，城墙高大，可以想见故城当年之气魄。

郑韩故城出土素面瓦当

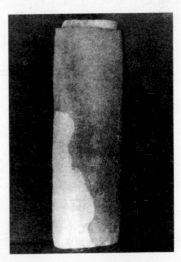

郑韩故城出土长筒瓦

赵武灵王城

赵武灵王城建在太行山东麓的华北大平原上,与邯郸相距4里。赵国在这里建城池,地理位置十分适中。全城分为东西两城(也可以说分为东西两个部分)。

全城东西长4500米,南北长3000米,西半城略大,东半城略小,两城相连。西城有高大的土台3~4处,其中最大的土台长约221米~228米,高约14米,目前土台尚存。东城也有3~4个土台,一律前后排列。

赵武灵王城的城墙,全部是夯土筑成,其中土质黏结性大,筑城之后非常坚硬。这座城保留到今天还算可观,城墙墙体虽然已经坍落,但是原墙状态尚可看出。从许多缺口处,可以清楚地看到城墙的夯层水平线。

这个城到现在时间太久了,经自然界的破坏全城土墙看起来已不太大了。城门遗址已不清楚,道路更不明晰,在高大的土台上还存留有当年的柱础石数处。从柱础石来看,当年宫殿的规模是比较大的。城内还出土排水槽(瓦件),非常整齐而且保存完好。

存留到今天的夯土台有:

龙台:面积有74803平方米,高19米;

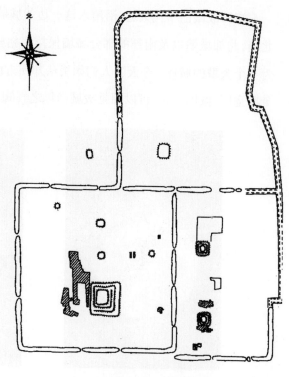

赵武灵王城平面图

张家台：面积有1260平方米，高6米；

北将台：面积有13865平方米，高11.3米；

南将台：面积有11504平方米，高12米。

除了这几个大型台子外，这座城就是残断的土城了，没有其他任何遗迹。

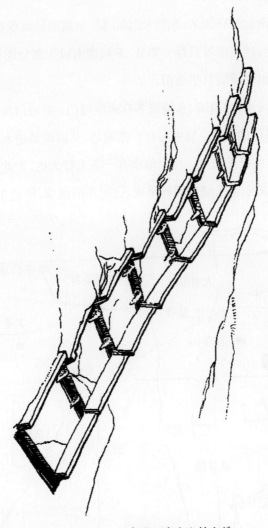

赵武灵王城出土排水槽

郑国京城

郑国京城建于公元前728年前后,是春秋初期建的,位于河南荥阳南。郑国京城并非当时郑国的都城。

全城方形,南北长1500米,东西长2000米。全城的城墙保存不完整,南城墙、北城墙西段转角、西城墙等只存一部分,东城墙南段大部分还存在。依据这些遗址,完全可以测出全城的总平面图。

南城墙、北城墙、西城墙、东城墙各有两座城门。但城门均已不存在,唯有土墙的缺口表明城门的位置。城中心有一条河道,从南城墙进入流向北城,当地老乡叫"红沟"。目前已无河水。城中偏南有一条人行大道,走此路往西出城,可见"点将台"故址。从东端出城为城外平地,这道路的两端,即是东、西城门。再往北

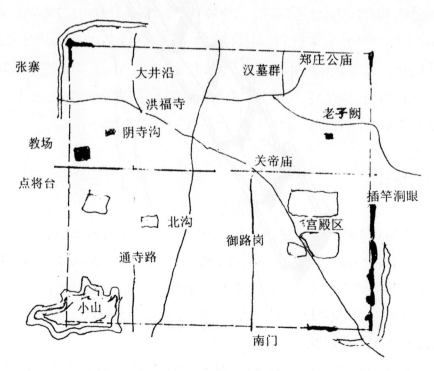

郑国京城平面图

偏中也有一条东西大道,但是北道是曲折的,经洪福寺出西门,这个地名叫阴沟,这条大道向东即是北部的东城门,当地群众呼曰"老王门"。全城南城墙偏东为南门,进入南门即是"御路岗"。此名是否是历史上流传下来的尚不知。全城东南大片遗迹,土台高起数层,估计这是宫殿区。从南墙偏西,在红沟之西为南门,进门之后老乡呼曰"通寺路",此路直达洪福寺。西南城角水土流失,破坏十分严重,城墙遗址找不到了。不过在西南角之城外,为作坊、窑址地区,那里的遗物甚多,其间还发现牛骨、马骨与虎骨。在北城偏西的北门内有一眼古井,北门偏南有一堆汉墓群,还有一座郑庄公庙,在城外有一个村子名曰"魏寨",在偏北的西门外,有一个大村曰"张寨"(柴庄)。在北部西门外偏南有一处土堆,当地人呼曰"大教场"。

　　这个城池保留下来的残墙断壁,确实是春秋时代郑国筑城时遗留下来的,到今天,已有2700余年的历史。东城墙南段的残墙中,至今尚有当年施工时的插竿洞眼,尚有2～3排20多个洞眼,其中最下一排有一个洞眼。笔者考察时,看到那个洞眼的洞壁,有麻绳的痕迹。笔者仔细观察后,猜测当年修建这个城墙之时运用插竿,那一根插竿的竿头有数道裂口,因此用麻绳绑住那个插竿的裂口插入土墙内,施工完毕后这根插竿没有全部拔出来,一部分断在墙内。千百年后,这支插入墙体中的竿头腐烂,因此在洞眼的洞壁出现麻绳的痕迹。

薛国故城

　　薛国故城位于山东省滕州市南17公里,处于官桥、张汪两镇之间。它始建于西周,战国时由孟尝君扩建,虽经历了两三千年的沧桑巨变,城郭保存基本完好。1988年被国务院公布为国家级重点文物保护单位。

　　薛国曾以是夏商周时期的诸侯国,战国时期被齐国所灭。公元前221年,秦始皇灭齐,此地设薛郡。

　　至今全城城墙遗迹甚明显,城池较大。全城周长10650米,现存城墙高6～7

米。据实际调查，全城尚有15个拐角，20多个缺口，其中有些缺口原是城门的选址。南城墙特别直，长1500米；东城墙也比较直，长1750米。北城墙与西城墙一段平，一段斜，形状很不规则。从平面图上看，全城有12个城门，这是由城墙阙口推测出来的。故城中心有皇殿岗遗址，都是一些大土台，有可能是当时统治者的

薛国故城平面图

宫殿区。从皇殿岗的气势来看，当年的薛城宫殿是非常壮丽的。

薛国故城东墙外观

鲁国故城

它是周代鲁国都城遗址,位于山东省曲阜市。现在的曲阜城位于鲁国故城内的西南角,约占鲁故城的七分之一。鲁国故城始建于西周时期(公元前11世纪后半叶),自周公之子伯禽代父就封于鲁开始,先后传二十五世三十四君,至公元前249年被楚所灭。鲁国故城平面略呈方形,东西长5700米,南北长3500米。今曲阜城是明代建的,东西长2100米,南北长1500米。鲁国故城面积很大,北城墙开4个城门,东、西城墙各开3个城门,南城墙只开2个城门。城墙周围有护城河围绕,护城河名曰洙水。南城西半段没有城墙,西城墙、北城墙略有弯曲。

城内的3条东西向道路都直通城门。北半城的3条南北大道也通城门。但在南半城,西边大道通向南门;中间的大道从正南门进入后,与东西大道相交,成丁字街口,各条道路不直通。全城城门共有11座。

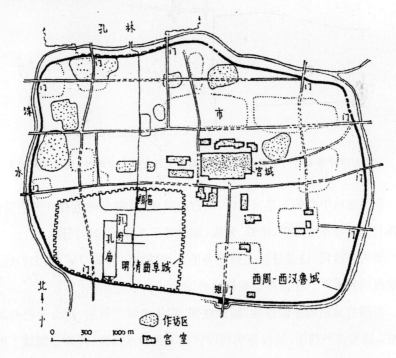

鲁国故城平面图

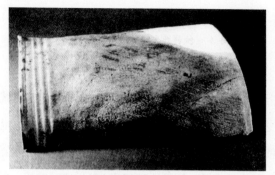

鲁国故城出土版瓦

鲁国故城东城墙夯土

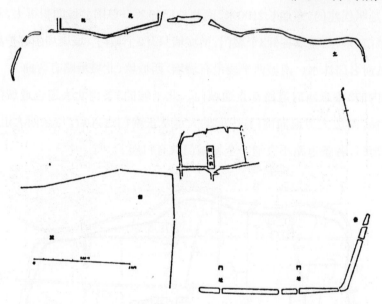

日本学者考察制作的鲁国故城图　摹写自东京大学文学部编《考古学研究》

　　鲁国故城中心偏东是宫廷区,高台建筑很多。高台附近有许多小型台子。城东西北三面分布着炼铜、冶铁、制陶、制骨等手工作坊和居民区。

　　城内有沙丘,这是建城之前准备的。全城城门都做双阙,当人们进门之时,表现极端的威严。在宫殿里觉得格外安全。

　　鲁国故城城墙坚固厚实,耐久性强,它从建城之日起,到今天已有3000年的历史。这实在不简单,足以证明我国古代土工技术高超,特别是筑城工程技术水平更为突出。

《考工记》中的王城图

《考工记》是中国目前所见年代最早的手工业技术文献,该书主体内容编纂于春秋末至战国初,记载了一系列的生产管理和营建制度,在中国建筑史上占有重要地位。今天所见《考工记》是作为《周礼》的一部分。西汉时,河间献王刘德取《考工记》补入《周礼》。《考工记》所论专为百工之事。其中所述的都城制度,在后来的实物中得到印证。书中所述曰"匠人营国,方九里,旁三门。国中九经九纬,经涂九轨,左祖右社,面朝后市"。在这些文字后,还附有一幅王城图。该图显

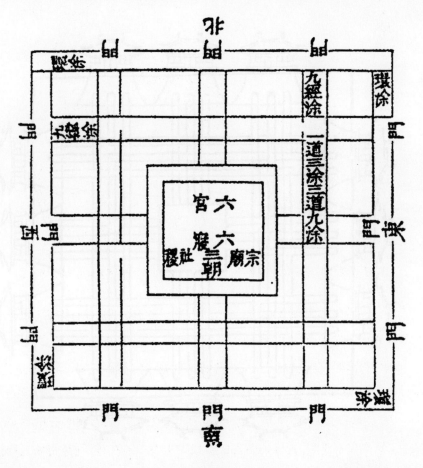

王城图   摹自戴震《考工记图》

示:全城方形,宫城在中间,前有三朝,宫城偏后有六宫六寝,实际上就体现出前朝后寝的制度。因有宫城在中间,正南门与正北门不直通,正东门与正西门也不直通。除此之外,在城边还做出环城路。

如按戴震先生的注曰:

"左祖右社,面朝后市"——王宫所居也,祖宗庙,王宫当中经之涂也。

补注:宗庙作宫匠人营国,方九里,旁三门。

国中九经九纬　九涂九轨　国中,城内也,经纬为涂也,经纬之涂,皆容方轨,轨谓彻广,乘车六尺六寸,旁加七寸,凡八尺,是谓彻广,九轨积七十二尺,则比涂十二步也。旁七寸者,幅内二寸半,幅广三寸半,绠三分寸之二,金辖之间三

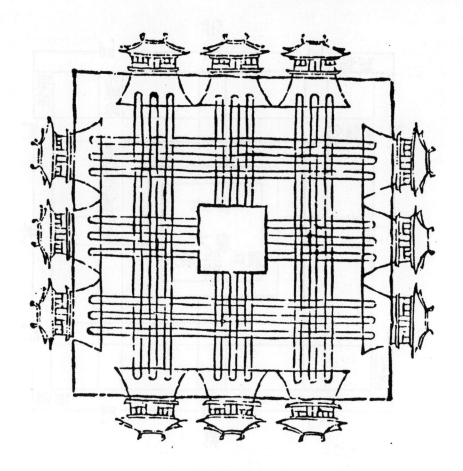

《三礼图》中的周王城图

分寸之一。

"市朝一夫",方各百步。

补注:以朝百步言之,方九百步之宫朝,左右各四百步,外门至中门,百步之庭曰外朝,中门至路门百步之庭曰内朝,路门内至堂百步之庭,曰燕朝,路寝已后,盖六百步。王与诸侯位若群臣射于路寝。再将路寝之庭容道九十弓与步相应,其百步宜也。

有这样的注解,我们对王城图可以进一步加深理解。

从这一幅王城图来看:第一,全城是方形;第二,是南三门,北三门,东三门,西三门,另外还在城内的四周建设环城。宫城位于全城的中心。宫城内前面三朝,后面是六寝,构成"前朝后寝"的规划原则。宫城内左边建宗庙,右边建社稷。这就是说,人们不要忘记在庙里祭祀祖先。建社稷主要是为了让统治者重视农业,发展农业生产。在我国封建社会时期,城池的建设都是以王城图作为规划的范本。

参注:戴震著《考工记图》,1955年11月上海商务印书馆本。

秦汉时代

秦咸阳城

秦始皇统一全国后,建设咸阳城。过去人们不知道咸阳城具体建在什么地方,许多人都以为它就是今天的咸阳市。其实秦朝的咸阳城位于西汉长安城的正北方,秦朝咸阳城的南城墙与西汉长安城的北城墙相距6里。两城相错,大小差不多。

秦咸阳宫一层平面

秦咸阳宫一层地面右侧

咸阳城东西长3200米,南北长3200米,是一座方形城池。2000年来,渭水河床时而南移时而北移,现在渭水从西到东,正好贯通咸阳故城的中心。

目前在咸阳城内尚有数十个小村庄,城内北半部尚有8个汉陵,这证明秦咸阳城在秦汉交替的战争中已被全部焚毁,西汉时代这里才开始建设陵园。近年在北城内还建设了一条从咸阳到三原、渭南方向的铁路,斜贯咸阳城的西南与东北。

城墙遗址均埋入土中,经发掘,找到城墙的位置,从而证明全城城墙的位置。

到今天,还不知这座城有几座城门。城内道路布局的方式,城内河道以及护城河的情况,尚属不明。只有在曾经挖掘出遗物的秦咸阳宫中可见城墙遗址,其他各项尚不清楚。

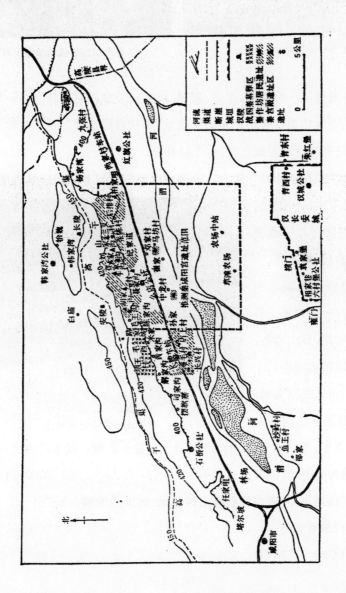

秦咸阳城平面图 录自《文物》1976 年第 11 期

秦咸阳宫发掘壁面排水池

秦咸阳宫竹桶墙墙壁土块

在城外发现了一些河流、渠道、断崖、汉陵以及战国时墓葬区……其他属于秦咸阳城的还包括秦代作坊以及居民遗址，秦代宫殿遗址。至于其他遗物以及城内状况，只有待再次发掘之时，再予以补充。

当时秦始皇在咸阳城北阪上，南临渭水雍门，以东建殿屋复道周阁相连。《史记·秦始皇本纪》记载，又在渭南建信宫，道通骊山，又建甘泉宫，做甬道。

秦始皇在咸阳城之南建设"阿房宫……规恢三百余里。离宫别馆，弥山跨谷，辇道相属，阁道通骊山八十余里。表南山之颠以为阙，络樊川以为池。作阿房前

秦咸阳宫台阶斜坡道

殿，东西五百步，南北五十丈，上可坐万人，下建五丈旗。以木兰为梁，以磁石为门……周驰为复道，度渭属之咸阳……"

笔者于1976年6月曾专程到咸阳城遗址，做地面考察。

参注:《三辅黄图》卷一

《文物》1976年11期

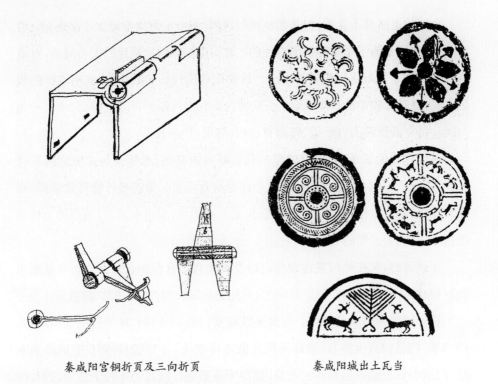

秦咸阳宫铜折页及三向折页　　　　　　秦咸阳城出土瓦当

西汉长安城

　　西汉时代建都长安城,建在关中平原渭水之南的台地上,在今天的西安西北十数里。这是公元前202年刘邦打败项羽之后,做皇帝所做的第一件大事。

　　全城基本上是一个方形,因为四周的地形限制,长安城北城墙出现6处折角,西城墙出现1个折角,南城墙出现4个折角,全城城围25100米。南城墙开3门:西央门、安门、覆盎门;北城墙开3个城门:横门、厨城门、洛城门;东城墙开3门:霸城门、清明门、宣平门;西城墙也开3门:章城门、直城门、雍门。全城用土筑城墙,相当坚固,夯土城墙最厚的部位达到16米。据记载每个城门上都有重楼。每个城门都有3个门洞,各宽8米,12辆车可以并行。在城的东北角、西南角还显示出当年护城河的痕迹。

全城的道路都不直通,但是都从城门进城,到一定距离都碰上丁字街口。道路不直通,这是为了军事防御而设计的。这一点影响到后期建的大小城池,对道路的规划都是采取这样的设计手法。这说明从汉代长安城开始,就用这样的规划方式,这是比较早的规划概念。长安城内有九街八陌一百六十闾(二十五户为一闾),每个闾里四面有坊墙,每面有坊门,每街设"亭长"。

汉代建设的长乐宫,以秦始皇时代兴乐宫为基础,长乐宫与未央宫内总计有40多座庙宇,成为几大组遗址,至今尚有高台保留。另在城外修有建章宫,规模宏伟,已勘查出位置。到汉武帝之时,又开昆明池,引出水源,与城西的上林苑连接成片,成为大型的苑囿区。

汉武帝时,又在雍门里建设桂宫以及明光宫。宫殿加起来已达到今城面积的3/4左右。长安城的安门正南偏左,有礼制建筑11组,旁有明堂、辟雍等。

长安城的南门就是安门。经发掘发现安门有3个门洞,每个门洞宽10米,高18.5米,门道做夯土路基,道路两侧还做出排水沟。门洞的两侧都有成排的木柱,门道的前后都砌出整齐的石块,显得十分整齐。这是当年做圭角形门洞,即是梯形门洞的方式,安门遗址挖掘材料在这点上表现得特别明显。

因为多年来门洞塌毁,城墙也已坍塌,发掘出来后,可以清楚看到门道做法,城墙边部以及贴城墙洞边所立的木柱也清晰可见。从这个材料,可以想象长安城其他各城门的构造,基本上都是这个式样。

从上述材料总的来看,汉代长安城各条街东西方向不平行,南北方向也不垂直,全城十分不整

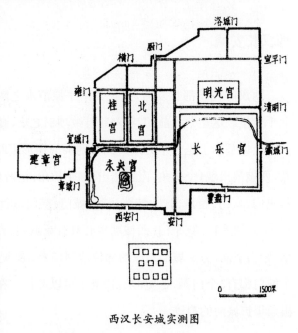

西汉长安城实测图

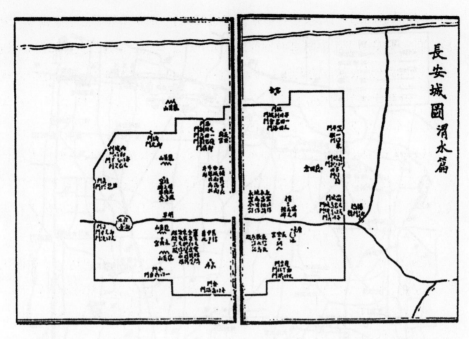

西汉长安城范围图　　　选自清杨守敬著《水经注图》

齐,城墙折角很多,作为一个大的都城还不理想。

　　全城12个城门道路都不直通,最后都再现丁字街口,这一点是从军事防卫方面考虑的,不论怎么样,全城的有效面积都被大型的宫殿占掉了,其他用途的

建筑的有效面积甚少。尤其是平民居住的房屋建在哪里,这是一个大的疑问。长安城内外都建有宫殿,如城外的建章宫等。宫殿建筑非常不集中,看不出古代礼制要求的左右对称的格局。长安城的规划十分不理想,特别是城内街道过少,体现不出我国古代城池道路规划的原则。

　　汉代重视太学宫舍,从汉武帝时期开始建设。明堂和辟雍是一种礼制

西汉长安城出土瓦当

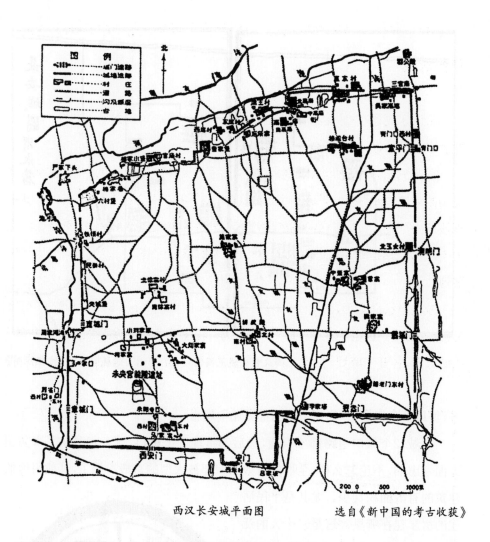

西汉长安城平面图　　　　　　选自《新中国的考古收获》

建筑,也很受重视。东汉蔡邕所著《明堂论》曰:"取其宗祀之貌,则曰清庙;取其正室之貌,则曰太庙;取其尊宗,则曰太室;取其堂,则曰明堂;取其四门之学,则曰太学;取其四面周水,圆如璧,则曰辟雍。"但是据《汉书》曰:"汉平帝即位后,以文学为本,议立明堂,建于城南。"

　　作者于1956年、1974年、1982年三次赴西安考察汉代长安城。

　　参注:《汉书》卷九。

　　　　刘敦桢:《中国古代建筑史》,建筑工业出版社1984年版。

昆阳故城

　　毛泽东同志在《中国革命战争的战略问题》一文中曾提到昆阳之战。前几年笔者专程前往昆阳,做了两次考察研究。

　　昆阳故城城址在今河南省叶县城南30里的旧县镇处。今日旧县镇驻地就在昆阳故城的中间。故城附近是小丘陵,50里以外的西南方向有连绵的山脉,其余地段皆为平川。东北方向河流纵横,素有"金沙碧波"之称的澧河中,两条大河交汇于一起。昆阳城临水筑成,形势极为险固,成为一个进可战退可守的中原战略要地。

　　故城形状呈矩形,南北长2500米,东西宽1400米,总面积350万平方米,可容5万余人居住。这在当时已不算一个小城了,驻军万人是没有问题的。全城东西南北方向,各开一座城门。南门开于南墙的中心。北门开向城的东北角,紧临澧

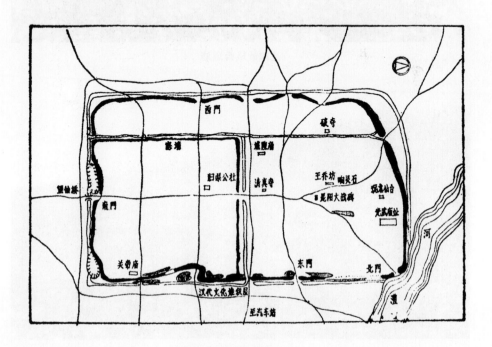

昆阳故城平面图

河河畔,利用陡峭的地势,构成险固的要塞。东门偏北,西门偏南。各门均不相对,门与门之间的大街也不是直通的。这样的布局是我国古代城池规划的一个特点,是从战略防御上着眼的,即使敌人进入城中,也不能很快占领全城。

城墙全部用黄土夯筑,从坍塌的墙体中可以看出夯层。墙体已经坍塌,坍塌

昆阳故城西城墙

昆阳故城东城墙

昆阳故城北城墙

宽度约20多米，高5米～6米，东南城角为最高点。长期以来，由于风化、居民取土以及耕种等原因，墙土已失去大半。西墙、北墙较完整，南墙、东墙比较低矮，但是仍可看出墙基位置。环城有护城河，宽约20余米。河床遗迹明显，但河底与地面已相差无几了。东南墙角处有几个大深坑与护城河连接，可能是挖土形成的。至今南门外的护城河上还有一座石桥，是民国以后重建的，当地老乡称"望仙桥"。现在昆阳城内道路一部分利用原来道槽，已经走得很深；另一部分是新开辟的，东西南北畅通。城内偏西有一条干涸的深沟，自南向北贯通全城，不知原来是作什么用途的。

　　内城是一座方形土寨，位于昆阳故城的南半部。东面和南面利用故城土墙，西面和北面另筑土墙，形成一座内城。内城的北面和西面各开一门。土墙宽15米，至今还有1米～2米高。据调查得知，内城土寨是民国初年修筑的。

昆阳故城南城墙

昆阳故城城墙远望

建筑遗物与遗迹　昆阳故城存留的建筑遗物与遗迹到处可见,沿城墙建筑遗址最多。

汉代文化堆积层　分布在东城墙内外的南北长条地带,共计10余处,其中绳纹陶片最多,有陶盂、陶洗、陶壶、瓮、罐、豆、鼎之残片。从这些陶器的形式、花纹、质度、颜色看,全部是汉代遗物。

砖瓦　绳纹砖、花砖、版瓦、筒瓦残片分布在汉文化堆积层中。除此之外,在内城居民房屋墙壁上嵌砌之花砖亦很多。

花砖尺度32×15×7厘米,纹样有钱、鱼、斜格、扁格、水纹、菱形等。这些纹样与禹县、淅川等地出土之汉花纹小砖纹样相比,大致相类似,但尺寸加大。砖质密实,分青灰二色,当地群众常用砖做砚台用。近百年来,当地群众常用这些汉代残砖作建房材料。

汉瓦有版瓦、筒瓦两种。版瓦尺寸分21×18×2厘米、21×33×2厘米两种,并有大小头之分,表面为布纹;筒瓦直径12厘米～15厘米,其中以筒瓦头居多。

半瓦当在东城墙基处掘出,直径13厘米,厚1.5厘米。瓦当头按外圆边刻出两道线条,中心饰以卷草纹,纯青灰色,质地坚硬,很可能是汉代前期遗物。

在故城东门外半里处有一深沟,沟内堆积汉代陶片甚多,其间有许多筒瓦,均作弯曲斜扭状。不知这批遗物是一种特殊式样的建筑材料,还是古窑中火候不当烧至变形而扭曲的瓦。

光武庙址　在故城东北角与城墙接近的地方,有光武庙址一处,中轴线上开山门三间,二门三间,献殿五间,献殿后面设一小殿塑王莽跪像,面对光武正殿。正殿前有东西厢房,西厢奉王灵官,东厢供祖师。在献殿院中有四株银杏。现今各殿俱已毁去,仅从废墟址的痕迹中测出一张平面图。光武正殿的石柱础犹存,一为覆盆,一为覆莲,雕覆莲瓣,一组一对。现将其进行综合分析,确实是宋末遗物。当初全庙四十八通石碑,已全部失去。大城隍庙在内城土寨北门外,现已不存,门前仅留石狮子一对,为明代遗物。

昆阳大战处碑　　共二通，在故城北端，玩龙仙台之南，道路交叉口处。为1923年叶县县长曲国鉴重立，现碑身断。

玩龙仙台址　　在光武庙西，土台50平方米，此为"叶公好龙"典故的出处。原在台上有明碑一通，今已不见。

古清真寺　　昆阳故城现在回民甚多，建有一座清真寺，是清代重建的。

汉大土冢　　共计7座，分布在故城正东2里左右，汉冢形体高大，封土已逐渐剥落，周围无建筑遗存。据当地居民传说，这些土冢是陈鹏、邓禹等人的坟墓，不知确否。

根据对昆阳故城的现状调查，得知昆阳之战的故址至今犹存。关于它的总位置以及现状，群众的传说与文献记载是完全一致的。出土的遗物也证明昆阳故城确实是汉代的遗址，在城内外散布的汉代实物均可证明。

公元23年，刘秀、王常率领军队攻占昆阳，进军下宛（在郾城县西北）。王莽得

昆阳故城夯土城墙

到消息后，派王寻、王邑统帅大军42万，进行反扑，率军包围昆阳城数十重。这时城内只有八九千人。刘秀利用王寻、王邑的轻敌懈怠，率精兵夜出南门，联合其他的起义军重新杀回昆阳，城内的起义军乘势冲击王莽军中间，采取内外夹攻的方式，使王莽军大乱，并杀死王寻，使王莽的所谓"百万雄师"全部崩溃。这是起义军与王莽军决定胜败的关键一战。

山阳故城

笔者从河南修武乘车到焦作后,徒步跋涉来到山阳故城进行考古。山阳故城就在修武至焦作间的公路旁边,从焦作向东走5里便到达。故城的北面是今天的墙北村,南临黄河,四周有许多小丘陵,但交通十分方便。

故城规制为矩形,西南城角向内进20米,故南墙两段之间有一条斜墙相连(据调查以及介绍分析)。全城南北长1000米,东西长1500多米,总面积为150万平方米,是汉代的一座中型城池。全城共开4门,门轴相对,门之阙口处宽广,门道至今犹存,今天出入城中还走这个古道。除南门处取土甚多无法窥知外,其他几个城门位置,可清晰看出。城之四周有护城河,河水干涸,多年水土流失,河道宽阔,到今天河道的遗痕尚存,虽然多年翻土种田,但仍可窥出其原来遗迹。

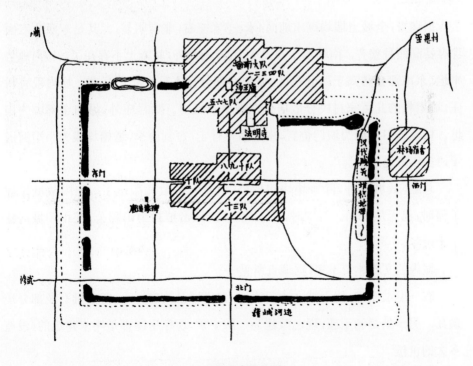

山阳故城平面图

山阳故城东北城墙

据调查,全城土墙均高出地面4米~5米左右,非常明显,尤其是东西北三面保存甚高而且整齐。南墙由于农民取土,除两端外,基本上不存在了。城内地势平坦,东南部分略高于西北部分,城中心部分已不见突起之高台。城内现有村庄,墙南村的几百家村民分散居住在城中及城南。除村庄外,城内全部辟为田地。城墙缺口处原为城门位置,由于多年行走,每到雨季,道槽均成为小型河道了,"多年古道走成河"。

总之,故城内外,除一块块田地外,就是一片败瓦颓垣了。山阳故城始建于何时,已无从查知。三国时,曹丕代汉,汉献帝被封为山阳公,在山阳城居住了十余年。

城内的文物建筑不多,据调查所见——

有一座法明寺,位于城之南门附近,但房屋已改建过,只留下础石及部分琉璃瓦。另一处是汤王庙,现已改建为一所中学,现存房屋都是明末建造的,没有多大的价值。

文物主要有汉代陶片及瓦、砖残片、西城门附近保存最多，但无完整的成品。1962年农民深翻土地时，在城内挖出两个陶罐，尚无其他出土文物。

山阳故城是汉代一座中等城市。汉代城市中除了西汉长安城、东都洛阳城外，其他如邯郸、南阳城等都是重要遗迹。

汉代城市的城墙主要是用版筑的，个别的城也有用砖砌，例如西汉的代

山阳故城城墙夯土层

县城，即是用长身砖包砌，多年前我去调查过，这是一例。汉代城市不少，还有许许多多未看到，只是个别被发现。所有的考古同志认为汉代没有砖城，这一论断不够确切。

山阳故城不仅在古代建筑史上具有重要价值，也是研究"山阳公"历史和三国文化的重要区域。2006年5月，山阳故城被国务院公布为第六批全国重点文物保护单位。

李固城

李固城位于河南修武县城北面的五里源镇，具体地址是在镇的东北方向的李固村。李固城是东汉时的大将李固修筑的，至今已有1800年的历史。李固城附近地势平坦，北面数十里外的太行山为屏，确是一个屯兵的要地。

全城为方形，南北长800米，东西长800米，全城总面积为64万平方米。全城

有四座城门，东西南北各门相对，中间为十字大街，城东墙偏北有一座小型瓮城，全城之正南自城墙凸出一个关城（外城）作为防范之用，至今北部及城内部分为李固村。北城墙因为村民取土已不存在了。其他三面城墙遗迹尚有保留。东北部

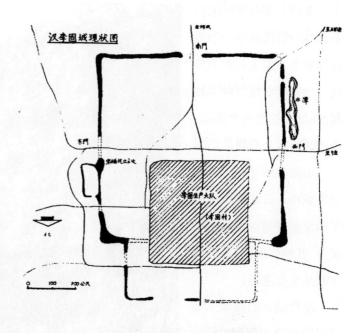

李固城平面现状图　本书作者测绘

城墙最宽，西北部城墙也比较宽，宽10米，高5米多。在城墙外面有低洼地，可能是当年的护城河痕迹。城西偏南有一小潭，极似护城河留下的洼地。

除城内主要的道路可以看出外，还可看出4个城门豁口的位置。本页所附的李固城平面图是笔者于1969年深秋到达实地，对李固城进行调查之时进行测绘的。

从当时收集的瓦片、陶片、瓷片等分析，李固城是东汉时代建造的城池。笔者查阅书刊，仅记述曰李固城，只有其名，其他没有任何记述。当时李固城内外，并没有任何建筑遗迹，至今尚不知当时建城的目的及意义。

笔者带着这个问题，查阅二十四史，发现在《后汉书·李杜列传》中有如下记载：

李固字子坚，汉中南郑人，司徒郃之子也。固貌状有奇表，鼎角匽犀，足履龟

文。少好学,常步行寻师,不远千里。遂究览坟籍,结交英贤。四方有志之士,多慕其风而来学。

……

永和中,荆州盗贼起,弥年不定,乃以固为荆州刺史。固到,遣吏劳问境内,赦寇盗前衅,与之更始。于是贼帅夏密等敛其魁党六百余人,自缚归首。固皆原之,遣还,使自相招集,开示威法。半岁间,余类悉降,州内清平。

李固为何在河南修武县筑城,尚未查到具体资料。

李固城夯土城墙

汉王城·楚王城

　　公元前205～公元前203年,楚汉相争,在百余次战争中,广武、荥阳、成皋一带的大战是很著名的。毛泽东在《中国革命战争的战略问题》一文中指出,楚汉成皋之战等有名的大战"都是双方强弱不同,弱者选取让一步,后发制人,因而战胜的"。成皋之战就是在广武、荥阳、成皋这个地方进行的,从历史地理来看,这里是古代军事的重要地带。1972年4月我和沈一平同志前往广武汉王城、楚王城做了一次考古调查。

　　《史记·高祖本纪》记载:

　　当此时,彭越将兵居梁地,往来苦楚兵,绝其粮食。田横往从之。项羽数击彭越等,齐王信又进击楚。项羽恐,乃与汉王约,中分天下,割鸿沟而西者为汉,鸿沟而东者为楚。

　　《后汉书·郡国志》广武城下,刘昭注引《西征记》曰:

　　山上有二城,东者曰东广武,西者曰西广武,各在山一头,相去二百余步,其间隔深涧,汉祖与项籍语处。

　　《水经·济水注》云:

　　夹两城之间有绝涧断山,谓之广武涧。项羽叱娄烦于其上,娄烦精魄丧归矣。

　　《括地志》云:

东广武城有高坛,即项羽坐太公俎上者,今名项羽堆,亦名太公亭。

《通鉴》云:

广武有二城,西城汉所筑,东城项羽所筑,夹城之间有涧断山,曰广武涧。

《河阴县志》——

……今故城南垒尚存,犹可确指。

《荥泽县志》云:

三皇山、广武山俱在河阴县北一十三里,二山相连,其上有东西广武二城,即楚汉屯兵相距处。

汉王城·楚王城现状

汉楚二王城在荥阳县东北47华里的广武山上,距旧广武县城12华里。广武山东西绵亘,北临10余华里宽的黄河,南为千里平川。此地的荥阳关、虎牢关、黑石关、函谷关以至潼关,是通往关中咽喉要道的前哨据点。

广武山山顶平缓,山的中间有一条南北方向的大深沟,沟宽800米,沟身弯转折曲,悬崖陡壁,岩石高低杂错其间,是一处天然险地,这就是历史上有名的"鸿沟"。

鸿沟以西有西广武城,即是汉王城;鸿沟以东为东广武城,即是楚王城(群众称之为"霸王城"),二城遥遥相望。晋、唐以来许多文人都到这里来游览,如阮籍[①]、李白、韩愈、张祐、白居易等人均登广武山,过鸿沟,上二王城,凭吊汉楚战场,写下了许多诗篇[②]。解放后,当地人民已在鸿沟沟底与半岸壁中建造了一些住房,或者倚壁挖窑居住,成立了鸿沟生产大队。历史上著名的"楚汉相争,鸿沟

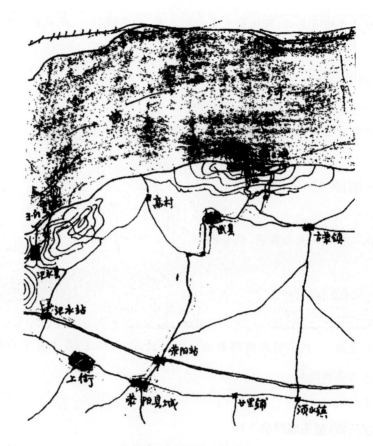

汉王城·楚王城总位置图

为界"的遗迹保留到今天是很有意义的。

汉楚二王城均为方形。由于年代久远,黄河又向南移,以致将二城的北端大半部冲塌入黄河水中。

汉王城比楚王城面积略大,东西长1200米,今日南北方向仅存留300米。此城南墙西端向北斜去约百余米,与楚王城南墙不是一条直线。墙体塌落处宽30米左右,残存部分高6米~7米不等,其中西端部分较高,在东墙紧临黄河悬岸处为最高点。墙高约10米,高出黄河水面200余米。自鸿沟入城必走此道,磴道尚有痕迹。

楚王城东西长1000米,南北长残留400米,城墙宽26米多,城角部净宽约70米左右。墙体一般高6米~7米不等,其中西南城角最高,达15米,这是广武山上

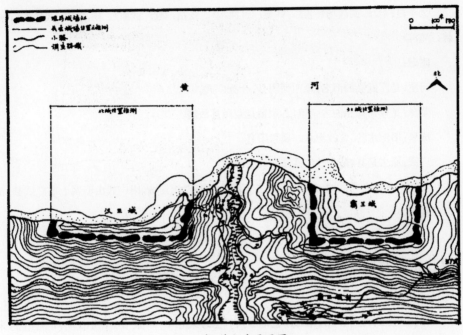

汉王城·楚王城平面图

二城中最高点。城内平坦,自西墙外沿黄河边有一山峰,西墙紧逼其侧,当年筑城时,是有意利用这个地形的。

　　二城的形状大致相同。从塌落的断面来看,城墙均用黄土逐层分段夯实,夯层十分明显,夯窝犹有印痕。二王城比现存的一些较完整的汉代故城不同,二城的墙身每隔十数米整段塌掉,出现一些缺口,这是因为年代久远,水土流失所造成的。二城的城门位置无迹象可寻,亦无文献可考,不能确实查知。

　　从地面考察,并未拾到陶片,也不见砖瓦等残片,没有任何文物。可能是因为军事防守的战城,没有更多的生活用具以及大型建筑的迹象。据霸王城村农民说,每年耕作时,常常在二王城里外拾到一些铜镞,为三棱尖体,棱角锋锐,呈青绿色。

　　参注:

　　①阮籍为晋代"竹林七贤"之一。"尝登广武,观汉楚战处,叹曰:'时无英雄,使竖子成名'。"

②李白:《登广武战场怀古》。韩愈:《过鸿沟》。张祜:《登广武原》。杨浚:《广武怀古》。张碧:《鸿沟》。

附记:

河阴:是广武县的旧名,原叫河阴县,今改广武。

荥泽:是今日郑州的古荥镇,古荥镇是荥泽县故城。

成皋:旧汜水县,今改汜水。属荥阳县。

广武:原来是县城,今改广武镇。属荥阳县。

文献中所提之广武城,是指汉、楚二王城并非旧广武县城,因广武山旧属于旧广武县,故曰广武城。

汉代市井与市场

我们看到过今天的市场,也看到农村的集市。如果要追溯市场和集市的来源,可以追溯到汉代或者商周时代。商周时代时市场什么样,至今尚无间接的形象或文字的记述。但我们可以肯定的是,到汉代已有市场集市了。

汉代包括西汉与东汉,有400多年的历史。从西汉初计算,公元前206年至公元1949年中华人民共和国成立,为2100多年。汉代社会是什么样,从四川出土的画像砖可以窥知其内容。

从这种画像砖来看,市面上都是十字大街,四面有三间大门,在十字大街中心有鼓楼一座。鼓楼为两层,下层每面各三

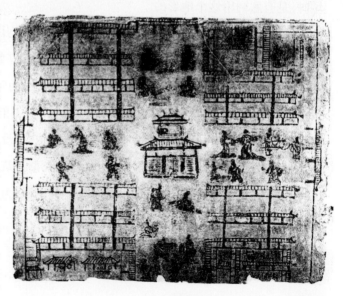

汉代市井图 四川出土

间,中间悬挂面鼓。楼顶做单檐四坡式。

　　十字大街把市井分为4块,每块做3排平房,每排房屋都有5～6间面南,在排房中间南北方向开2条小巷穿通,每角都建有合院房屋,房屋之山面还开正圆形窗子。十字大街的街面宽广,其宽度比排房的长度大,大街实际上是市场,四面排房是交易的场所。

　　根据四川出土的画像砖来看,汉代市场也很全面。它是从东门进入市场,在东门里也有一个鼓楼,这个鼓楼与上述的鼓楼基本相同,唯独楼下没有门窗。有两人对坐,正在谈买卖棺材,棺材的形状与现在的棺材相同,十分逼真。还有两人正在讲买卖猪(狗),猪已仰卧,两人正在交易的画面。

　　在东门之侧,还有房屋,里边有灶台及锅盆等等,应当是在卖水,或者是卖粥。

　　东门为木制板门,双扇可以开启与关闭,木制门框,门顶为四坡水顶。在墙上刻"东门"二字,这证明是汉代某一个城市的东门之内的城。

汉代市场图　　　　　　　　　　　　　四川出土

三国两晋南北朝时期

吴国建业城与东晋建康城

各时代的王朝兴替,在战争胜利之后,大都要重新建设都城。三国时代,孙权建立吴国政权后,在今日之南京选址建设都城,称作建业。建业城的选址,坐北面南,地势平坦。东面是燕雀湖,与青溪连接。城的正北是鸡笼山,山北是玄武湖。正南十数里为聚宝山,从正南门向南,规划了一条笔直的大街,名曰:御街。大街通过秦淮河,河上架桥,名曰:朱雀航、朱雀门。在大河南端建了建初寺、长干寺。全城四面群山围绕,东北有蒋山、摄山,正西是句容县的青龙山,东南面是溧阳城、湖熟县之天印山,东南面紧邻丹阳县的狮子山、殷山,正东面是石头山以及江边的白鹭洲,东北面是江宁县的卢龙山。四面有山有水,中间是一个大平原。在这里建设都城,真是藏龙卧虎之地,远可攻,近可守。建业城位于孙吴在江东统治的中枢地带,真是十分难得的宝地。

全城形状做方形,东西南北四面很正,在城墙周围开挖护城河,护城河通过渎水与秦淮河相通,也与长江接连;全城的中轴线自南向北,贯穿全城,南墙有五个城门,中心为公重门,近邻星长门,东边为左掖门,南门之西为麒麟门,左侧为右掖门,东门曰青龙门,在青龙门的东北角建造花城,西门曰白虎门,白虎门外,建设仓城。北城墙只有一个门,曰玄武门,因为北门之外,正对着玄武湖。全城中心的皇城,宫殿为太初宫,皇城中也是一片宫殿建筑群。这座建业城从建城开始,到吴被西晋所灭,前后约60年(公元222—280)。后来又经过西晋40年,建业城逐步被毁掉了。到东晋建武年间又建设新城,即是东晋建康城。

东晋建康城仍然建在三国时代吴国都城建业城的位置。但建业城已被毁

弃,东晋重新建设了都城,这个城远比建业城大得多。由于时代的发展,都城也
扩展了。

　　东晋建康城,平面方形。全城用中轴线贯穿,自南端的聚宝山东侧自前至后
为朱雀航、朱雀门、御街,直达建康城。南城墙开四座城门,从西到东为:广阳门、
宣阳门、津阳门、清明门;北城墙也开四个城门,从西到东为:大夏门、玄武门、广

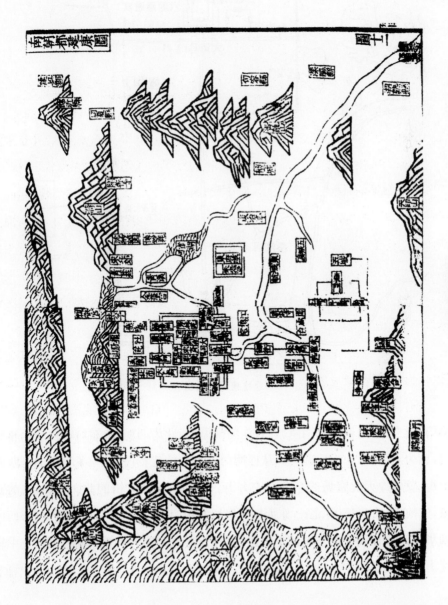

东晋建康城图

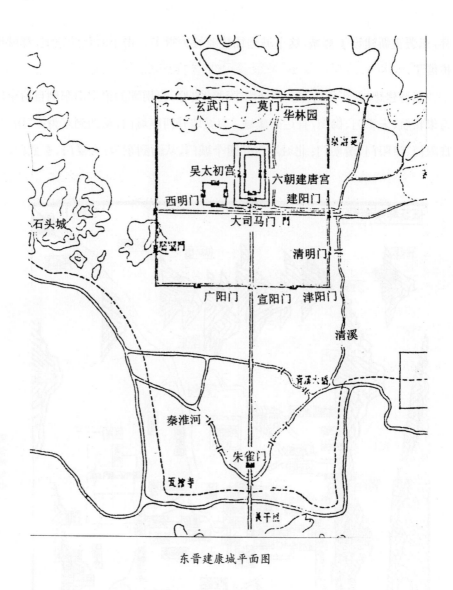

东晋建康城平面图

莫门、延熹门；西城墙开两座城门，南为阊阖门，北为西明门；东城墙也开两座城门，南为东阳门，北为建春门。从西明门到东端的建春门，是一条笔直的东西向大街，就像今天北京城的东西长安大街。在这条东西大街的北面，是皇宫的宫城。宫城做长方形，南北长，东西短。皇城的南门为大司马门，北为平昌门，西曰西华门，东曰东华门。宫城的正中建有太初宫。太初宫内有重重的殿阁建在中轴线上。

在建康城的西南面,建有西州城,平面方形,约占建康城的六分之一;在建康城的东南角,建有东府城,平面也是方形,与西州城十分相似。除此之外,在建康城的正南偏东的地方建有一座方形城池,名叫丹阳郡城,就像现代城市的卫星城。

总的来看,通过对这两座都城建置的分析,我们可以了解到这两座都城的位置、地势和四邻的情况。如两座城的平面布局,城门的位置及名称,皇城的位置及城门名称。这些都是非常难得的资料,特别是两座都城至今已有1800年的历史。如今,南京城里的楼房建得十分密集,绝不可能再进行发掘。有关这两座名城遗址的仅存材料,表明当时两座都城的状况,这在建筑史上是十分重要的。

参注:《景定建康志》

曹魏邺城

三国时代魏蜀吴三分天下,我国的北方是曹操掌权。他建造了一座历史上著名的城市——邺城,在邺城内建造了三座高大的楼台,楼阁参差,气势雄伟,当时就传遍全国。后代中没有人不知道曹操建三台的。一提到三台,人们就联想到曹操建的邺城。

曹魏邺城在今河北省临漳县境内,离漳河甚近,至今该地仍有一片碎砖乱瓦,但也逐步消失了。城墙尚可看出痕迹,城门的位置,城内的街坊以及宫城区内的殿宇,根据手中掌握的材料可以想象出全城的面貌。

全城构成一个矩形城,东西长6000米,南北长4700米,规模还是相当大的。全城开有7座城门。南城墙有3座城门,由西往东为:凤阳门、中阳门、广阳门。北城墙开两座城门,西为厩门,东为广德门。西城墙开一个门,为金明门。东城墙也开一门,为建春门。

城内道路很多,东西方向有7条大街,南北方向有5条大街,纵横交错,构成30个街坊。街坊是方形的,每条街坊长750米,宽750米。主街(天街)宽约百米,其

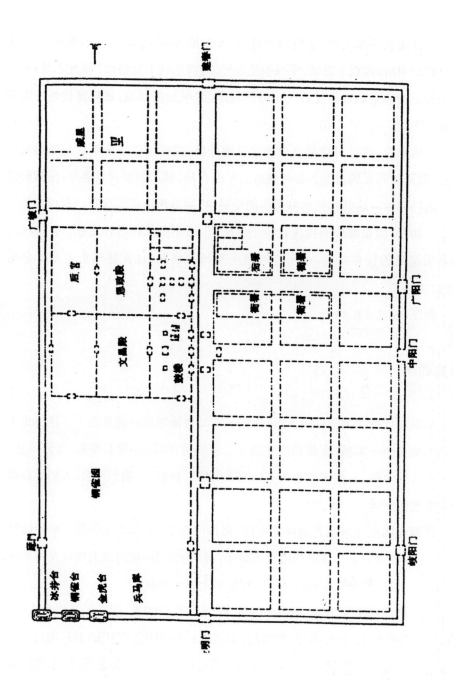

曹魏邺城平面图

他街道也有50米宽。

　　全城分为两个轴线,一为主轴,二为副轴,两条轴线相距一个街坊之宽度。也就是说从中阳门入城,从广阳门入城都是相仿的。

　　从中阳门入城,来到皇宫,进门可见钟楼鼓楼;从广阳门入城,来到皇宫,前
面是衙署,中间是听政殿,后面是后宫。广阳门内大道两侧也都是衙署。从这一
点可以看出,邺城的皇宫也是前朝后寝,符合《周礼·考工记》的规定。此外,东西
两宫并列,也是一种古制。

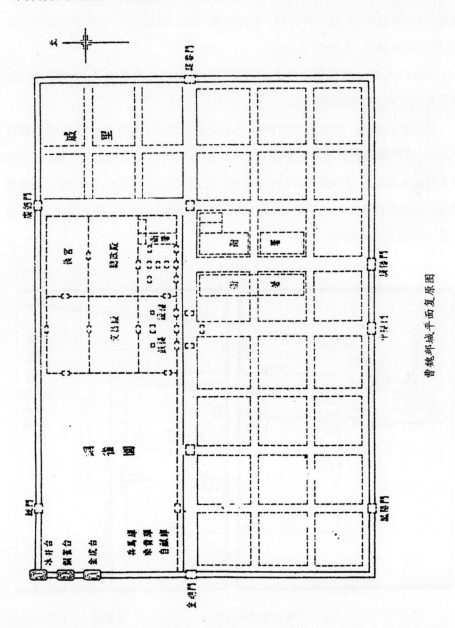

曹魏邺城平面复原图

　　曹魏邺城中间是一条从金明门到建春门之间的东西大道,贯穿全城。大道以南都划成街坊。大道以北分为三大区,西面是铜雀园区,园的西北建有三台:铜雀台、金虎台、冰井台。园内尚有兵马库、乘黄厩、白藏库,都紧靠西城墙内的位置。铜雀园面积很大,是一组矩形的园地。中部的两大块相连,即西宫与东宫。规划整齐,两宫并列,是一种古制。东部为第三区,是戚里区,皇亲国戚都住在这里,所以叫做戚里,共有6个街坊。

　　大道以南是全城街坊之所在,有24个街坊,坊内住有什么人,有哪些建筑,尚查不到材料,也不清楚。

　　总观曹魏邺城,想象图中的护城河未能表示出来,因为全国各个城池都有护城河,而曹魏时代邺城没有护城河。城中的金明门与建春门之间直通,大道横贯全城。大道以北是铜雀园、皇宫与戚里。大道以南是居民区,全城的分区非常明确。全城有两条并列的中轴线,即主轴和副轴,从两轴进入,都能到达皇宫,这又是一个很重要的特征。

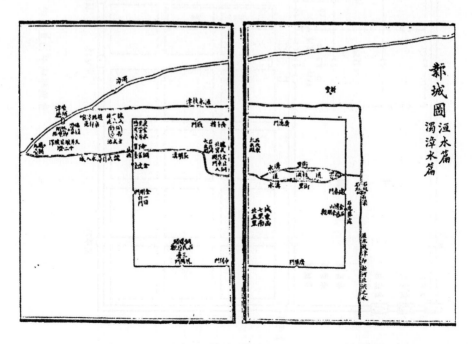

曹魏邺城平面图　　　　　　　　摹自杨守敬《水经注图》

曹魏邺城,至今还未进行发掘,它的城池形状还是一种想象,是否是这个样子,有待于进一步发掘之后,再做正式的图。

曹魏邺城铜雀台等三台遗迹图

大夏国统万城

在中国历史上,有的城墙是用蒸土筑成的。人们把它传为奇谈,真是一件奇特的大事。

统万城在陕西横山县城西北方向50里,东距榆林城120里。统万城是赫连勃勃所筑,赫连勃勃当时是大夏天王。他在征杀之际叛后秦自立,威镇朔方,占据统万,建立大夏国并称帝,统治了19年。统万城即夏州故城。

统万城的意义,赫连勃勃自己言曰:"方统一天下,君临万邦,故以统万为名。"后来大夏国被北魏灭亡。

统万城实际上分为东城与西城,面积差不多大,从平面图上看东城为主,西城为辅。东城城墙南北长730米,宽500米,共有4个城门,南门为朝宋门,东门为招魏门,北门为平朔门,西门为服凉门。东城的南城墙略向东北斜,不是平直的。西城城墙南北长650米,宽500米,西南城角有角楼遗迹,残高31米,西城墙中间有个折角墙。

东城和西城都建设马面,有的马面用作仓库,藏有木材等用料。统万城的规划表现出左祖右社,遵守了汉人礼制的建城原则。宫殿楼阁,连接成片,角楼做

得十分壮丽,飞檐也很俏
丽。东城的南城墙已被取
土,基本上已不存在了。
全城的城墙,都有马面,
马面的建设非常突出。

　　有文献记载统万城
是第一座用蒸土筑成的
城,赫赫有名。城墙非常
坚硬,用铁镐也刨不下
来。统万城内有一座箭

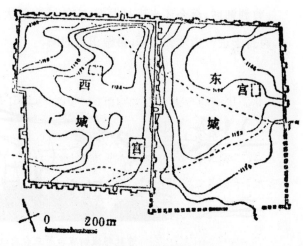

大夏国统万城遗址实测图

楼,是用夯土筑成的,土质异常坚硬,在箭楼的一层,还有券形洞口,每隔3米有1
个。当年施工时,仍然是用脚手架施工的。在箭楼的外墙上,至今存留3排～4排
插竿洞眼,排与排的距离为1米左右,洞眼之间距离30厘米。

　　统万城用蒸土筑城有两种解释:

　　第一种解释,是把筑城的土闷入水,然后在阳光之下曝晒,半干之时,运土
上墙,进行夯筑,这样一来,土质不会松软,也不会成为粉状,在夯打之下,水闷
之土即可成为黏结在一起的块状。

　　第二种解释,是在筑城之时,将松软的土用热水搅拌,因为统万城地处朔
方,地冻天寒,用烧热的水来和土,然后再加上夯筑的力量,使土黏结在一起。统
万城已有1500多年的历史,经历千年风雨,墙址楼台遗迹犹存,真是不易。关于
全城的建筑可再次考察,详细地测绘成图。

　　1959年春,笔者从内蒙古乌审旗向南进入统万城作了初步考察。

　　参注:董鉴泓主编:《中国古代城市建设》,中国建筑工业出版社1988年版。

北魏平城

北魏平城即今山西省大同市。《魏书·帝纪第一》载：

六年,城盛乐以为北都,修故平城以为南都。帝登平城西山,观望地势,乃更
南百里,于㶟水之阳黄瓜堆筑新平城,晋人谓之小平城……

按《魏书·太祖纪》载：

秋七月迁都平城,始营宫室,建宗庙,立社稷。

北魏平城做方形,分为内城与外城两重城墙。内城正方形,南城墙开两门:
中华门、承贤门;西城墙开两门:神虎门、西掖门;东城墙也开两个城门:东掖门、
云龙门;北城墙开三个城门:乾元门、中阳门、端门。从中华门进内城后,北为朝
堂,是皇帝上朝之所。朝堂北面是太极殿,有东堂与西堂(厢殿),与太极殿并排
的是太和殿,之东是紫宫寺。在内城外面,中华门之南有朱明阁,还有御路;御路
东侧有莲台、白楼、皇舅寺、永宣七级浮屠。在承贤门外,有白台、皇维堂。在外城
东南角之外,还有灵台、辟雍、
明堂。位于内城东城墙与外城
之间有三级浮屠、大道坛庙;
在外城东城墙之外,有东皋、
立祇园精舍。在内城的北面有
宁先宫、两石柱,在外城墙的
北面还有白登山、白登台、北
苑、北宫、灵泉池、方山、永固
堂、魏高祖陵;在外城西城墙

北魏平城瓦当　山西大同出土

外面的西北角，有郊天坛、郊天碑、虎圈、池沼、北苑。外城也叫外廓城，它是北魏的旧京城，外城的南北城墙都做成弧状，弧度向外。从北魏到明清，把城墙做成弧形并不少见，这是为了适应战争的需要而设计的。

再谈一下北魏平城的水系，浑水从全城的正北往南流，流经灵泉池、北苑、北宫，再流进外城，入城后向东西分流，流经内外城

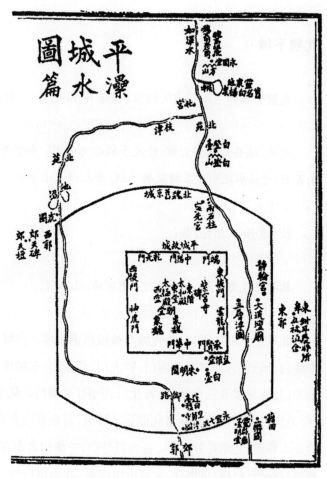

北魏平城平面图　　摹自杨守敬《水经注图》

之间，再往南流出全城。从这一点可以看出，将大河引入城中，自北魏时代建城之时就已经开始。我国古代建设城池时，把大河之水引入城中，这是一个开端。

由于北魏平城至今没有发掘，笔者没有什么具体资料，只是从杨守敬的《水经注图》中，可以初步地看到它大概的面貌。

参注：杨守敬《水经注图》

北魏洛阳城

　　北魏时代在洛阳建设的都城，即为北魏洛阳城，人们本来是不熟悉的。但在城内有一座永宁寺，而且在永宁寺中建有一座高大的木塔——洛阳永宁寺塔。这个木塔在历史上是最高的一座，塔全部是用木材建造的，平面方形，设计得井井有条，在宗教界广为人知。

　　北魏洛阳城遗址在今洛阳市区东15千米处，北倚邙山，南临洛水，规模庞大。北魏都城原在平城（今大同），到孝文帝拓跋宏之时，在太和十九年（495年），都城从平城迁到洛阳。

　　北魏洛阳城，分内外二城。内城即皇城，在全城的中心，内城平面呈矩形，东西长660米，南北长1398米。外城平面也是南北长的矩形，东西长3140米，南北长4000米，南城墙、北城墙、西城墙都很平直，唯有东城墙从中心到中阳门这一

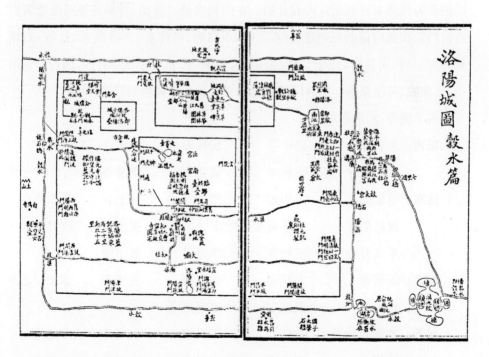

北魏洛阳城图

段向东突出，成为折角城。

外城南城墙共有四座城门，正南门曰宣阳门，西边的名曰津阳门，东边的是平昌门、开阳门。北城墙开二门，一曰大夏门，二曰广莫门。东城墙开三门，从南往北，一曰青阳门，二曰东阳门，三曰建春门。西城墙开四门：从南往北，一曰西明门，二曰西阳门，三曰阊阖门，四曰承明门。城西北角建有一座小城名曰金镛城，建设金镛城的目的，主要是用于军事防御和存放粮食。城里建筑也很多，楼阁飞檐，非常华丽。全城的四面都有护城河围绕，此外，从城外引水进入宫城，分为二流，一流从东阳门拐入宫城南门，另一流从宫城中过，又蓄水为九莲池，再出城与护城河汇流。

主街从南门外的四通市，跨过洛水上的永桥，直达宣阳门，进入外城，直达宫城的正南门，也叫天街，又叫铜驼街。从西明门到青阳门之间也有路直达，除此之外，东西南北各城门的大道，都不直通。这仍然是为了军事防御而设计的。城内街坊大小共计320坊，每坊见方，四面道路，并有坊墙，四周四个坊门，这是统治者为预防老百姓造反而设计的。在南城内通过司州、将军府等两组建筑直达宫门。在宫门前的左侧建有：右卫府、太尉府、将作曹、九级府、太社等，右侧则为左卫府、司徒府、国子学堂、宗正寺、太庙等。宫城东是华林园，园内有景阳山、天渊池、苗次堂等。华林园的东南面有翟泉。外城西明门之外有白马寺。

关于佛寺，在洛阳城内有：

城内：永宁寺	建中寺	长秋寺	遥光寺	景乐寺
照仪尼寺	胡统寺	修梵寺	景林寺	
城东：明悬民寺	龙华寺	璎珞寺	宗圣寺	崇真寺
魏昌尼寺	石桥南景兴尼寺	灵应寺	庄严寺	
奉太君寺	正始寺	平等寺	景宁寺	
城南：景明寺	大统寺	报德寺	龙华寺	宣阳归正寺
菩提寺	崇虚寺	高阳王寺		
城西：冲觉寺	宣忠寺	王兴御寺	白马寺	宝光寺
法华寺	追光寺	融觉寺	大觉寺	永明寺

城北：禅虚寺　　　凝圆寺　　　闻义寺　　　冯马寺　　　齐献王寺

　　　　长秋寺　　　闲尼寺　　　栖禅寺　　　嵩阳寺　　　道场寺

　　　　中顶寺　　　石窟寺　　　灵严寺　　　面马寺　　　照乐寺

　　在南门即宣阳门之外还有辟雍、明宫、灵台等建筑。北魏洛阳城只有文献记载，考古部门尚未发掘它的遗址，至今不知当年的具体状况。

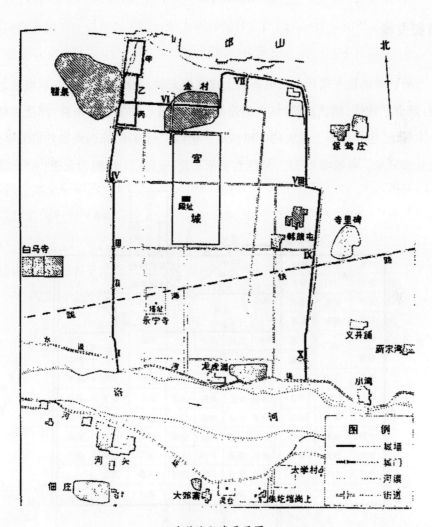

北魏洛阳城平面图

隋唐时代城池

唐长安城

唐长安城是在隋代大兴城基础上建立起来的,全城规模宏大。从城池之尺度,城池之规模,城内建筑,城内道路规划及宫殿布局等方面来看,都是唐朝第一大城池,也是世界上最大的一座城池。全城平面方形,东西略长约9721米,南北长8651米。南城墙开三门,从西到东依次是:安化门、明德门、启夏门。北城墙

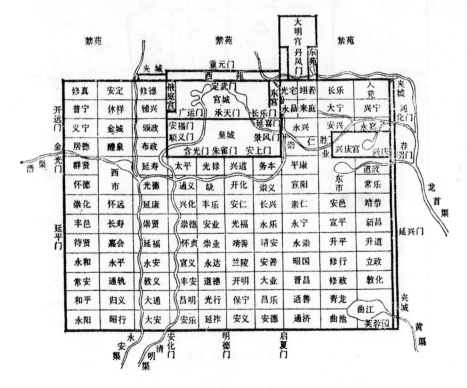

唐长安城平面图(一)

开六门,自西向东依次是:光化门、景耀门、芳林门、玄武门、至德门、建福门。西
城墙开三门,自北向南为开远门、金光门、延平门。东城墙开三个城门,自北向南
为:通化门、春明门、延兴门。

　　长安城的主干道位于中轴线上,南明德门,正对皇城的朱雀门,街道很宽,
这就是所谓的天街。全城有东西大街11条,南北大街14条,把全城划分为108个
街坊。商店市场集中,分为东市与西市,每市占两个街坊大的面积。每个街坊长
520米,宽550米,四面开坊门。当时全城实行夜禁制度,每日晚间关闭坊门,早晨
开启,不许人们乱串。住民在坊内建合院建筑。一般穷苦大众,都住在坊内的弯
曲小巷,叫"坊曲"的建筑之中。长安城大街上没有商店,两旁都是官署、衙门、寺

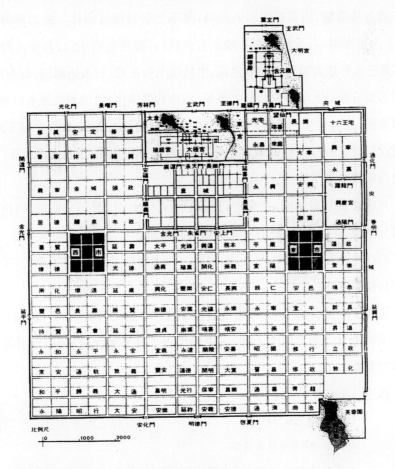

唐长安城平面图(二)

院、庙宇等。道路两侧种植树木,其中以槐树居多,树之间有一定间距,树长得枝繁叶茂。

唐代皇宫、太极宫,总称北内,均建在中轴线上,处在全城的最北部。宫城北墙即是北城墙。北内分为三部分,一是皇城,正南门为朱雀门,东门为景风门,西门为顺义门。皇城北面有一条东西大道,大道以北是太极宫,正南门是承天门,东为延喜门,西为安福门。太极宫的西面是掖庭宫,太极宫正北门为玄武门,东为兴安门。太极宫之东为东宫,北出玄武门为西内苑,太极宫相当于全城总面积的1/9。在北城墙兴安门东侧还有建福门、丹凤门,这两个城门是进入东内大明宫的城门。大明宫面积很大,东西宽1800米,南北长2200米。大明宫分为三部分。第一部分为南城,由龙首渠引入南城,基本上是宫殿与园林。第二部分是含元殿,左为翔鸾阁,右为栖凤阁。殿东有含跃门,殿西有昭庆门,与含元殿做对称式。第三部分是大明宫的主体建筑,中轴线上为正殿,左为崇明门,右为光顺门,正殿为紫宸殿。大明宫中心有太液池,池中有蓬莱山,沿池周边建有回廊。池西有麟德殿,池西北有三清殿,风光甚美。大明宫的北城墙有三门,中曰玄武门,东曰银汉门,西曰青霄门。北城墙之外,还建有一个窄条城,正北门为重玄门。大明宫的面积相当于全城的1/20。

兴庆宫紧临东城墙,在春明门与通化门之间,占地1.5个街坊,西南角建有勤政务本楼、花萼相辉楼,均采取园林式的布局。

曲江池在长安城的东南角,面积有一二个街坊大,其中有芙蓉池、芙蓉园以及亭台楼阁多处。

这样一幅长安城平面图,是依据发掘的实际情况而画出的。我们今天对唐代长安城能有一个大致的了解,这幅图起到了重要的作用,对中国城池史的写作也有重要意义。

参注:《隋书·炀帝纪上》。

《韩偓迷楼记》。

马得志:《唐长安城古记略》。

马得志:《1959—1960年唐大明宫发掘简报》,载于《考古》1961年第7期。

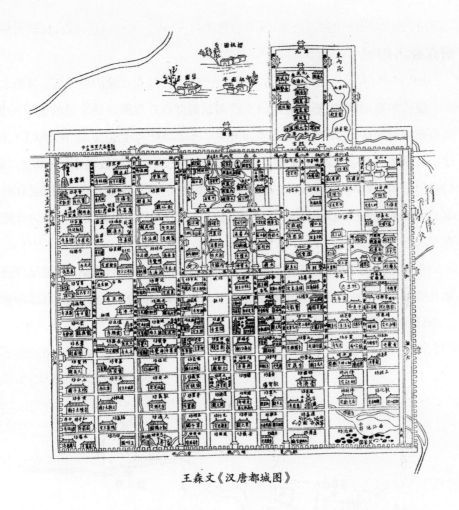

王森文《汉唐都城图》

唐长安城麟德殿地砖

唐长安城含元殿地砖

唐东都洛阳城

唐代东都洛阳城，是随着隋唐实行两京制度而产生的。这个城的位置在北魏洛阳城的西端，东距北魏洛阳城10公里。东都洛阳城北倚邙山，南望龙门，在这一条轴线上建设东都是理想的宝地。东都洛阳城的中轴线向南正对龙门，龙门是一处两山对峙、构成双阙的形胜，即两山之间开口，形成龙门，又构成双阙，真是天然形成的佳地。东都洛阳的南城门正对双阙，从城里向南望有龙门双阙，意义深远，选地极佳。

东都洛阳城平面采取正方形，南城墙长7290米，北城墙长6183米，东西两城墙长6776米。皇城位于全城的西北角，宫城中轴线作为全城的中轴线，是偏西的。全城的正南门是定鼎门，建在中轴线上。

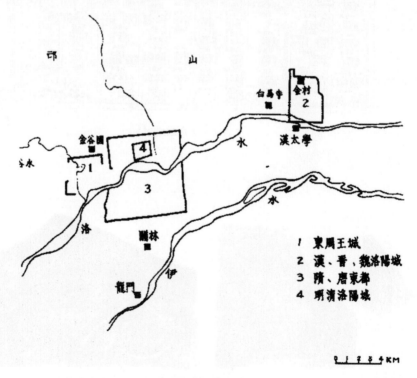

1　东周王城
2　汉、晋、魏洛阳城
3　隋、唐东都
4　明清洛阳城

洛阳城历代变迁图

全城的道路有东西大道11条,南北大道11条,纵横交错,构成正方形的街坊。每个街坊长宽都是450米。洛水之南有83个街坊,洛水之北有29个街坊。南城墙开三门,从西到东为厚载门、定鼎门、长夏门。北城墙也开三门,从西向东为龙光门、徽安门、安喜门。东城墙开三门,从北向南为上东门、建春门、永通门。西城门外因有洛水,只在北部宫城西墙开一个门即是阊阖门。

洛水从西面进入城中,到宫城南门外水流形成"曰"字,再向正东穿行。洛水北有2条支流,洛水南有4条支流,还有谷水从西引向宫城。这样一来,东都洛阳城,构成"干流和支流混合城池",这是历史上唯一的引用支流入城的城池,而且在南北二城之间,有洛水贯通,这是城池规划中水网城池的一个开端。

唐东都洛阳城内的大街上同样没有商肆,商肆都集中在三个大市场,即北市、南市、西市。北市在洛阳城北部中心,占一个街坊的面积;南市在洛阳城南偏东的中心,占两个街坊的面积;西市在洛阳城南偏西城墙里边,占一个街坊的面积。

宫城占全城面积的1/6,从定鼎门进入走过洛水"曰"字形五座桥,进入宫城的正南门即应天门。宫城内有衙署,分为四大块。宫城的东面还有东城,北面有曜仪城和圆壁城。在东城北面有含嘉仓城。

上阳宫位于皇城外的西南角,在洛水与谷水相交汇处。谷水之西即是神都苑,这一带是洛阳园林,即园圃及苑囿之所。

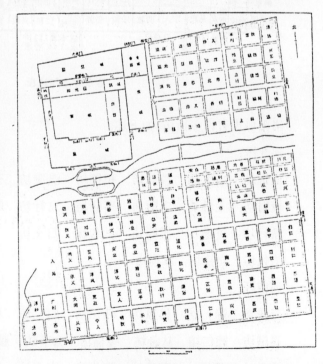

唐东都洛阳城里坊复原示意图

摹自《考古》1978 年第 6 期

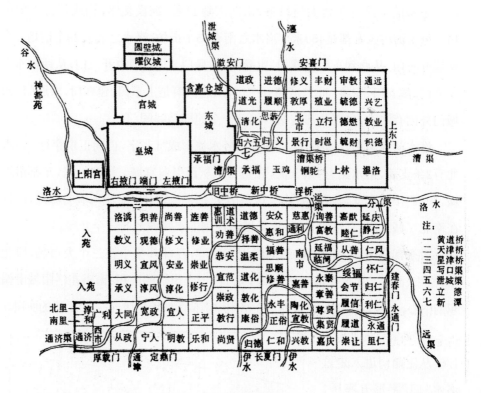

唐东都洛阳城图　　　摹自《唐两京城坊考》

洛阳城内有许多街坊,如下述。

河北区:

通远坊	兴艺坊	教业坊	积德坊	温雒坊	密教坊	毓德坊	德懋坊
毓财坊	上林坊	丰财坊	殖业坊	立行坊	时邕坊	修义坊	敦厚坊
景行坊	进德坊	履顺坊	思恭坊	归义坊	玉鸡坊	道政坊	道光坊
清化坊	立德坊	承福坊					

河南区:

延庆坊	静仁坊	仁凤坊	怀仁坊	归仁坊	利仁坊	永通坊	里仁坊
嘉猷坊	睦仁坊	从善坊	绥福坊	会节坊	履道坊	崇让坊	询善坊
富教坊	延福坊	慈惠坊	陶化坊	安众坊	思顺坊	正裕坊	康俗坊
通利坊	宫教坊	惠和坊	修善坊	仁和坊	教化坊	嘉善坊	兴教坊

福善坊	永丰坊	归德坊	道化坊	温矛坊	道德坊	惠训坊	荣安坊
崇政坊	尚贤坊	择善坊	道术坊	劝善坊	宣范坊	敦行坊	旌善坊
修业坊	修行坊	乐积坊	修文坊	淳化坊	明教坊	崇业坊	正平坊
尚善坊	安业坊	宣人坊	积善坊	观德坊	淳风坊	崇人坊	教义坊
承义坊	从政坊	宣凤坊	宽政坊	雒宾坊	明义坊	大同坊	广利坊
淳和坊	通济坊						

参注: 徐松:《两京城坊考》卷五。

中国科学院考古所洛阳发掘队编:《隋唐东都城址的勘察和发掘》。

唐代锁阳城

锁阳城在甘肃省安西县城东南百里处。它位于安西县城到东千佛洞必经之路上,具体地址是桥子镇南坝乡。

锁阳城南北略长,东西略窄,近似方形,东西长400米,南北长470米。城墙西南转弯处缺一个城角,在这开一个城门为南门,南城墙只有这一个门,门前做瓮城。出南门向西拐才能出门。南城墙还做五个马面。西城墙中间做瓮城,开一个城门,出城时出西门再向左拐,西城墙也有五个马面。北城墙有两个城门,正北城门在北城墙中间,做瓮城出城向北,然后向东拐。北城城墙的西部城门也做瓮城,出城向北,然后再向西拐,北墙也做五个马面。东城墙不开城门,仅做三个马面。内城墙,由东城墙向西50米处建一道南北方向的城墙,到北城百米之处城墙再向东拐出一座,构成两个直角。这条城墙的城门开于北部紧贴北城墙之部位。城墙向内有四个马面,向外有一个马面。据笔者分析,这条城墙内部即东部是当年的内城,内城为统治者所居。全城四个转角有圆形遗址,这可能当年角楼所在地。考察时,笔者在城的西北角与东南角发现有券门,券门十分完整。

在这座城东北城角外30米处有一道城角遗址。在城外南部还有一条与南城平行的城墙遗址,这个城与东北城角连起来,如同在城之外还有一道城,这道城墙可能是当年的外城。为了保卫全城安全,又在外围建设一座城,成为两道城,

唐代锁阳城北城墙

这才是真正的内城与外城。城墙全部用夯土筑成,没有一块砖。目前,由于雨水冲刷,这一圈城墙已经部分坍塌,所剩无几。夯层有8~10层左右,十分密实,墙高处尚有6.7米,大部分都已坍塌。

城门 城门洞口很宽,已非当年的式样,不过瓮城还可辨认,从城内出城门曲折而出,城门大道,夯土两端低,前后磴上城门要走一段斜坡。其中的北门保存尚完好,墙体痕迹明显,城门洞口犹如当年式样。其他的城门早已看不出来。

瓮城 都已保存,城墙之上的夯土尽管塌掉了,但是瓮城的存在,尚可看出。从城门外出时,向东或者向西拐入,这是非常明显的,总的来看,它的方位是明显的。关于内城城墙的马面做什么用尚待勘察。一般的城墙马面没有做在城的里边的,内城里更不会做马面,不知其用意何在。

角楼遗址 在城的转角部分,都建有角楼,作为全城的瞭望哨所。在每个转角处,如今只有一大堆土,显现出台基和墙体残迹。由此估计,城墙四转角处是建设角楼的位置。尤其是东北城角与东南城角的角楼,在那很高的夯土遗址之上,还出现券门遗址。西北城角的角楼遗址,也有同样的券门遗迹。

土墩 全城的遗址中,特别是在城内都有一排排的土墩,高60厘米～70厘米不等,不知这些土墩做何用。在城内还有一座圆形房屋的遗迹。除此之外还有并列土塔八座,但是它的形象已不完整了,很残破。其形制是塔婆式塔的式样。

纵观这一座城,从城外十数里到城里,至今尚无人烟,这是一座空城,而且是一座残破的土城。

敦煌壁画上的土城

在敦煌莫高窟217窟,窟内壁画上有一座当时的城池图,这是十分重要的一幅图,它说明了唐代建设城池的一种方式。

全城正方形,东西南北四面各建一个城门,城中间有主体楼阁,各城门的大街都不直通。四角都建有角楼。这座城池的平面布局并非凭空而来。笔者分析后,认为它是以周王城图作为蓝本而建的。为什么?第一,全城正方形;第二,四面城门各一座(王城图各三门);第三,城的中心建有中心楼阁(而周王城图中心设有宫室),两相比较,不难看出。

全城四角建设角楼,城边四角四个角楼,四面窗四门楼,城西门比例较高大,全城涂刷一片黑漆颜色,给出白色线条,

敦煌217窟壁画土城

敦煌217窟壁画土城

墙面光而平,从这几点来看,它是一座土城。角楼平面方形,楼顶平台没有窗子,楼顶上做出一个影身壁,中间还有枪洞眼。

城门洞 为圭角形门洞,即唐宋式的梯形门洞,木梁、平顶,城门之上也有影身壁,四个城门都一样。

西城门 尺度比其他三个门高而且大,门洞为透视图,为院中主楼所遮挡,内部门洞看不见。大城墙与城门交汇处,在城上与城门之间做一段"护壁",这是一种防御性的设施,平顶上的影身壁也特别高大。

城的中心主体建筑 这座建筑建在台基之上,用台阶上下,平面做方形,第一层四面开券门,第二层没有窗子,还是做平顶出檐,檐上之平顶仍然做影身

壁,人们可以登台远望,作为影身而用。在两层檐子边缘,还绘出圆圈,用以代表
檐部及转角的装饰,因为这一幅图是写意的画面。

全城这些建筑,都绘出较大的侧脚,各个建筑楼阁都比较稳定。侧脚甚大,
这是一种夸张画法。

这座唐代土城是用透视方法绘出的,视点略高,可以看到城内的主体建筑。
城门与角楼城墙画得比例尺度高而陡,从全图来看,呈现一种壮观的效果。城
楼与角楼全部采用平顶,平顶之上没有"影身壁",这对于防御效果甚好,而且使
城楼角楼高耸,呈现出壮丽的画面。城门的式样可以完全说明唐代城门的式
样,因为中国的城池中,宋和宋以前的城门洞口为梯形,即是圭角形,以后才用
券门。

城墙平直,没有垛口。在我国的明清时代,凡做城墙必有垛口。但是唐宋时
代城池城墙的做法,有带垛口的,也有不带垛口的,这是由当时军事防卫的需要
而决定的。从画面来看,城墙都做平面,没有一处砖纹,全部涂成黑色,很可能这
是一座土城,而且是由夯土筑成的。城中的主体楼阁,平身直上,墙面没有任何
的侧脚存在,从画中看非常端正清秀。这张图的画面许多画法都是具有一种示
意性的,而且是用写意的方式画出的。

唐代社会历经三百多年,文化辉煌,从城池到各式房屋楼阁都花样翻新。唐
代经济发达,促进了文化的发展。这幅完整的唐代城池图,虽然是间接资料,不
过从中也可以看到唐代土城的原本面貌,这是很可贵的。

笔者于1969年冬,考察敦煌石窟时亲眼所见。

参注:敦煌莫高窟217窟壁画,敦煌文物研究所。

吐鲁番高昌城

1986年夏秋,笔者带研究生前往新疆,对新疆的古代建筑进行考察,考察了
高昌城。高昌城建在吐鲁番以东地区,距吐鲁番约百余里,城周围是一马平川,
但东部与北部有山,即孙悟空到西天去取经所过的火焰山,当地至今尚存火焰

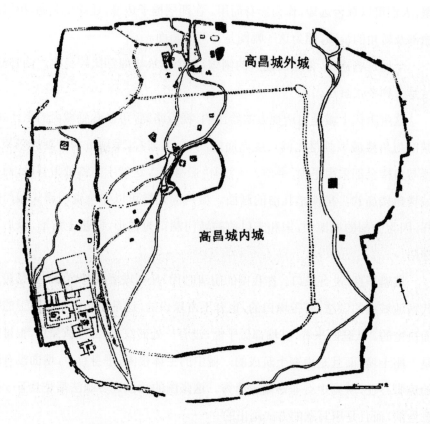

高昌城平面图

山镇(后改为"火焰山乡")。高昌故城,当年就建在这个地方。

　　高昌故城有三道城。第一道为外城,并没有想象的那样整齐,大体上是方形。外墙东西与南北都将近3000米的尺度,我们从今城的东南角登上城墙,远望全城城墙断断续续,浩浩荡荡,此城是非常大的,在城的东部偏北,城墙向外凸出,城的西部偏南同样向外凸出。南城墙与北城墙大略是平直的。第二圈城为内城,内城的尺度也是比较大的。不过内城东墙与北墙基本上已看不到了,仅有几处夯土尚存。内城东西长约1700米,南北略长,约2000米。全城的平面图成为一个南北方向的矩形。第三圈城为宫城,宫城十分整齐,大致是长400米,宽400米。

　　有两条河通入城中,河口的水流量并不算大。东半城的河是在内城与外城之间,从南向北流;西半城的河也是从南向北流。弯弯曲曲的两条大河,从西南

高昌城南城墙

高昌城城内寺址之一

角进入内城,流经宫城之旁侧,双转流向北门。还有一条小河从外城西部流向北城。

城墙 全城城墙全部由夯土筑城。城墙保存得还是比较完整的。全城除南城墙断断续续之外,其他三面城墙还是比较完整的。城墙接连不断,但也都是高高低低,残缺不全。由于墙土流失,出现了一个个豁口。城墙夯土按层夯筑,夯层都在10厘米左右,十分整齐。在外城有接连不断的马面,东西两面城墙大约都有20多个马面。城墙的高度大约11米～12米。城墙砌筑兼有土坯,可以说明是夯土与土坯合砌的。

城门 南墙有两个缺口,北墙也有两个缺口,好像是各有两个城门。东西方向也有二至三个缺口,是否也是当年的城门,不得而知。不过城门的遗址已不存在了。

券门 在城内有一座夯土建筑,夯土被拆得已看不出建筑形象,但是其中尚保留一座券门,十分完整。券门是用土坯发券的,其他部分还是夯土的。

大佛殿 在城内佛教区有一座大佛殿,其基座长10米,宽20多米,上部筑又

高昌城寺院遗址

高又厚的夯土墙。墙面上第一层开窄条窗子,第二层开较大的窗子,目前存在两层,再上部已塌掉了。此殿据其规模分析,可能有四层,其上为大的穹隆顶。在外墙一层表面处留有等距离的小洞眼,这可能是当年施工时的脚手架插竿洞眼。此殿外壁均用土坯砌筑,能保留至今,可见其异常坚固。

土坯佛台　平面方形,这个大而且高的土台是用夯土夯实的,夯层都有20厘米厚,上部做6个扁而平的壁龛,当年其中塑有佛像。这个佛台,高1.15米,台身高度有4.5米,其上再做佛的壁龛6个。

高昌城内另一座佛殿　此殿基本上已残缺不全,但是在这座佛殿的内壁上有壁画。画中有佛的圆光,佛像衣纹,黑色衣服,棕色背心,彩带……全部都能从残皮断垣上显示出来。

塔殿　塔殿是一组塔与殿结合的建筑,塔在前,殿在后,形成前塔后殿的形式,但是与内地不同的是,塔是实心塔,殿的大门开向北,从北进入,殿的南面并没有门。塔与殿紧连,殿的大门两侧均有斜向的两个大护壁,也可以说是入门前的台阶挡墙。如果是挡墙,或者是出入的扶手墙,这个墙也太厚了。

大穹隆顶建筑　经过维修,从外观到内部一一进行整理,这座建筑已经焕然一新。外观四面有一土墙,上部露出两层正圆形的墙壁,下层尺度大,上层略向里收,上部呈现出一个正圆形平顶。从内部看,全部为圆形顶,呈一个略扁的大穹隆顶。此殿维修之后,接待参观与游览的人,大家得以看到保留至今的高昌城内的穹隆式的建筑。在城内还有一处佛塔,佛塔四面有土墙围绕,当年可能是一座塔院,塔

高昌城内状况

高昌城城内寺址之二

作方形,四面各有壁龛,其上部可能有三层到五层,不过上部已毁掉,只留下第一层。塔基长4.2米,宽4.2米,高6.8米。附近还有一个塔院,现塔已倒塌,只留下残断的墙壁。除此之外,还有很多遗址,可已看不出是什么建筑。例如,正西方向还有残破的墙壁,同样看不出当年是什么建筑。

交河故城

在新疆吐鲁番西20公里的雅乐湖乡,有一座古城,名曰交河故城。这座城建在一个长条形河床高台(岸)之上,用高崖作为城墙,东西长300米,南北长1650米左右,城边的高崖高度达30米。

交河城位于天山南麓,北连蒙古,西南为龟兹,均可以加强控制。全城有4个城门,南城门已残毁,东城门尚完好。全城贯穿一条宽广大道,南北长350米,东西宽达10米,大道直通南门,大道中间还有支路,可以直通东门。

　　交河故城西部与北部的区域全部是佛教区，其中有许多寺院，大小不等，有数十座。但是这些寺院遭到了破坏，都成为残破的土墙框，土墙遗迹

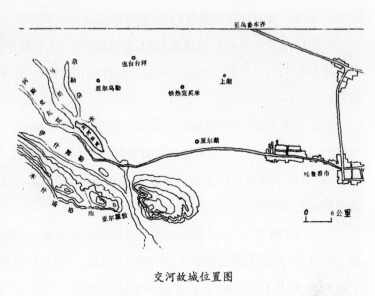

交河故城位置图

都成了残破不堪的状态。寺院的墙壁全部为夯土墙，土墙上担木梁，上部铺板抹泥，做泥背屋顶。当地雨少，基本上没有什么雨，所以所有的房屋都不用瓦面。在墙内更不用木柱，都采用土墙承重的办法。从古城中的残破住房以及寺院庙宇，全部建筑构造都不用木柱承重，而用土墙承重。

　　大道以北的建筑，大多数都是方形院落，能看出房屋的台基、基座的式样和房屋遗址的面貌。凡是木梁，早已被人们取走，遗留下来的即是土墙。院中有水井，水井筒都做成圆形的，在房屋中兼有方形木柱以及佛像遗迹。寺院与住宅混杂其间。在寺院的集中地带，木柱基本上都做方形的，长60米～80米不等，这完全是受藏式建筑的影响。

　　大道以东和以北的建筑，从其数量及面积来看都是比较少的，而这一带住

交河故城平面图

房十分密集。许多寺院的墙壁屹立,墙顶以及墙体大半存在。

　　大道以南及以东各处的建筑有8万平方米,这一大组群建筑密度比较疏松,其中还有窑洞与土墙做法相结合式的。估计到15世纪时,这个地方才开始有人居住。

　　若从总体来看,交河故城内的各部分建筑,都是有规划的,大部分都是维吾尔住宅,体形比较高大。许多寺院带有塔柱,过去在中国北部一些石窟里都建有塔柱,在交河故城遗址中也有许多建筑带有塔柱,这些都是受到佛教传播到中国的影响而出现的。

　　房屋用木柱甚少,大多数房屋都用土墙和墙框承重。在房屋、寺院的墙上开窗子的极少,房顶上用瓦的更少,大寺院才用瓦,一般的房屋都不用瓦。当地对于防雨,一般都不用瓦块,只用土抹面就可以了。

　　当地雨水极少,即使下雨也不会把土墙和土顶房屋淋坏的。交河故城全城用一半地来划行道,一半盖房屋。

交河故城寺院券门

大道之北大部分为住宅区,房屋特别密集。大道之西全部为佛寺区,有寺院数十所。

城的最西部还有塔群,笔者于1968年进新疆考察时,曾去交河故城,见到这

交河故城寺址远观

交河故城寺庙遗迹

个塔群。笔者发现这座塔群里的塔全部是宝箧印塔，全部都用夯土筑城。塔群的布局是在一个大的方块地，划为四等分，在中心部位建造一座大型塔，在其他四块地上各建25个比较小的塔，共计101个塔。这组塔群全部为土塔。目前这101个塔基本上都坍塌了，现存完整的塔只有十几座。

参注：新疆社科院考古所：《新疆考古三十年》。

渤海国东京城

渤海国是唐代的附属国，它的首都位于当时渤海国的中心地区，今黑龙江省宁安县境内。

20世纪30年代初期，日本侵略东北时，当时日本的一些所谓学者，在对该城进行调查与勘测后，出版了一本名曰《渤海国东京城》的专著。笔者在中国社科院图书馆见到过。

当时渤海国的统治者，名叫大祚荣，他下令建设龙泉府上京，即东京城。渤海国曾设5京、15府、62州、130多个县，统治者传了5世，历时200多年。

东京城在建设之初，即依照唐代长安城的规划，但是东京城远远没有唐代长安城那样大，仅达到长安城的1/4左右。

全城平面方正，建设三圈城墙。宫城，即是皇宫，在最北部，在全城的中轴线上偏北。宫城正方形，面积较小。然后再向四面扩展，建设内城。内城也不算太大，略呈南北方向的矩形。外城又向东、西、南三个方向扩展，外城面积比内城大八倍左右。全城大体为方形，东西长4400米，南北长3410米，开有10个城门。南、北城墙，各开3个城门，东、西城墙各开2个城门。全城的主要道路是天街，名叫朱雀大街，宽80多米，实际上是一个广场，人们在其中可以散步漫行。

除此之外，南北方向有5条主要大街，东西方向也

唐朝渤海国东京城出土版瓦

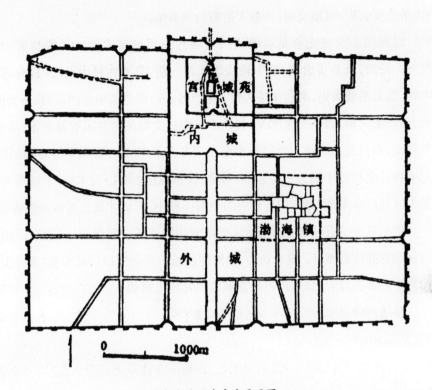

唐朝渤海国东京城平面图

唐朝南诏太和城位置

有5条主要大街，纵横交错，各条大街宽约50多米。

渤海国东京城完全是以唐代长安城作为规划蓝本的，其中的第一号大街——天街，就是仿唐式，从中轴线进入城之后，直对内城中轴，又直对宫城的中轴，成为主要大街，名曰朱雀大街。第二号大街即是城中东西方向5条大街，南北方向5条大街，每条街宽50米，仅次于天街。大街的名字采取前朱雀、后玄武、左青龙、右白虎的说法。全城的平面布局方方正正，以中轴线贯穿，中轴线贯穿三道城。全城以中轴为中心，左右对称式，体现出《周礼•考工记》王城图布局的基本原则。本来是"旁三门"，可因为全城面积小，所以才做出东西两侧各二门。

把皇宫布置在全城的最北部，皇宫的北城墙还向后突出一段，显示出皇宫位置有意要接近城外。笔者认为，渤海国的统治者之所以如此布局，实际上是他们为了防备在万一之时，可以从北城墙的北门出宫城。

参注：20世纪30年代日本出版的《渤海国东京城》。

第二章 宋代以后城池

宋代城池

北宋东京城

北宋东京城（即河南开封），城池甚大，有三道城墙，全城规划比较整齐。在宋金战争时，金兵攻陷东京。南宋皇帝宋高宗将首都南迁至临安（今浙江杭州）。东京城被金兵毁灭殆尽，只余下祐国寺塔、繁塔。

东京城是宋代的都城，又名汴梁城。留至今日之开封城，是明代在北宋东京城的内城位置上建设起来的。北宋东京城的规模到底有多大？全城的城墙、城门、护城河，城内大街小巷、河道、桥梁、寺院、佛塔、祠庙、皇宫、住宅、园林……是什么样的？叫什么名字？笔者花费多年研究，赴开封实地考察，又查阅了历代文献，将北宋东京城的面貌进行全面复原，绘成了一幅当年全城的平面图。但不幸在文革时期被遗失，近年来笔者又重新绘制成图，以解决北宋都城的空白点。

全城规模 全城是一座矩形城。它是由宫城、内城、外城三重城相套，非常整齐。宫城即皇城，城墙南北长900米，东西宽200米。至于宫城的布局，完全可以另外做出平面复原图。第二道城为内城,即是旧城,也就是明清时代开封城的位置,南北长2900米,东西宽2600米。第三道城为外城,也即是新城,南北长5800米,东西宽4800米。这三个城的城门、位置、门名,详见复原图。三个城的城墙外,都有护龙河,即护城河。

道路分析 全城道路成十字形相交,以道路宽度来划分,分为主要道路和次要道路,南北方向有18条,东西方向有11条。主干道有一条,也就是中心街。它位于中轴线上,宽40米,南从南薰门(外城的正南门),北到宣德门,经过南薰门里大街、御街,过龙津桥,进入朱雀门(又曰明德门、尉氏门,是内城的正南门)。进入朱雀门后,那一段道路叫做天街,再往北过州桥(又名天汉桥,是汴河上的

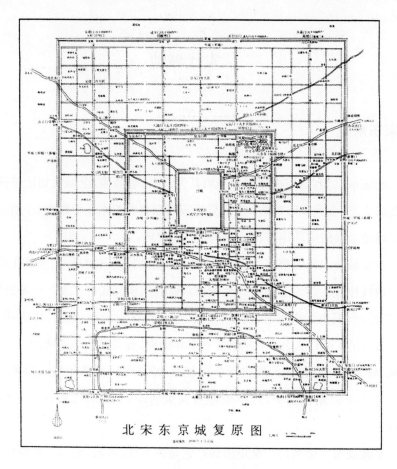

北宋东京城复原图

北宋东京城复原图 作者复原

桥),到达宣德门(宫城的南门)。次干道有4条,其中南北方向的大街有2条,东城的从宣化门直通陈桥门;西城的从戴楼门直达安肃门。东西方向直通的大街也有2条:南城的从新郑门直通新宋门;北城的由万胜门直通新曹门。这4条大街宽25米。第三类大街是一般的大街,每条都不能贯通全城,从文献查出又能找到位置的,详见复原图。其他小街小巷,大部分查不到位置。另外,全城还有5条大的斜街。全城的街坊,大体相仿,每坊长500米,宽500米。

河流系统　北宋东京城有一个很大的特点,全城有四条河流进城中。估计在1400年前我们的祖先就已注意到引水入城这个问题了,它是我国古代城池规划上的一个创新。从那时直到今天,引水入城不断出现。

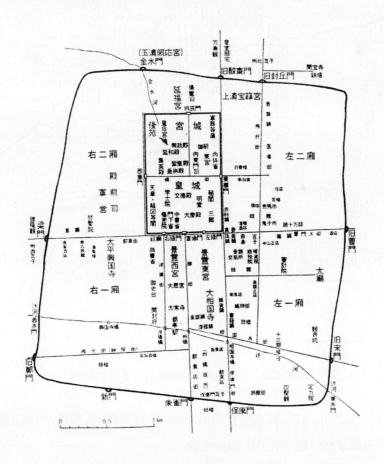

北宋东京城图　梅原郁绘　未发表

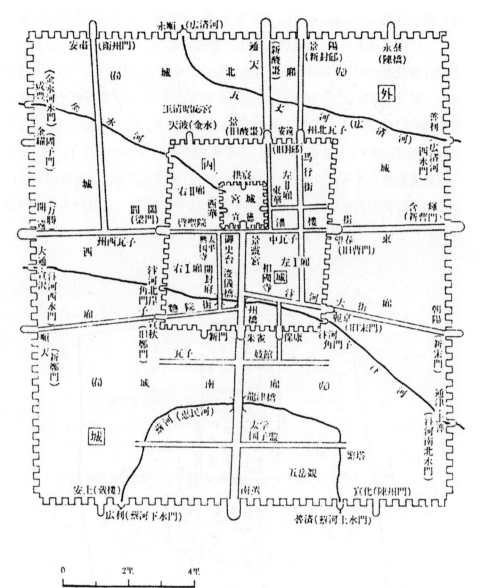

北宋东京城　　梅原郁想象绘成图　摹自《鹰陵史学》

　　蔡河自西南入城,到曲麦桥急转东流,经过龙津桥、横桥子,河上共计13座桥,河流到宣化门(陈州门)出城向南流去。

　　汴河自城西入城,直达金梁桥、蔡太师桥后,进入内城,经过太平兴国桥、州

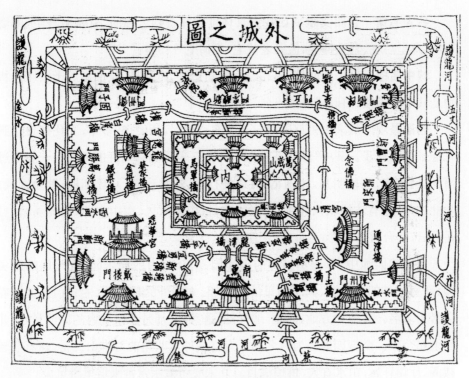

北宋东京城　　摹自《事林广记》

桥、寺桥转向东南，出内城南角门子，再经上土桥、下土桥，直达大通门便桥，自此出口流向东南方向。汴河上也有13座桥。

金水河从西北方向的水门进入，通过内城护龙河与宫城相交，河上有3座桥。五丈河向城东北斜方向流出，从宫城护龙河流向东北，从东北水门出城，河上有6座桥。这两条河都与全城护城河相交，构成水网体系。

宫观庙宇　笔者查阅宋代文献时得知城内宫观庙宇的名称及具体位置，城内庙宇有三尸庙、单将军庙、泰山庙、祆庙、白眉神庙等16座。宫有九成宫、东太一宫、上清宝箓宫、天清宫、五王宫、遥花宫等16座。观有醴泉观、四圣观、延真观、五岳观、建隆观等8座。其余宫观庙宇特别多，仅知其名而找不到具体位置。

寺院佛塔　已查到寺院之名又在城内找到具体位置者，有法云寺、大相国寺、上方寺、开宝寺、繁台寺、地踊佛寺、太平兴国寺、显宁寺等15座。

院　观音院、兴德院、福田院、三学院、定力院、茆山下院等10座。

名人宅第 查阅文献后已找到具体位置并查到名称的,有张驸马宅、彭婆婆宅、郑皇后宅、蔡太师宅、孟元老故宅、丁渭宅等15座。

城中名楼 有十三间楼、斑楼、杨楼、白矾楼、宣城楼、长庆楼等十余座。特别是其中的斑楼、白矾楼最为出名。

园池景观 从宋太祖赵匡胤定都在东京城后,历经160多年,文化建设达到辉煌灿烂的地步。其中"汴京八景"非常有名,也是园林名胜的写照——金池过雨,大河涛声,州桥明月,相国霜钟,铁塔行云,汴水秋风,隋堤烟柳,繁台春风。除此之外,还有汴梁城八胜风光:金梁晓月,资圣薰风,夷山夕照,牧苑新晴,艮岳春云,吹台盛景,百岗冬霜,宣台瑞明。

在独建园池中,以南薰门外的玉津园、固子门内的同乐园、陈州门的奉灵园、新郑门外的下松园、固子门里的芳林园、郑门外的琼林苑、丽景门外的宜春苑最为著名。其他如方池、园池、迎祥池、蓬莱池,都是东京城内的园池景点,几乎遍布全城。全城园池最为有名的还有宫城外东北角的万岁山艮岳,建有亭台楼阁、厅馆轩廊,山水宜人,琳琅满目。北宋皇帝徽宗常常来这里游览。

商店铺面 城中许多有商店,名目繁杂,例如:药铺、漆铺、茶铺、酒铺、水果铺、衣物铺、金银珠宝铺、书铺、旅店、当铺……从文献上看,内容非常丰富。各种店铺分散在全城各条街巷之中。

其中最繁华的街巷是店铺集中的地方:例如东角楼街巷、宣德楼之前、西大街、东华门外、潘楼街、太庙街、州桥东街、朱雀门、保康门、牛行街、马行街……此外,还有皇建院街、赵十万街、潘楼东街、录事巷、甜水巷、横街等处,也都很繁华。

此外,在桃花洞有大的妓院、车骆院,也有大的妓馆。南斜街有妓馆,西榆林巷有妓馆,北斜街有妓女院,录事苑、小甜水巷妓馆林立。

总观北宋东京城的位置,笔者经过三次考察,反复翻阅有关文献,才作出当年全城面貌的复原图。全城的城墙尺度、街道、河道、桥梁、街坊以及各种类型的建筑安排,都是有根据的,查出名称1000多个,但是找到具体位置的仅有600个,其余的还不能注于复原图上。全城整体以中轴为对称,沿用《周礼·考工记》王城图的基本原则,城内取消唐以来的夜禁制度,采取大街小巷的规划方式,大街两侧都建立商店,各条街道都有,种类很多,已具有繁华闹市的风格。这一座城池的修建,是我国城池史上的一大转折。

　　参注:李濂:《汴京遗迹志》。

　　　　　孟元老:《东京梦华录》。

　　　　　邓之诚:《东京梦华录注》。

　　《笔记小说大观》17卷35册,江苏广陵古籍刻印社。

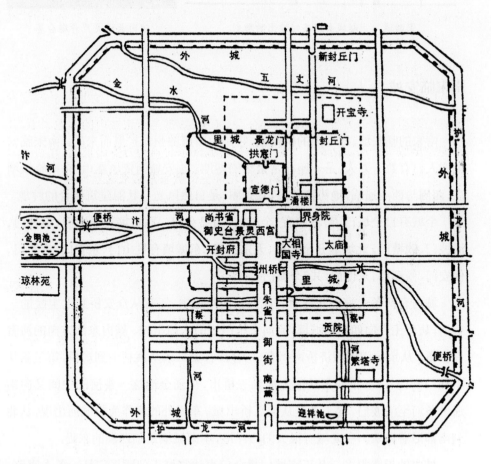

北宋东京城示意图

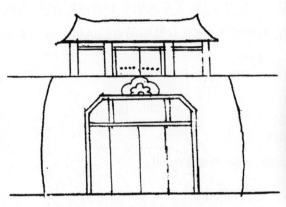

宋时城门　赵城女娲庙经幢上的雕刻　　　　　　宋时长清灵严寺塔台基

南宋临安城

　　南宋的临安城,即今天的杭州城,它是由隋唐的州城扩展而来的。南宋临安城的人口有数十万人,是一座非常繁华的城池。临安城南依凤凰山,东南临钱塘江,西侧与西湖逼临,地势狭长,风景秀丽,是自然风光与壮丽建筑结合的胜地。

　　全城有11个城门,南城墙有1个城门,为嘉会门。西城墙有钱潮门、丰预门、清波门、钱塘门。北城墙开余杭门、天宗水门。东城墙有艮山门、东青门、崇新门、保安门、候潮门、东便门,共6个城门。

　　城内有两条大河南北贯通。此外在西半城中,还有从众安桥到七宝院的一条河,从肖王寺向西贴西城墙,流向余杭门侧的水门出城。城内东西方向的河有许多条。从余杭门到通济桥南拐有一大段河,第二条从武林山到观桥,第三条从丰预门到证胜院,第四条从涌金池到三桥市,从涌金池这一条河的中间又向南通一条河至清波门。第五条是从通江桥出城。东城外的河作为护城河出现,从北到南都沿着城墙。在北城有很大的白洋池,南湖城墙紧临西湖的东堤。

　　城内的道路很多,从正南城门嘉会门直达宫城正门丽正门是一条大直路,这是天街,是进入宫城的一条主要道路。城内的道路大都是平直的,南北大道与东西大道纵横交叉,基本上没有很大的斜路。

皇宫在城的南部,在凤凰山的东侧,是一座矩形城,皇宫四面有城墙,非常整齐。城门都在东半城,南为嘉会门,正北为和宁门,与城内主要大道相连接。另有西华门、东华门、东便门。

宫城内有学士院、垂拱殿、东宫、御花园、崇圣塔等。在南门内之左侧有小西湖,

临安城内各条河上的桥有160座之多。我们已知桥的名称如钧桥、新庄桥、车桥、通济桥、盐桥、丰乐桥、望仙桥、通江桥、六部桥、南新桥、下梁家桥、美政桥、洋畔桥、诸家桥、保安闸桥、断河桥、章家桥、淳祐桥、菜市桥、无量桥、骆驼桥……

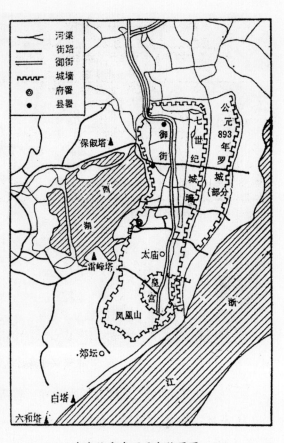

南宋临安城下西湖位置图

临安城里及城边建筑有:

宫观——开元宫　中兴观　至德观　龙翔宫　通元观　万寿观　天庆观

　　　　　天元宫　旌德观　景灵宫　安济宫　显真道院　　佑圣观

　　　　　德寿宫

庙宇——显应庙　惠应庙　嘉泽庙　吴越庙　三将军庙　南大庙　城隍庙

　　　　　白马庙　皮伤庙　夏禹王庙　　优虎庙　吴昌庙

寺院——祥符寺　天长寺　净住寺　法轮寺　明应寺　上方寺　五显寺

　　　　　方等院　慧云寺　水陆寺　宝成寺　国清寺　妙圣寺　肖王寺

　　　　　七宝院　延福院　传法寺　定香寺　法明寺　华藏院　慈云院

南宋临安城总位置图

　　　　东国寺　祇园寺　水陆寺　普济院　姚源寺　广化院　百福院

　　　　安国罗汉院　仙林寺　慈光庵

　宅第——宣氏第　韩皇后第　相和王府　太子府　史浩第　吴王府

　　　　喜王府　惠靖王府　百官宅　三官宅　周汉国公宅　孟太后

宅

　　　　刘崎宅　韩世忠宅　郑太尉宅　郭后宅　章太后宅　全后宅

　　　　谢后宅　夏后宅　益王府　王集仙宅　张继宅

　　　　睦新宅　吴后宅

　楼阁——泰和楼　赏心楼　和乐楼　花月楼　太平酒楼　中和楼

　　　　日新楼　和丰楼　春风楼

　　临安城大街上酒楼甚多,有的做高层建筑,例如汴梁酒楼、白矾酒楼。酒楼
常做井字形,当时人们称为"井字楼"。

　　参注:吴自牧:《梦梁录》。

临安城城墙遗迹

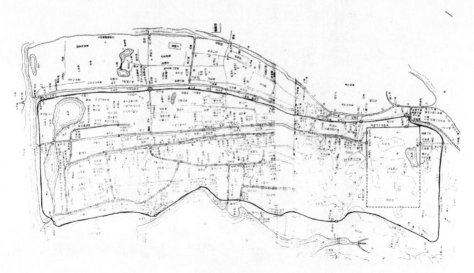

临安城平面图

南宋静江府城

　　1976年，笔者去西南各省考察古代建筑，看到南宋时代静江府城石刻图拓片一幅。觉得很重要，便前往鹦鹉山，实地勘察石刻原物。石刻图用线刻方式刻在桂林市北鹦鹉山白石崖上，原刻尚清晰。它是研究我国古代城池史、城防规划、城防建筑工程的重要范本。

　　南宋静江府城的子城建于唐代。南宋历任静江府经略使对城池多次增修，逐渐扩展到石刻图所示的规模。全城选址在山与水之间比较平坦的位置。东滨东江（漓江），江水自北向南流，直达阳朔，江面宽广，水流甚急，可以通航。城的

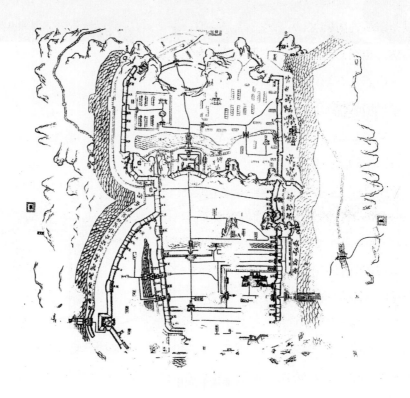

静江府城图

四周都是挺拔秀丽的山峰,西面与北面的山紧挨城边。城内也有几座山,其余地势平坦。府城南面紧靠南阳江。

静江府城利用大河来作为城防设施,以东江、南阳江分别防卫东面与南面。静江府城还利用大山来作为城防设施。夹城的北城,新城的北城均建在山腰与山顶,构成半山城的气势,成为"山城"与平地城结合的形式。城内有山,作为制高点,可以纵观城外。城西山峰修建烽火台,可以加强防御。总之,全城选址可以说是背山面水,傍山依水。城在山水之间,既利于进攻,又便于防守。静江府城是南宋的战略重镇。

城防规划布局

城的形状是一组南北方向的矩形,全城分为子城、内城、夹城、新城、外城以及南外城。子城方形,静江府治建在这里。内城矩形,建子城时东南角占去一块,成为拐棒形。夹城连接内城之外。新城接在最北端,西面展出旧城外20米左右。外城是旧城的防御城,因而做一个长条状。总之,新城、外城、南外城均为防卫子城而建。全城修筑不规整,主要是从军事上考虑的。

古旧城共有城门12座。

西城墙有:宝贤门 平秩门 尊义门 ××门 便门

东城墙有:东江门 行春门 癸水门 就日门 ××门

南门为顺庆门,北为镇岭门。

新城共四门:东面二门,西面一门,北面一门。南外城与西外城各开一门。全城在东西方向防御较强,道路通达,所以东西两面开门多。主要干道是南北向的,连接两个门。凡城门均建在主要的交通道路上。

城门部位的防御措施:在重要的城门口外部,对着城门另有一座建筑,这有利于对城门部位的防守。在最重要部位的城门处还加大建设瓮城,运用火器防御。

关于城壕(护城河)——古语说,有城必有池。壕与池相同。因为是挖土筑城,必然出现城壕。城壕引水又利于战备防御。静江府城东临东江,就利用江水作为天然的城壕。南城利用南阳江为城壕。西城和北城也都有城壕,分别叫做"新壕"和"新干壕"。内城还有三条城壕。

城市有护城河,从史前藤花落古城就已开始了。汉代昆阳城、沙州城,都可看出护城壕的遗痕。

全城各组成部分面积分析表

城名	东西宽度(米)	南北长度(米)	城的面积(平方米)	性质
子城	50	32	1600	以府治为中心
内城	90	90	8100	
夹城	90	20	1800	
新城	120	80	9600	
外城北	40	20	800	城墙不整齐
外城西	90	40	3600	城墙不整齐
南外城	120	20	2400	

静江府城壕尺度表

城壕名称	壕面宽(米)	壕的深度(米)
西城	6.15	6.10
东城(东江)	6.00	
南城	6.30	
北城	5.90	6.60
内城西壕	5.00	
内城北壕	6.00	
夹城北壕	4.00	

静江府城与城壕之间有一道阳马城,实际外城城墙比府城墙低小,亦有砖石砌筑,在军事上有利于防卫。凡在重要的城门部位,阳马城的城墙都围绕城门来建设,构成一个大型的城。阳马城同时还做出虎蹲门五座,以利防守。从过去发掘的古城看,阳马城这样的实例还是不多的。

静江府城的街道规划也是从城防建设着眼的。一条大干道贯穿全城南北,从镇岭门经朝宗门进至顺庆门,是全城的中轴线。东西方向贯穿全城的道路只有两条,一为东江门至平秩门,一为就日门至宝贤门。其余道路均为穿半城的丁字头路,共八条,都不是直通的。全城并有小型斜路三条。总的来说,是南北向路少,东西向路多。道路规划的特点鲜明:静江府城的丁字头路最多,拐角路多(90度角),路端对着一座建筑物,路弯曲,不通城外。从汉代就有这种修筑城市街道的方法了,至宋代更是普遍使用。规划这种道路主要是从军事上考虑的。这样,当敌人攻入城内时容易迷路,就不能及时占领全城。

静江府城图标出的桥梁很多,但没有固定的桥梁,只有浮桥(临时性的桥)。城市之内架设浮桥,是我国古代城防工程的一项重要措施。浮桥可拆、可架、可守、可攻,十分灵活。

城内衙门的分布,同样是从军事防御的角度考虑的。全城的保卫中心是府城、府治,一切防御设施都是为了保卫府城。府城即子城,内有府治所在地、静江军所在地、调用提刑司,是静江府的核心。内城设有转运司及官府住宅,以及一些统治阶级上层居民房舍。夹城内居民较多,设立了一些大的服务机关,如桂林驿等;其他部位都是驻军的兵营,如右军寨等。新城实际上是一座军城;军衙门、南定寨、戍军寨、武台等都设在这里。南外城是后来增修的防御性的外城,其中也设有一些机关衙门。西外城建有亲兵寨、小教场、临桂县衙等。在城外正西还设有烽烟楼。城内建筑采取以子城、内城为中心的布置方式,一切重要建筑都建在子城内。子城位于静江府城的偏东南方向,因为东南方安全。城的中部、北部与西部全为驻兵与营地。

对静江府城图中桥的分析

桥名	性质及用途		位置	数量
船浮桥	临时性	战争用	在东江上	1
拖板桥	临时性	经常用	在大瓮城	3
亭桥	游览用		在城墙错口处	
板桥	临时行人			
木扶手桥	安全行人			

木拱券桥　　　便桥

城防建设工程

静江府城是一座军事防御性的城池,全城建筑都从防御着眼。现对城工建筑、瞭望建筑、游观建筑、军寨建筑、衙门坛庙建筑等五项分析如下——

城工建筑

城墙工程:全城的城墙均为石块基础砖城墙,内部夯土,这是宋代的基本做法。城墙部基上成为方形,宽与高的比例为1:1。墙顶设砖做女头(城墙垛口),女头设两个折角,中间为枪眼,每个距离约3米。

城楼与门洞:全城共有18个城门。图刻标出的带城楼的城门有8个。城楼是城门的标志,在城楼上驻兵并设岗哨,可以保卫城门。城楼建筑在图刻上反映出6种。一是单楼单檐顶。二是单檐重楼顶。三是单檐三楼顶。四是平顶。五是无楼门,门垛基本上都与城墙平行。六是门垛突出城墙面,城门洞口普遍采用圆形券门。宋代城门洞口是梯形或圭角形,元代以后才出现圆形券门门洞。这次由静江府城的图刻证实,券门在宋代城中已普遍应用,并可追溯到唐代。静江府只有阳马城的门洞为圭角形。

城墙开有暗门,始于何时不详。宋代文献没有关于暗门制度的记载。静江府城的暗门有两处,设在东城墙与西城墙拐角边部,或山弯的陷闭处。这亦是一种军事设施。

静江府城城墙尺度分析表

城名	脚宽 (丈)	城墙厚 (丈)	城高 (丈)	城长 (丈)	女头 (个)	女头高 (尺)	起止	经营
夹城北城							雪观——马王山	李经略
(新城)				720			——桂岭——宝积山	
(旧城)				660				
夹城北城	4.5	2	2	312	287	4	雪观——马王山	李经略
夹城北城	4.5	2	2	192	195	4	宝积山北——化城宫	李经略
夹城北城	4.5	2	2	106	58		自镇岭门——道姑山	李经略

——地藏山—瓮城

南月城	5	3.3	1.8	65	43	（图上不甚明显）	李经略
内城东墙							
南外墙				662	82	雪观——南团楼	李经略
						——西南团楼	
西外城						南阳江——临桂县	朱经略
外墙	8	4		566	391	北接旧城	
新城西城	7	3	2.6	175	132	鹁鸠山——花景洞	胡经略
新城东城	7	3	2.6	162	132	6	粟家山——马王山	胡经略
						——两山上城	
远北关城	7	3	2.6	21	20	6	黄家山——寿星山	胡经略
西月城	4.9	2.4	2	62	66	6	（西门外）	胡经略
新城西南角				59		宝贤门——花景洞	胡经略
（宝积山城）							
阳马城（东江段）	1.5		758		4.5	南门青带桥——马王山	赵经略

静江府城城门楼门洞分析表

城门名称	间数	式样	门洞式样	总位置
	3	单楼单檐顶	圆形券门洞	内城正面
平积门	3	单楼单檐顶	圆形券门洞	内城正面
顺庆门	3	单楼单檐顶	圆形券门洞	
静江军门	3	单楼单檐顶	圆形券门洞	
朝宗门	5	单楼单檐顶	圆形券门洞	
东江门	3	单楼单檐顶	圆形券门洞	
就日门		平顶	圆形券门洞	
		平顶	圆形券门洞	木龙渡附近
		平顶	圆形券门洞	武台附近
古旧城门		平顶	圆形券门洞	

行春门			圆形券门洞
尊义门		平顶	圆形券门洞
宝贤门		平顶	圆形券门洞
癸水门		平顶	圆形券门洞
暗门		无顶	圆形券门洞
暗门		无顶	圆形券门洞
镇岭门	5	三楼单檐顶	圆形券门洞
北门	5	三楼单檐顶	圆形券门洞

大瓮城（万人敌）工程 静江府城中有两座大瓮城，一为夹城北门大瓮城，右边进入；一为西外城西门大瓮城，左边进入。瓮城是一种城防工程。静江府城是防御中心，是重要部位，需要加强，所以建设大瓮城。

瓮城的历史可上推到汉代。保留到今天的有汉长城玉门关的大瓮城，是最大的一座瓮城了。平面方形，长12米，宽12米。四壁为夯土墙。东北角有土梯，可上下。内蒙古额济纳旗的北城墙部位，也留下一个瓮城，借此可窥知汉代瓮城的式样。唐代大瓮城可以安西县的锁阳城大瓮城为代表。有北城两个，南城一个，西城一个，瓮城开口左右不等。西夏的黑城（额济纳旗），东城墙一个，西城墙一个。宋代城市继续建造瓮城。元明清各时期的城墙，瓮城就更多了。

团楼（圆形角楼） 全城的团楼共有七座。其中有南外城西南角一座，内城西北角一座，夹城西墙一座，新城西南角一座，西外城三座，全设在西城的城墙上。团楼为圆形的角楼，也叫转楼。一般建在城的转角处。可以说是角楼的复钵，可用来防御三方面的敌人。

汉代明器四合院有角楼，敦煌汉长城附属建筑中的大方盘中也有角楼，这说明汉代城墙建有角楼。唐代锁阳城四角转角部位建有角楼。西夏城池四个转角也建有角楼。宋代书籍中已有关于团楼的记载。

硬楼 静江府城的硬楼，实际就是马面楼，也叫马面。硬楼沿城墙建设，平面方形。有两种式样，一种突出于墙面，全城有28个；一种与墙面平行，利用城墙做楼，有10个。从硬楼上可以三面观察与攻击敌人。

汉代就建有硬楼。汉代寿昌城北墙，有硬楼一个。唐代锁阳城四面城墙，都建有硬楼,东墙三个,西墙四个,南墙五个,北墙五个。宋代军事书籍记载有硬楼。静江府城石刻图可以印证这些记载。静江府城的硬楼,即在马面上建设固定楼层,四面开窗,上为平顶。明清时代马面上不建固定楼层,需用时建临时楼层。

武台　城东北角的城墙上建有武台,这是练兵指挥所。

游观建筑

静江府城的子城,紧临东江,是全城风景最好的地方。静江府的上层人物,经常在此游览。所以在这一带利用城墙硬楼的平顶,建设了一些游览观赏建筑。这也是硬楼的一种复钵。例如:云水台,意谓云水之间的建筑;水云亭,观览东江水势流云的亭子;逍遥楼,做成八角形的楼阁;雪观楼,建在内城城河之上,在此可观览江水翻腾之势;癸水亭,建在伏波山的北边,城墙做成八角形,上端建设癸水亭。凡是游观建筑,各城楼台都突出墙面,成为一座又连墙又独立的建筑。

瞭望建筑

全城除各城楼及城墙可用来瞭望外,还有两个专门的瞭望建筑。

三面亭——建在寿星山下,位于全城的西北角。亭子平面矩形,建在一个五米

顺庆门图

多高的石台基上。上覆歇山顶。亭子正面栏杆还设计出南方建筑特有的美人靠。

望火楼——图刻上无形象，只知位置在夹城正面西山顶上。这是全城外围防御的重要设施。楼上烧起烽烟，可向全城各处的守卫兵将报警。

军寨建筑

各城之内都有大量的驻军，现将驻防情况介绍如下：

静江军——驻府城内，静江府主要的军事力量。

右军寨——驻夹城内，独秀山的东西两侧，保卫府城。

马军寨——马队。驻朝宗门里右侧，从朝宗门出击。

戍军寨——驻在新城东半部，乃全城最大的一处兵营。戍军寨里有两处戍将衙，一在戍军寨里，靠东北城门及北门；一在马王山下，由戍军寨的乌头门进入，靠新城东城门。

南兵寨——建在新城西半部，与戍军寨东西相望。寨内过影壁即正衙。其余房屋都是兵营，紧靠北门及西城门。

亲兵寨——在西外城里，大瓮城的两侧。它是从正面方向保卫府城的兵营。

小教场——在西外城，正对尊义门。各军在这里练兵。

衙门坛庙建筑

图刻反映出的衙门及坛庙建筑不多。衙门主要是府治，即静江府，建在子城之内。府衙正楼面向正南，用石块及砖砌墙，墙带侧脚。其中有两个门洞，洞口做圭角形。城楼做三楼，主体高，配楼低，单构成歇山顶，周围有栏杆。提刑司亦设在子城内。管理全城建筑工程的机关，亦在子城内。府学建在新城平秩门外。桂教驿，设在独秀山南麓风景区。坛庙建筑方面有淳坛，是祭祀东江（即漓江）之神的，建于东江边，偏城北。天庆观建在癸水山里。舜帝庙建在新城东北角城外的山下。

静江府城与平江府城的比较

静江府城与平江府城同为南宋时代修建。其规划布局与建筑有共同性，还有很大的差异性。

共同性方面　两城都是南北方向的矩形城，大小相差不多；都以子城为中心,目的都是保卫子城;都有很深的护城河;街道规划相同,都有丁字街与90度角的拐角街;都是东西街道多,南北街道少,干道不贯通;都做马面(硬楼),平江府50多个,静江府20多个;城墙都有女头,都有乌头门;都以城名为府名;都有教场与逍遥楼。

对应性方面　平江府城以水为主,构成水网城市;静江府城以水为主,形成水城。平江府城有子城、外城,共两城;静江府城有子城、内城、夹城、新城、西外城、南外城,共六城。平江府城是以手工业为中心建造的,所以各桥都是固定的;静江府城以军事为主,桥梁均做临时性浮桥。平江府城都做方形门洞;静江府城均用券门门洞。

不同方面　静江府城有阳马城、月城、瓮城马道、城楼,而平江府都没有。平江府城的子城建角楼,而静江府城不建角楼。

在平江府图刻之外,又发现静江府城图刻,这是一大收获。静江府城图刻对于我们研究南宋的城池选址手法、城市规划、城防工程、军事设防工程、城工建设等等都是很有价值的。

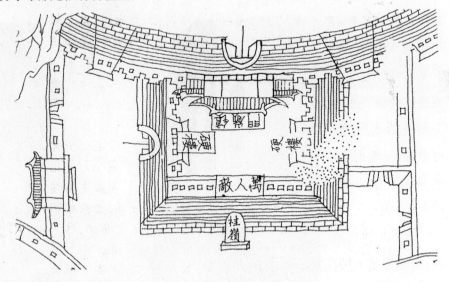

瓮城(万人敌图)

南宋平江府城

　　南宋平江府城,即现在的苏州前身。通过现存于苏州文庙的平江府城图,可以窥知当时全城的状况:城墙城门系统建筑方式,全城的河道,全城的寺院以及全城的桥。以下对这四个方面予以分析。

　　全城地势平坦,城为南北方向的长方形,城墙周长近20里。东西城墙宽,城墙全部用砖砌筑,城墙上都做完整的女墙垛口。城东墙马面(硬楼)向外突出有21个,西城墙马面向外突出有24个,南城墙做9个马面,北城只有城墙,而不做马面。全城开5个城门,东城墙开2门,南为葑门,北为娄门,西城墙开1门,即为阊门。南城开一个城门即是盘门,地点在城的东南角。北城开门,名曰齐门。每个城门并列两座,一为城门,二为水门。城门与水门,都做圭角形门洞。这一座城为水网城池,全城除用护城河包围之外,还引水入城,南北方向有9条河,东西方向有18条河, 各条河与护城河连通,然后又与城外的大河连通, 构成一座十分整齐的水网城。可以说,一条街道,就并列一条河,交通非常方便。

　　城中心建设府城,府城即是子城,它是一组庞大的建筑群。从南门进入,院落重重, 整个府

苏州街巷

衙由20多个合院组成,其中殿宇有工字殿,前后接连。中轴线上布置主体建筑,还有湖池,高台阶殿座,重重叠叠,非常壮丽。全部府衙用城墙包围,城外有护城河围绕,四周建设角楼,这一组建筑群是完完整整的,位于全城中心略偏于南。

除府衙建筑之外尚有——贡院、馆驿、税署、园林、文庙、兵营、县衙、仓库……

主要的寺院有——报国寺、北塔寺、宝光寺、观音院、能仁寺、天宫寺、永定寺、定慧寺(双塔)、普照院枫桥寺(寒山寺)、天宫寺、永福寺……

平江府城的桥

平江府城图,是刻在大石碑上的图,全城街道刻得非常清晰,除街道之外,即是全城桥名。在碑刻图中,可以显示平江府城的各座桥名。

子城之南桥

东长桥	烧香桥	红畅桥	带桥	乾桥	寺西桥
城桥	寺后桥	南皇桥	群桥	净河桥	土桥
乌程桥	圣宫桥	奚婆桥	梅家桥	程桥	新桥
杉渎桥	蔡家桥	胡家桥	吴门桥	江桥	庙桥
短桥	垣桥	新桥	双江桥	朱家桥	曹家桥
望信桥	清道桥	南昌桥	永安桥	平桥	饮马桥
花桥	西桥	吉利桥	孙老桥	顾家桥	子城后桥
九桥	唐家桥	黄桥	望营桥	折桂桥	蒋家桥
胡书记桥	沙漯桥	胭脂桥	儿桥	佐家桥	河桥

子城东部三桥

南胡家桥	船桥	齐家桥	苑桥	白现桥	洞桥
杨家桥	柳毅桥	马津桥	寺后桥	慈悲桥	平白广桥
筱桥	双投桥	芝草营桥	虹桥		

子城之西桥

南张家桥	六通桥	寻僧桥	明泽桥	利市桥	乌盆桥
山增桥	剪金桥	市桥	国子院桥	南通桥	宾兴桥

丁家桥	徐胡桥	庆历桥	市曹桥	度画桥	黄牛枋桥
圆通桥	荐行桥	侍唐桥	芜家桥	中路桥	成家桥
天心桥	利门市桥	狄胜桥	积善桥	乐桥	县西桥
东石塘桥	郭家桥	跋难桥	县东桥	南新桥	院子桥
琵琶桥	郑使桥	鹤桥	寺西桥	县西桥	德庆桥
院子桥	菓子行桥	金狮子桥	方广桥	向桥	白善桥
四通桥	建祥桥	迫利桥	泮照寺桥	皋桥	稳家桥
太平桥	寿桥	红桥	东周大保桥	黛眉桥	三太尉桥
宫桥	东开明桥	娄西桥	东梁桥	单家桥	曹使桥
积基桥	广肃桥	跨塔桥	鸿桥	芮桥	

子城北部三桥

音观桥	雨石塘桥	临培桥	寺西桥	鱼行桥	北新桥
程桥	马黄桥	洋澳桥	枫桥	寺东桥	怀营桥
寺庄桥	奚家桥	周太保桥	斜路桥	百日桥	鸭舍桥
黄邬塔桥	张香桥	迎春桥	小市桥	中路桥	吴雕桥
华家桥	寺西桥	隆兴桥	金狮子桥	宗利桥	众安桥
栈桥	华阳桥	昙东桥	小平桥	凤凰桥	香花桥
虚家桥	艾家桥	胡厢使桥	徐鲤鱼桥	安桥	济川桥
陵侍则桥	邬家桥	朱马文桥	普济桥	祥符寺桥	轮桥
打急路桥	西章家桥	桃花桥	线桥	唐家桥	船程桥
广化前桥	庙中桥	富孙桥	庙桥		

以上之桥大致有250多座，其中个别的图碑中，字迹已看不清楚，无法录清，只好略去的桥有十数座。

参注：本节的撰写及桥的名称均以《平江府图》作为蓝本。现存苏州孔庙之《平江图》图碑、拓片，为"丁巳秋八月郡人叶德辉朱锡梁督工深刻"。

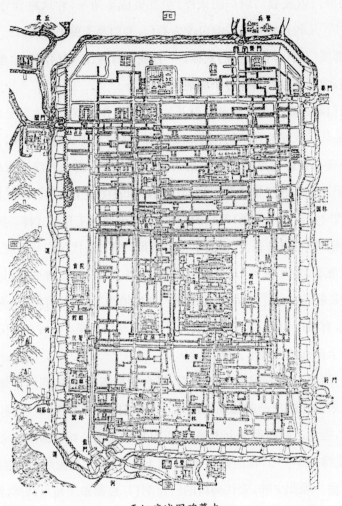

平江府城图碑摹本

新发现的宋代城门楼

宋代城门究竟什么样,仅从张择端绘制的《清明上河图》中城门的式样来看,还不足以证明,如果再有一至三个这样的城门,宋代城门式样就可以说完全得知。说来也巧,笔者在20世纪60年代初在各地考察时又发现了三个宋代城门,这样是否就较充分地证明宋代城门的式样以及构造方法了呢?

　　宋代的城门以及城门洞口的式样,全部做成圭角形,它风格别致,式样新颖。自宋以后,元朝开始将城门洞口改为券门,券门易于施工。例如元上都城门洞口、元大都城门洞口,都做券门式样。一直到明清两代,城门洞口也都做券门,例如南京城、北京城以及其他各个城池的城门。

　　至于城门洞口做圭角式是从何时开始的,笔者在考察全国大部分的古代城池后,认为是从汉代城池开始的。例如成都出土的汉画像砖有阙楼图,河南洛阳出土的空心砖墓都鲜明地表现出圭角式样。河南陕州出土的汉画像砖有阙楼阁,河南陕州出土的西汉望楼第三层的门洞口即表现出圭角形门洞式样。到了南北朝,西魏时代麦积山壁画127窟的壁画上,也表现出圭角形式样。到了唐代,敦煌莫高窟壁画217窟壁画上,也显示出圭角形式样。五代时的苏州虎丘塔门窗洞口也做圭角形。到了宋代,凡是修筑城池,在城门洞口位置普遍做出圭角形门洞。若从北宋东京城来看,全城有3圈:第一圈城墙为皇宫,共有城门6座;第二圈城墙为内城,有城门10座;第三圈城墙为外城,有城门13座。全城有城门29座,各个城门洞口全部都做圭角形式样。

　　另外从《清明上河图》中的城门来看:城台做得高昂整齐,四面都做侧脚,正面在城台之表面还砌出凸的墙面30厘米,以示城门的重要性,城门洞口即做成圭角形式样,圭角之四面都加上木枋,下部有立柱支顶。城楼面阔五间,进深三间,用斗栱支撑平座栏干,每间施直棂窗,檐下有斗拱,上覆庑殿顶。这座城门设计得宏伟壮丽。除此之外,宋代砖塔的门窗洞口,也都做圭角形式样,这是互相影响的结果。笔者于1962年赴山西考察古代建筑时,行至洪洞县城以西,发现一座大庙——女娲庙。这座庙,远在20世纪30年代,笔者的导师梁思成先生在调查时,庙貌仍完整,相当可观。事隔30年之后,笔者亲临,庙已残破,大部分殿阁倾倒,碎砖乱瓦遍地皆是,其中有一座完整的经幢,已被打倒卧地。这个经幢名曰"佛顶尊圣陀罗尼经幢",刻有"开宝九年岁次丙子"字样。开宝丙子为北宋开宝九年(公元976年),是那年刻建的经幢。从幢身上发现有城门两座的线刻图样,而且十分清晰,这真是十分珍贵。

　　第一座城门　城台高昂,与洞口之比例略呈矩形,城门洞口做成圭角形,非常宽广。在城门洞口处,有木柱按进深方向排列,立柱支承横梁,梁上再用短柱,支承上框,下设门槛,十分齐全。城楼三间,当心间略宽,两稍间较窄,楼顶做庑殿式。它是一种象征性的图形。

第二座城门 基本上与第一座城门相似,门洞口也是相同的,同样做出圭角形,洞内仍然施木柱,楼顶也做庑殿式,只在门洞上部有花朵图案线刻,极似荷花。门洞两测,成台殿面用线刻图案。城楼做三间,当心间安装双扇版门,门扇施门钉,两稍间的墙面施用龟背纹样的图案,十分美观。通过观察这几座城门,宋代城门的式样便一目了然。

第三座城门 是在山东长清灵岩寺塔的石基座的旁侧雕刻出城墙、城门一幅图。城门城垛,墙身砌出很大的侧脚,城门楼三间做庑殿顶,柱端栏杆。城门洞口做平口,其余是梯形门洞之示意。门洞里两侧面都有排栅柱,紧紧贴于墙壁,通过它,又一次证明宋代城门的个体做法,门洞里的排栅柱是肯定的。

辽金时代城池

辽上京城

上京城是辽国建都之地,地处辽国偏北、偏西位置,当年交通十分不便。辽代以之为中心,建设都城——临潢府。在上京城之外还设四京:中京为大名城;东京为辽阳府;南京在今北京城西南,天宁寺塔就是辽南京城里的大塔;西京在今日之大同市。

上京城位于内蒙古自治区巴林左旗(林东镇),北临彦吉嘎庙、土罕庙,东南紧临阿鲁克尔沁旗,西南为巴林右旗(大板上)。

辽太祖耶律阿保机在这里创立帝业,上京城"负山抱海,天险足以固,地沃宜耕植,水草便畜牧"(详见《辽史·地理志》卷37)。辽太祖于神册三年(918年)将上京城建设得很豪华,名曰皇都。天显十三年(938年)更名曰临潢府。上京城分为南城、北城,二城互相连接,南城略小,北城略大。北城是大辽国皇宫和官府设立之地。

北城的北墙长1840米,南墙长1580米,东墙长1740米,西墙长1500米,北城周长6600米。南城的西墙长1200米,东墙长1150米,南墙长1600米。南城与北城的城墙总长为10610米,约21里左右。《辽史·地理志》所记为27里,相差6里。

两座城不按正南正北来建设,中轴线向南偏30度,所以略成东北、西南方位的城,这个做法可能是大辽面向东南的战略而成。北城正方形,西北与西南城角将角拉平各400米,这是什么原因不得而知。北城的东墙开两门,南为迎春门,北为雁儿门;西墙也开两门,南为金凤门,北为西雁儿门。南墙只开一门曰顺阳门,北城共五座城门,城门各有楼橹。

大辽国的宫城在上京城北,南门为大顺门,北门为拱宸门,东门为东安门,西门为乾德门。宫城内又建有大内城,也是方形,南门为承天门,东门为东华门,西门为西华门,大内只有三门。

上京城内建筑甚多。正南街东有留守司衙、盐铁司,南门有龙寺街,正南有临潢府。南有宗孝尼寺,为承天皇后所建,寺西有天长观,西南有国子监,监北为

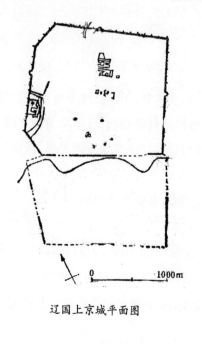

辽国上京城平面图

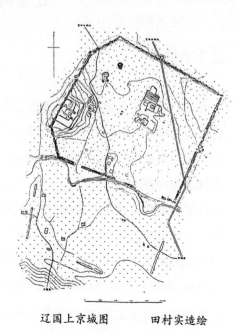

辽国上京城图　　田村实造绘

孔子庙，庙东有节义寺。西北为安国寺，为辽太宗所建，寺东有齐天皇后宅，宅东又建元妃宅，为法天皇后所建，其南有贝圣尼寺、绫锦院、内省司、麴院、赡国司、省司之二仓，皆在大内西南。

　　南城即是汉城，为汉人所居之城。南尚横街，各有楼对峙，下列井肆。南门之东有回鹘营，这是回鹘商贩留居上京的营地。西南方向有同文驿，各国信使居之。驿西还有临潢驿，接待夏国使官。临潢驿西有福先寺。据五代时人后周同州郃阳县令胡峤（曾被辽国俘虏，后逃回）记：上京有邑屋市肆，交易无钱

辽国上京城北塔

而用布，宦者、翰林、伎乐、教坊、角抵、秀才、僧尼、道士等，其中大都是山西、河北人。

　　天显元年（926年）辽太祖平渤海归来，建设城池，修筑宫殿，起了三大殿：开皇殿、安德殿、五鸾殿。各代皇帝又建宫，太祖为弘义宫、应天皇后为长宁宫、太宗为永庆宫、世宗为积庆宫、穆宗为延昌宫、景宗为彰愍宫、承天太后为崇德宫、圣宗为兴圣宫、兴宗为延庆宫、道宗为太和宫、天祚帝为永昌宫、孝文皇太弟有敦睦宫、丞相耶律隆运有文忠王府。（参看《辽史》31卷）

　　南城与北城之间有一条东西流向的大河，河上建桥。南北城之间各临河水，空气清新，水源充足。上京城位于辽国北方，背山面水，统领州县，基础牢固。上京城的建筑规划是很有条理的，是顺应自然规律的。

辽顺州城

　　辽代州城很多，大部分在辽末战争时被破坏，有的只剩下城墙遗址。

在辽宁者阜新市火车站正东面有一座古城,是辽代顺州城的城址。全城方形,东西长约500米,南北530米。顺州城留到今天只有断断续续的夯土城墙,城墙失土过多,许多部位已夷为平地。城内与城外,都没有人家,也没有当年之建筑遗迹。北城墙外有一片树林,据老乡告知,这是当年在护城河的北岸载的树林。前些年护城河还在,后来村民整治河滩,护城河也改为大田。不过那一片大树林至今还存在。

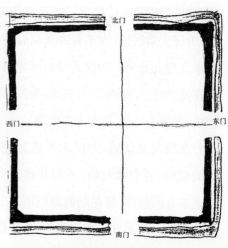

辽国顺州城平面图

笔者于1984年春夏之交前往顺州城考察,看到全城内外已改为良田。城墙的许多部位坍平了,土墙坍落了,不过还有高低之分,墙宽仍明显。

这座城是辽代商王府从燕蓟等处俘掠到顺州的民众建成的,位于显州东北120多里处。当时在顺州城西北小山上还建立了一所寺院,其中建有一个砖塔。寺院早已无存,只剩下这一座孤塔。当地村民称之为顺州城塔。

辽代统治者大多数崇信佛教,他们在建设州城时,首先建立一座寺院,有的

辽国顺州城塔

平座斗栱

壶门及斜栱

建在城内,有的建在城外,这是一个普遍规律。

顺州城塔平面八角形,高9层,约20多米。塔下有砖砌台基,台基之上施扁基座,上下各用串珠一道,上置平座有4米多高,再用斗栱支承平座,每面刻壶门,中心用束腰柱来分割。平座斗栱转角与补间作是相同的,每朵出双抄,在其两侧施用45度斜面栱,上承阑额,在普拍枋之交角处再用力士承担。

塔身在倚柱的位置,各做小型密檐式小塔,用它来代替倚柱。

全塔的基座占1/8,塔身占1/8,密檐各层占1/10,塔的顶端有相轮五重,上置宝珠。塔身四面开券门,门内供一佛,其上施飞天、伞盖。其余各面开双扇版门,门簪2枚,门钉32个,铺高2个。

这一座塔是辽代修的密檐式塔,用砖做纯仿木结构式样,这类塔构造坚固,耐久性强。此塔已残破,千疮百孔,地处荒山,无人管理,如不及时保护,恐不久会有倒塌的危险。

辽成州城

辽成州城,位于今辽宁省阜新市西

砖作仿木版门

北方向50里的红帽子村,当地老乡称为红帽子古城,古城有一座砖塔老乡称为红帽子塔。辽成州城北距辽上京城(在林东县)140里,南距宜州160里。据《辽东行部志》记述:"旧名成州,长庆军节度使,始建于辽圣宗女晋国公主黏术,以从嫁户置城郭市肆,故世传公主成州者是也。"在金灭辽后,金代又在这里建军同昌县城。辽成州城的当前状况,与顺州城相同,城内除一座塔外,什么也没有了。笔者于1984年秋季前往成州城进行勘察,早上从阜新市乘车前往,两个小时就到达了。

全城正方形,东西长500米,南北长500米,土城内外没有人烟,也没有一间房屋,除坍塌的城墙之外,什么建筑也没有,城内外一片大田。我们到达之后,沿城墙顺序考察。南部城墙仅留西南角之土城,东南角尚有一点点土堆,西城墙尚有一半城墙,北边还有坍落的城墙,只有东城墙还算完整。在北城墙北面有一条河道,虽在盛夏,河里竟然没有水。考察时发现,在东西南北四面墙中心处都有缺口,可能是当年城门的位置。只在城的西城墙外有一座塔,原来的寺院连名称也查不到。

成州塔平面八角形,高11层,高约30多米,在残破的状态下,台基与基座尚分得清。

这座塔是辽代修的实心密檐式塔。全城只有这一座孤塔。与顺州城不同的是,这座城里的树颇多。

辽国成州城塔外观

辽国成州塔一层门窗

辽国成州城城墙　　　　　　　　　　辽国成州城远景

辽国成州塔基座莲花

金上京会宁府

　　当年金国的版图非常辽阔,东部从淮水到颍水,西部从河南郑州到汉水,再往西到大散关、秦州。这一条线以北的广大地方,即是金国版图。金国西部与西夏为邻,版图约占全中国1/2。从金太祖完颜阿骨打建国至被蒙古所灭,统治北中国100多年。

　　金国都城位于今黑龙江省阿城县中心偏南的位置,名为上京会宁府,北倚松花江(混同江)。金上京分南城北城,坐北朝南,方位很正。南城是皇城,是一座矩形城,为金人所居。北城也叫外城,为方形城,汉人住在这里。二城相连接,二城的西城墙建设成为一条笔直的城墙。全城呈L形。南城东西长2200米,南北长1800米,总面积近400万平方米。全城总面积共计700多万平方米。

　　南城开6个门,正南墙开3个门,正东墙开2个门,北墙开1个门。北城开7个门,正南开1个门,正东开2个门,正西2个门,正北也开2个门。在全城的每个转角处都建设角楼,遗迹至今还十分明显。全城还建有瓮城,南城有9个,北城也有9个。从遗址上可以看出,南城、北城的马面,共计有73个。

　　城墙全为夯土城墙,已全部坍下来。墙顶上长有很粗壮的榆树。目前城墙两侧均是大田。城门位置的墙土略高,北城墙尚十分明显。东西两面城墙还长出树苗。有的地段城墙之夯层露出来,十分清楚,夯层有20厘米厚,

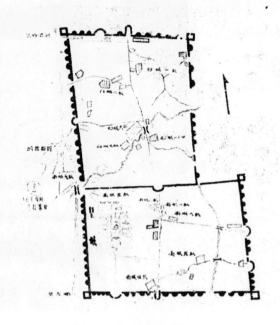

金国上京城平面图

金国上京城东城墙遗址

有的部位只有15厘米厚。这座城的每个城门、瓮城之位置十分清楚，南城还立有保护标志。

这个城，城墙明显，在南城城内有许多高台。这是当年宫殿之基础。这座城至今已有800多年的历史，但是全城面貌依然如故。没有什么乱建房屋，也没有被人占用，无论是从城内到城外，还是按原状进行保存的，因为这座城建在阿城县的农村，老乡仅仅耕种，并没有引入什么企业工厂之类。

目前在城内有几个村庄，但是未动城墙，也未兴建任何近代性的建筑。笔者在1983年至1984年曾两次到金国上京会宁府城考察。当时进行步测，各城城角均为90度。但是当地绘的一幅会宁府示意图，却不是直角，特别是北城的北墙与西墙之交，是一个尖角，见上页图。

城内之宫殿建筑情况，据《金史·志第五》可知历所建宫室有乾元殿（后更名皇极殿）、庆元宫（内有辰居殿、景晖门，朝殿又叫敷德殿、延光门，寝殿又收宵衣殿，书殿又叫稽古殿），又有明德宫、明德殿，又有凉殿（延福门、五云楼、重明殿。东庑有东华殿、广仁殿；西庑有西清殿、明义殿。重明殿之后，东有龙寿

金国上京城碑

金国上京城夯土层遗址

金国上京城西城墙遗址

殿,西有奎文殿)。时令殿的正门曰奉元门,还有泰和殿、武德殿、薰风殿。行宫有天开殿,另有混同江行宫。还有太庙、社稷、天元殿。原庙里安放太祖、太宗、徽宗及诸后御容。正隆三年毁,大定五年(1165年)复建太祖庙。

金国统治者在灭辽后,考虑到都城在北地(阿城),距金代中都(北京)3000多里,往来办事多有不便,所以决定迁都到燕京(今北京市)。

城四家子古城

与辽国一样,金国建立的州城也是比较多的,后来金国被蒙古灭亡时,蒙古兵焚烧了大部分金国州城。金国州城中没有一座是完整地遗留下来的,只留下许多破城、土台、城墙。

笔者曾在吉林省西部洮南县境内发现了一座金国修建的泰州城,当地老乡叫做城四家子古城。此城在吉林省白城市洮南县城西北程四家子村附近。笔者于1982年6月～7月间考察吉林古代建筑时,对城四家子古城现状进行了考察。

这座城建在白城市的一个大平原上,洮儿河弯弯曲曲地流经这里,又折向南面。古城即建在这条河道的拐弯处,充分地利用了这个地理形势。

全城是一座土城,房屋、城门早已坍塌,仅剩一座空城。城的形状基本上采取方形城池。南、东、西三面城墙都是笔直的,唯有西城南端向西凸出,出现一个方形拐角墙,这是为了适应当年战略上的特殊要求;北部城墙被洮儿河暴涨时冲掉。全城南北长1500米,东西宽1200米,城墙全部为夯土筑成。在拐角处尚留有大土墩子,四周坍落达数十平方米,估计原来有角楼。在城墙的墙身处都建有马面(亦称战垛)。南北墙各有3个马面,东墙大致有6个马面。城墙墙身塌落宽度为8米,马面坍落宽度为16米,各面城墙的西北方向都被吹来的风沙盖住,从表面上很难看出夯层。目前残存的高度约有6米左右。

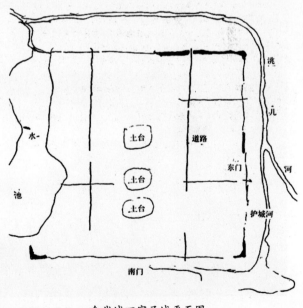

金代城四家子城平面图

　　城门位置的选择,当年费了一番心思。南门偏西半部,北门偏东北部,南门与北门不在一条中轴线上,互不相对。东门、西门均偏南,它们相对在一条直线上。这说明南半城面积小,北半城面积大。城门遗址尚留豁口,可看出当年城门

金代城四家子城城墙现状

金代城四家子城河弯城墙

有瓮城。北门与东门的瓮城痕迹尤为清楚。

城墙外都有护城河,东城墙与北城墙的护城河道宽6米左右,南城墙、西城墙紧靠洮儿河,可能当年即利用洮儿河作为护城河。城的西南角有一座小村庄,住户有数十家。在城内的南北中轴线上有3个大土台子,即是夯土高台。

金代城四家子城城墙端头

每个土台长20米,宽15米左右,台与台之间有25米左右。台上、台下有很多碎砖、瓦片,虽然被沙土掩埋,但也有裸露在外的。这可能是当初城内官衙的遗址,历史上有三殿建筑的制度。另外,在西北角还有南北方向排列的三个台子,尺度比中心土台规模略小,这可能是当年的寺庙建筑遗址。其余皆为平地。

这座土城的规划采取南北门不相对的设计手法,沿袭了我国古代城池制度特有的手法,也是在其他古城中常用的手法。这种设计有利于城池防御。万一敌人攻进城中,由于道路有拐角,城门又不相对,不能很快占领全城。我国从汉唐以来,城门的规划一部分采取城门相对的方法,而大部分都采取城门不相对的方法。

汉唐宋元以来,筑城以方形或矩形为主。常常在方方正正的城圈上凸出一个小城,或做方形的小拐角城。这是为了军事防御而建的。汉魏洛阳城,汉代山阳城等,都是这种式样。

城四家子古城的东门、西门偏向南端,使得城北面积扩大,官署、衙门及上层居民的房屋用地比较宽裕。

根据实地考察和文献记述,这座城也是辽代泰州城。金代利用辽泰州城建设金泰州城。《辽史·地理志》记载:"泰州德昌军节度,本契丹二十部族放牧之地,因黑鼠累犯通化,州民不能御,遂移东南六百里来建城居之,以近本族……"

通化州在海拉尔一带南600里,正好是这个地方。

近代国学大师王国维在其所著《金界壕考》中说,辽泰州城,跟金泰州城是同一个城。当在今洮儿河之南,洮南县之东。

《金史·地理志》记载:"初,朝廷置东北路招讨司泰州,去境三百里,每敌入,比出兵追袭,敌已遁去。至是,宗浩奏徙之金山,以据要害。设副招讨二员,分置左右。由是敌不敢犯。"

《金史·章宗》记载:"金泰和八年四月甲寅,以北边无事,敕尚书省命东北路招讨司还治泰州。"

1957年,这座城址出土两面铜镜子,铜镜子上刻有"泰州立薄记"几个字样。此镜子保存在洮南县文化馆,由此进一步证明,这个地方是金代泰州故城。

元代城池

元上都

元代统治时期陆续建设了三个都城,第一个都城位于蒙古共和国首都乌兰巴托(和林)附近,在宁夏银川正北4000里。后迁至上都(在多伦诺尔),在北京正北1000里。

上都位于今内蒙古自治区多伦诺尔西北80里处,当地叫召司乃木城。明末对全城废弃之后,便没有人烟,房屋也全部倒塌。1959年春,笔者到达多伦诺尔,在考察善因寺、汇宗寺时,由当地人陪同,骑马进入上都。附近是一片荒地,有一点草原,全城周围没有村庄。我们仓促参观,拍照,逗留不久又返回,因为当时没有地方住,更不能吃饭,唯恐出事,勿忙骑马返回。至今已有50年了。

元上都平面正方形,外城东西长1300米,南北长1250米,总面积近20万平方

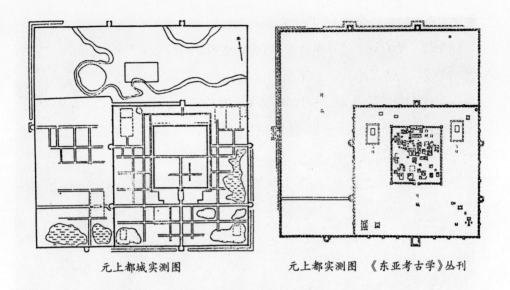

元上都城实测图　　　　　　　　元上都实测图　《东亚考古学》丛刊

米。全城分为三圈城，第一圈为寨城，平面方形；第二圈为内城，内城亦做方形城池，它紧靠外城东南角；第三圈为外城，也是方形的城。

外城的南城墙开两个城门，偏东的城门即与内城的南门合而为一，也是在内城的中轴线上。城外建方形瓮城，偏西的南城门即是外城的南城门，门外建有圆形瓮城。外城的西城门只有一个，门外建圆形瓮城。东城墙有两个城门，均设在内城的东城墙部位，此二门均做圆形瓮城。外城的北城墙也开两个城门，均做方形瓮城。内城的东墙、西墙各开两个城门，北墙开一座城门。各城门已成为土堆，更没有什么城门的名称。

全城的布局规划严整。在宫城中只有丁字路，四周都有纵横交错的街道，城内之东侧还有小型湖池，可作为绿化用水。外城北半部有两条河流入。西半城偏南有水池。外城周围有护城河的痕迹，尚可辨认。

外城的城墙用石块砌筑，十分坚牢。内城用砖砌，是一座砖城。当年考察时，笔者还看到片断存留的痕迹。《口北三厅志》也有记载："外城石砌，南北各一门，东西各二门，周十六里三百三十步。内城用砖砌，周六里三百三十步，东西各一门。"

元上都城是由刘秉忠规划的。刘秉忠是汉人，全城的布局式样，与北宋东京城相仿，元上都的内城偏于东南，这一点是独创的。引水入城也是参照北宋东京

元上都宫城城墙外观

城的规划而设计的。

全城采取正方形,与《周礼·考工记》的王城图相差不大。外城建瓮城,方形的有4个,圆形的有3个。内城也建有瓮城,2个方形的,圆形的有4个。全城周围有护城河围绕,目前仅在东南角尚有护城河的痕迹。内城的宫门前有大道直通内城的东门、西门,并与天街相交,构成丁字街口。

元世祖忽必烈一开始居住在上都,据《元史·地理志》58卷记载:"宪宗五年,命世祖居其地,为巨镇。明年,世祖命刘秉忠相宅于桓州东、滦水北之龙冈。中统元年(1260年),为开平府。五年,以阙庭所在,加号上都,岁一幸焉。"刘秉忠担任上都城的设计规划,以后他又到大都,担任大都城的设计规划。《元史·刘秉忠传》记载:"初,帝命秉忠相地于桓州东滦水北,建城郭于龙冈,三年而毕,名曰开平,继升为上都……四年又命秉忠筑中都城……十一年,扈从至上都,其地有南屏山,曾筑精舍居之。秋八月,秉忠无疾端坐而卒。"元上都在北京正北近千里,天气非常寒冷。古人曾流传一句话:"上都六月凉如水",又有,"上都六月冷如冰"的说法。由此可知上都是多么寒冷。

目前元上都遗址仍为不毛之地,没有人烟,周围全部是沙丘,生态环境恶劣。

参注:《元史·地理志》58卷。

元上都宫城城墙流水沟　　　　　　　　元上都出土汉白玉佛碑

元大都

元世祖忽必烈于1271年建立元朝时,由于都城在上都(今内蒙古多伦诺尔),人员往来十分不便,后来决定迁都到北京。当时的北京是金中都,城东北是园林区,有海子、园子,春夏秋冬四季分明。忽必烈决定建都北京,当时叫做大都城,也是汉人刘秉忠进行规划的。

元大都呈正方形。南城墙开三门,中为丽正门,东为顺城门,西为文明门;西城墙开三门,南为平则门,中为和义门,北为肃清门;东城墙开三门,南为齐化门,中为崇仁门,北为光照门;北城墙开二门,东为安贞门,西为健德门。

　　四面城墙为砖城，城墙笔直，没有一点弯曲，城墙都有马面，在各城门处都建造瓮城，唯有齐化门与和义门的瓮城为方形，其他城门的瓮城均为圆形。周围有护城河环绕。

　　全城的各个城门之间道路不直通。从丽正门进城后，正对皇宫，一直往北到海子。从文明门进城，往北到光照门内大街，相交成为丁字路。从北部健德门进城后，大街往南直通海子，拐向东南。从安贞门进城，往南直通崇真万寿宫。东西方向的大街也不直通。从齐化门到平则门之间有皇宫、太液池相隔；从崇仁门到和义门之间有海子相隔；从光照门到肃清门之间有北宫相隔。这些都是城内的干道，但不直通。城里有很多东西方向的胡同，在胡同内建四合院住宅。这就是元大都的"大街小巷"的布局方式。

　　城内的建筑有官府、寺院、庙宇、仓库、皇宫、苑囿、佛塔、殿阁、草场……一一穿插在全城之中，占去许多有效用地。其他如河道、海子、太液池等，也用掉许多地方。

　　城内的皇宫甚大，根据《辍耕录》所记，长宽有480步，大体上与现在的故宫差不多大。

　　丽正门是元大都的正南门，从天街可以直通。据明萧洵《元故宫遗录》："南丽正门内，曰千步廊，可七百步，建灵星门，……门内数十步许有河，河上建白石桥三座，名周桥，……度桥可二百步，为崇天门。"以笔者之见，这一点纯粹是仿宋人建造北宋东京城时的方式。

元大都和义门

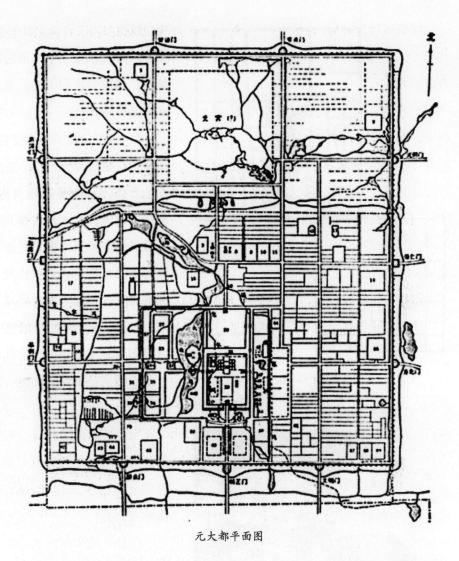

元大都平面图

元大都纯粹是根据《周礼·考工记》中的王城图式样,按照"匠人营国,方九里旁三门,国中九经九纬,经涂九轨,左祖右社,面朝后市"的制度设计的。元大都是一座对称式的城池,城中有很多海子,海子的形状、大小、位置,都是不对称的。外国人认为这是中国人的大胆创造。这种设计方式是历代都城所没有的,到元代才这样做,这确实表现出大胆的设计智慧。

全城的水道也有总体规划,先规划好城内的水道系统,然后才施工建设。这样的施工设计方式,是中国古代哪一个城池都未能做到的。当时除刘秉忠之外,

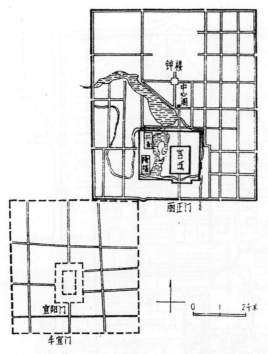

元大都（右上）与金中都（左下）的关系

元大都土城遗址"蓟门烟树"

郭守敬也参与了设计。到今天，700多年过去了，上下水道仍然畅通。这说明我们祖先的技术水平是相当高的。

元大都有300多个火巷，实际就是直通的胡同。

元朝末年大都北城失火，火烧的时间很长，把大都北城的房屋都烧掉了，很长时间北城都破破烂烂的。到明代规划北京城时，把元大都北城墙以南5里全部毁弃，北京城的北城墙南移到今安定门、德胜门一线，然后在南城又加建一座外城。

元大都城内的园林、苑囿很分散，对城池的防卫有很大的意义，但是太分散了，以致无法管理。

此外，元大都的水井特别多，大部分遗留到明清时代，甚至到今天还在使用。例如至今尚存的东、西苦水井，小甜水井、水关、大井沿等。元大都的很多建筑别具风格，以游牧生活为主题，体现出游牧民族的生活习惯。在宫廷中尚有蒙古包,宫廷、庙宇、寺院用方柱,还包上毡毯。

　　参注:赵正之:《元大都平面规制复原的研究》。

　　　　刘敦桢主编:《中国古代建筑史》,中国建筑工业出版社1984年6月第二版。

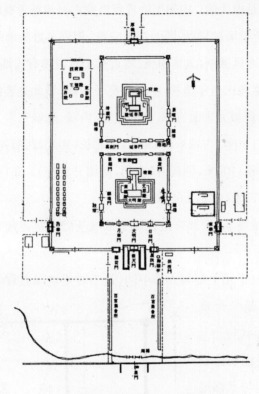

元大都及城内延春阁、大明殿平面图

元集宁路故城

　　辽、金、元三个朝代的统治者,分别是契丹族、女真族、蒙古族。他们是精于骑射的游牧民族,利用强大的军事实力,占领了中原地带甚至是全国。他们都兴起在北京东北面的北部地区。在他们的统治区域划分州县,建立城池,辽、金称为州,元称为路,实际上相当于现在的地区行署。在每个朝代灭亡之际,由于战乱,破坏严重,因此,这三个朝代州、路一级的城池基本上都被打平了。元集宁路故城,也同样遭到这个下场。

　　元集宁路故城位于今内蒙古自治区察哈尔右翼前旗巴彦塔拉乡。这个城与草原连接。元朝被明朝灭亡后,这个城全部被焚毁,变为废墟。它是元代当年的一座路城,规模还是很大的。1958年笔者到内蒙古对该城考察时,全城依然荒草丛生,城墙塌落,所幸墙址犹存,四面都很完整。但许多处的墙基都被挖掘过。当时正当严冬季节,寒风凛冽,大雪纷飞,附近数十里内没有人烟,十分荒凉。

　　全城附近的地势比当年缓和,城东有莫子山河,城北是连绵群山,城西是广袤的大草原。这个路城为平面方形,分为里城、内城、外城三重。里城长、宽60米,在南墙中心有城门一座。内城东西630米,南北长730米,四面各开5个门。外城东西长1000米,南北长1100米,四周开5个门,南墙开3个门。东门外做了一个比较大的瓮城,东西长75米,南北长65米。

　　元代中等路城最多,大部分是在辽金故城基础上重建起来的,取形均是辽金的特点。

　　集宁路故城位于元上都与大都中间,是当时集宁路总管府所在地,从已出土的文物来看也是一个重要的城池。城的形状与元上都相差不多,只是面积比较小,但是建筑规划与上都很接近。例如,内城靠近北城墙、东城墙;内外城门相对;中轴线贯穿全城;在重要的城门处加建瓮城。这些与刘秉忠规划元上都与元大都时所运用的建城规划很相似,由此可以略知刘秉忠的影响。全城做方形,是我国自周王城以来连年沿用的

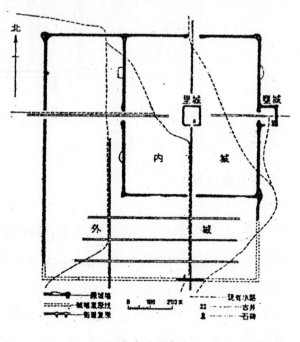

元集宁路故城

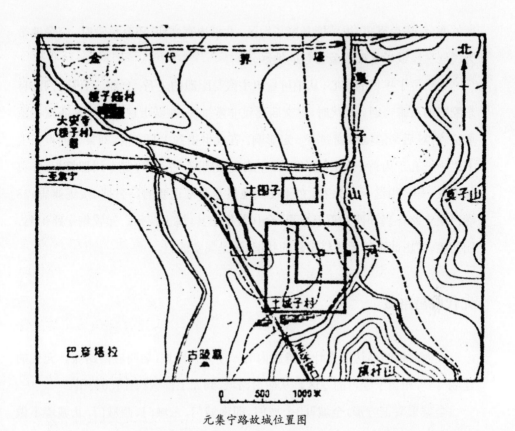

元集宁路故城位置图

方法。元代在平地上筑城都采取方形，如呼伦贝尔路城、四子王旗净州路城、应昌路城。

　　在城门处建造瓮城，主要是为了加强城门的防卫性。在宋代，军队攻城时常用火力交叉、烧城门的战术，当城门中的木过梁烧毁之后，城门洞塌陷，敌人攻入城中。宋代以后，在城门处建造券门，一般不用木过梁。如果安装木过梁，也要安装在券门内部。另外一个办法就是在城门上加建城楼，一层乃至三层。元代的城池建设城楼很多。例如元代的上都城、呼伦贝尔路城、应昌路城、集宁路城，都建造了很大的瓮城楼。从这样的设计中，可以看出城楼的重要性。

　　从城内的道路规划，基本上可以看出当年元代规划的手法。各个城门相对，城中主干道并不直接贯通，而在城中有宫墙挡住或者是伸入道路的另一端，与横街交汇构成丁字街口，这个手法也与元大都相仿。南城是工商业区，东西三条街的两旁,房屋密集,很可能是繁华地区。北城内有文庙,还有总管府。空余地带为民居房屋或者是架设蒙古包的地区。

文庙位于里城的中心,从中可看出主殿与配殿的关系。一组三合院,门前有东配殿的石碑一通。元代时,对文庙建设非常重视,在城市规划中把文庙摆在重要位置,对后来的城市规划有一定影响。在元世祖到大都之前,刘秉忠向世祖上书:"……孔子为百王师,立万世法,今庙堂虽废,存者尚多,宜令州郡祭祀,释奠如旧仪……"由这一点来看,文庙在城池里是非常重要的。另据《绥远旗志》38卷:"集宁路在兴和西一百五十里,金代置集宁县,属于抚州。元置集宁路治焉,明初废。"由此可知元代集宁路的状况,这是属实的。

元代应昌路城

在内蒙古昭乌达盟克什克腾旗内有一座元代路城,名叫应昌路城。元代的建制"路",相当于今日的专区。从应昌路城,到元上都城约计150公里。

全城采取正方形,全城开3个城门,即南城门、东城门、西城门,北城墙不做城门。全城形成一个丁字形大街。大街是正街,它从南城门进入,面对衙署。衙署门前,是东西向大街。三个城门都建有瓮城。全城南北长650米,东西长600米,总面积为39万平方米。

应昌路城建于元至元七年(1270年),到至元二十七年(1290年)改为应昌路。元大都被明朝军队攻下后,元顺帝向北奔逃时,驻于应昌路城内。1370年,顺帝就死在这个应昌

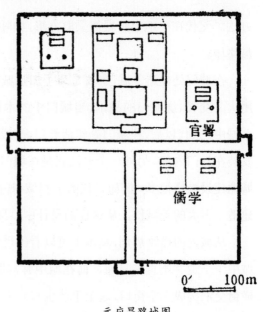

元应昌路城图

路城里。

　　应昌路城中有儒学,位于城中重要位置。元集宁路城也有儒学,也建在城中心,这说明元代统治者对儒学是很重视的。笔者在考察元代文庙时,发现元代大德年间,下令各地大建文庙。文庙中立碑把圣旨刻下来,让天下人都知道。

元应昌路城出土石柱础

　　参注:董鉴泓:《中国古代城池建设》。

　　　　内蒙古自治区博物馆李逸发先生提供资料。

内蒙古黑城

　　黑城位于今内蒙古自治区最西端的额济纳旗,地处内蒙古与甘肃、新疆交界处,有居延海。黑城是西夏时代建的城池。1232年西夏为蒙古所灭,黑城就一直归蒙古管辖。黑城位于东西交通线上,是蒙古的军事重镇。黑城地处边陲,交通十分不便。但在解放前,它是考古界非常重视的一个地点。1908年俄国人科洛夫,1914年英国人斯坦因来此地盗掘文物。欧洲、日本的其他学者也接踵而至。20世纪二三十年代斯文·赫定等人在徐炳旭陪同下建立黑城考古团,在黑城进行考古发掘。此地曾出土汉简,名曰居延汉简。黑城由此闻名于世。

　　全城做方形,南北长424米,东西长346米,总面积为14.6万平方米。从遗址来看,城的四个转角可能有角楼,因为坍土特别多。南城墙、北城墙不开城门,只在东城墙与西城墙开城门,而且东西城门不相对,南北相错50米左右。东西两座城门,都建设瓮城,瓮城也都开南面的城门。西城门的瓮城外面再加一道小城,今天这个小城已经残破不堪。

全城建设马面（即是硬楼），南城墙向外建6个，北城墙也建6个，东城墙建4个，西城墙也建4个。各个马面大部面向城外，南城墙只有1个马面是面向城内的，这是为加强军事防御而建的。全城全部用砖砌城墙。此处交通不便，在这里建造砖城真是一个奇迹。城墙高达7米。

城内道路规划有点乱。南北方向有4条道路，东西方向有5条道路。从东门进入之后沿路穿过两条街，到城中端头有一座建筑群，路北房屋数座。从西门进入的路穿过三条街，为丁字路口。南北方向的四条路，西门里第一条南北路仅能通北城为半段路；第二条路，从南向北通向端头为一组建筑群；第三条路通向东门里大街为止构成丁字路口；第四条路，在东门里与东门里大街十字相交。东西方向的南路与南北方向的第二条路相交，又与第三条路相交，与第四条路构成丁字街口。东西方向第二条路，从西城门进入穿过南北方向的第二条、第三条路并与第四条路相交，构成丁字街口。第三条路即是东门内大街之路。

黑城里的寺院，庙宇很多，大部分都是藏式召庙，其中还有喇嘛塔。全城面积甚大，人数甚少，僧侣及喇嘛很多，城中的居民还是不太多的，其中有不少居

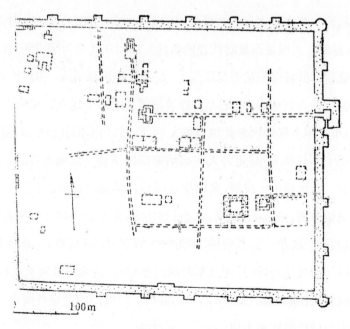

100m

内蒙古黑城平面图

民未建土房,还用帐篷。全城空地也比较多。

此地有居延海,分为东西二湖,东湖叫苏泊诺尔,西湖叫嘎顺诺尔,这两个湖的水由张掖河所汇而成。《水经注》云:"居延泽……形如月生五日也。"古代时只是一个湖,其后中段淤塞,遂成两个湖。《水经注》《汉书》均有记载,指"流沙"即是居延海。黑城即是在居延海之边缘。

城内寺院都是藏传喇嘛教寺院,佛殿的平面布局宽广,采用方形,四周有回廊,可以绕佛读经。另外还有塔婆式塔,目前大部分尚存在。

参注:《水经注》。

《中国建筑城市史》。

明清时代城池

明代南京城及宫殿

南京城位于长江下游南岸,地理环境优美,山环水抱,为天然佳地,人们也称之为龙盘虎踞的形势。从春秋战国到秦汉到六朝,都有帝王在这个地方建都。明太祖朱元璋建都南京,修筑城池,全城周长达30公里。明南京城不仅是我国历史上最大的古城,从全世界来看,它也是比较大的。全城形状极不整齐,它是最不整齐的城池的代表。目前,全城还保存完好。

全城城门有13座:聚宝门(中华门)、三山门(水西门)、石城门(汉西门)、清凉门、定淮门、仪凤门(兴中门)、钟阜门(小东门)、金川门、神策门(和平门)、太平门、朝阳门(中山门)、正阳门(光华门)、通济门。城墙高14米至21米。南京城的城砖大都是江西袁州府(今宜春)、临江府两地烧制的,大部分是用黏土烧制的青灰砖。具体的烧砖地还有安庆、合肥、宣城、池州、芜湖、扬州、南昌、九江、上饶、萍乡、赣州、石城、长沙、武昌、黄梅……

　　城内河道有秦淮河、运河、城壕、御河、珍珠河，均互相通连。秦淮河分为两股，一股流经通济门、聚宝门、三山门，最后流入长江。城内的秦淮河从通济水门入城，流入大中桥与吴城濠汇合，往西至望仙桥出城。为了调节水位，在城墙下部设有通水沟、管道。

　　南京城分为城内市区、宫城区、沿江军事区。宫城区主要是明代的宫城，位于城的西端，占全城的1/5。从正阳门进入，往北直达洪武门。这条中轴线就是皇宫的中轴线。洪武门是宫城的正南门，再往北即是御道街、外五孔桥、承天门、端门、午门，午门即皇城的正门。皇城内的建筑从南向北依次为奉天殿、华盖殿、谨

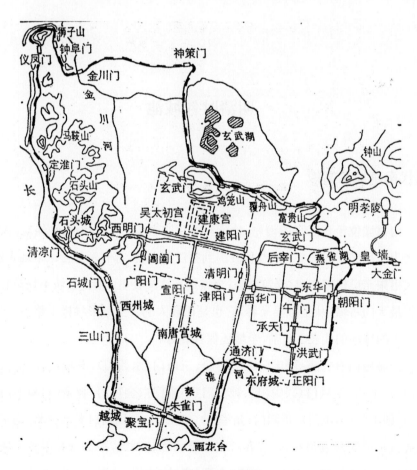

历代南京城址变迁图

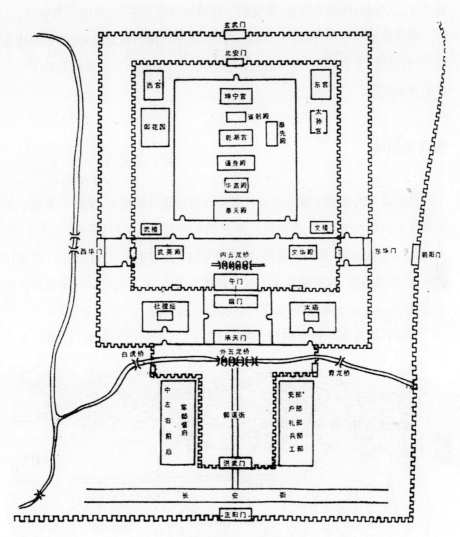

明南京紫禁城示意图

身殿、乾朝宫、省躬殿、坤宁宫。北安门是皇城的北门,再往北即为宫城的北门——玄武门。

在御道街的两侧是文武衙门办公场所。东侧有吏部、户部、礼部、兵部、工部,西侧有中军都督府、左军都督府、右军都督府、前军都督府、后军都督府。外五孔桥的东西面各有青龙桥、白虎桥。端门西面是社稷坛,东面是太庙。午门之内,西面是武英殿,东面是文华殿。进城后,东西方向有文楼、武楼。宫城东侧还有东宫、太极宫,西侧有西宫、御花园。宫城东门是东华门,西门是西华门。

明南京城的布局,体现出《周礼·考记》中王城图的规划原则,以中轴线为中心,左右对称,前朝后寝,左祖右社。它为明清时期的北京城的规划起了一个很好的奠基作用。

明代凤阳城

凤阳城是明代初年朱元璋把凤阳作为京师建设的城市,又叫中都城。全城选在背山向阳的平地上,在城内从西北到东南有四座山:马鞍山、万寿山、凤凰山、独山。全城方形,建设三重城,中心是皇城。内城建在万寿山正南。外城包罗四座山,形势险要,建筑物基本上以中轴线为中心,左右对称。凤阳城的正南门是洪武门,向北依次是承天门、午门、玄武门、北安门。

皇城有东南西北四个城门,正南门为午门,正北门是宣武门,西门为西华

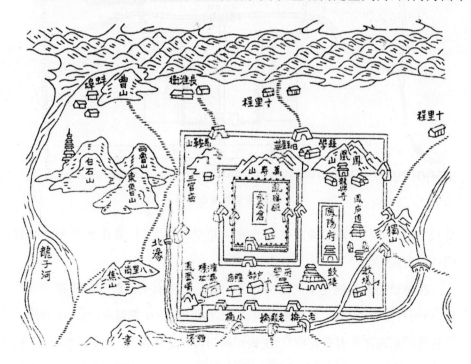

明代凤阳城平面图

 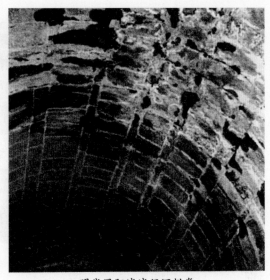

明代凤阳城门洞　　　　　　　　　明代凤阳城城门洞拱券

门,东门为东华门。

　　内城也有四个城门,南为承天门,北为北安门,西为西安门,东为东安门。

　　外城以中轴线划分为东半部与西半部。东半部广阔,面积较大,南墙有三门,中为洪武门,西为左甲第门,东为右甲第门。东墙有三门,南部为朝阳门,中为独山门,北为长春门。北墙有二门,西为右甲第门,东为左甲第门。西墙只开涂山门。

　　四面城墙全部用石块垫基,用砖砌券门洞。洪武门与承天门各有三个门洞。砖城刚刚建完,街坊与道路还未来得及建造,到洪武末年即逐渐拆毁了。凤阳城布局的特征有以下几点:

　　第一,凤阳城北面依山,南对平川,左为马鞍山,右为独山,这种选址有利于保证安全,十分平稳。

　　第二,城墙三重,继承北宋东京城建城制度,在凤凰嘴的突出部分大有取意于唐长安城的大明宫的选地意向。

　　第三,钟鼓楼不在中轴线上,分设于外城的东西两端,这种布局很有气魄,很具创造性,是历代都城中很少见的。

明代凤阳城三孔城护壁　　　　　　　　明代凤阳城殿宇石础

　　第四,洪武大街的布局也是采取历代都城中天街的布局方式,一进门为凤阳桥,进而为洪武门,门内左千步廊,右千步廊、洪武门大街的尽端为承天门,左建功臣庙,右为城隍庙,承天门以内仍有端门与午门。

　　在皇城的东南方向建有皇陵一组,陵园面北。皇陵以方形大院墙包围,中轴线上的正门本应北面开门,但是开在东北方向,成为斜向开门,这是受风水的影响。北墙东为东角楼,西为西角楼,有东西两城门。

　　陵园的中轴线上,自北向南有:金水桥、明楼、二道桥、陵门、陵丘、北门、南明楼,凤阳陵至今石人、石马、石兽依然。

　　这一陵园,四面环水,河水从东西方向穿入园中,整体布局传统古朴。

明代凤阳城西城墙　　　　　　　　　明代凤阳城砖城墙外观

明代凤阳城三孔城门洞　　　　　　　　明代凤阳城正南门

一座明代镇城

保留至今的明代村镇城池,没有一座是完整的。建于明代的村镇城池,在清代仍继续使用。由于重新建设房屋,明代城墙有的就要重新改建。经过清代300多年的改观,纯粹的明代城池基本上看不见了。从而也不知道完整的明代城池是什么样的。

笔者于1962年在山西省东南阳城县远郊的一个小镇考察古建筑时,在一座古庙里,发现了一块石刻。从这个石刻上的文字可以看出,这幅明代小城(镇城)的平面图是崇祯年间的作品。它记录了这个明代镇城的全貌。

这个小镇叫润城,位于阳城县东南40里。这座城的规划总图记录在城内关帝庙的一块"山城一览"碑刻上。它是在明崇祯十一年(1638年)间刻制的,长91厘米,宽60厘米。从这幅规划图可以看到我国17世纪的镇城规划状况,用地经济,规模小,布局紧凑。它还保留着我国古代镇城的典型规划方式,是研究我国古代城池史的重要资料。

这座城坐落在四周有山围绕的一个盆地里。沁水河流经这里,城址就选在河道分叉处。城墙沿着沁水建造,只有南门和陆地相连。周围的河道即成为山城的天然护城河,河道平均宽度约70米。水流甚急,可藉以达到防卫的目的。城周围的丘陵地带,已辟为农田,从城里向外看,地势很开阔。山城巧妙地利用了天然地形,呈大河包围状,这在山西来说是独一无二的。

从刻图上,山城平面为椭圆形,仅东北城角略呈90度角,其余各面城垣均为圆弧形状。城内总面积约为2000平方米。东、西、北三面紧临河道,城南设水门1座,南门是全城的主要交通枢纽,名为"砥柱门"(位于河水分叉处,取"中流砥柱"之意)。东南城墙部分略成一直线,在中部建设一座瓮城,这有利于防御。为了加强全城的坚固性,南城墙建设城垛——马面2个,图刻中称为炮台,即是这里。西城建设城垛2个(一为方形,所谓"硬楼";一为圆形,所谓"团楼");北城墙设硬楼1个。城内设有107个街坊,面积大小不一,主要是由于丁字路、袋状路所造成的。在一座城镇里,要规划这两种路,必然影响全城南北和东西两个方向的直通路的开辟,这就是山城规划的一个重要特征。有意识地规划出死路与拐角道路,是出于加强防御的目的。城内道路都是东西向和南北向的,斜路只有2~3条。南北方向的一条主干道宽4米,东西方向的两条主干道宽3米,砥柱门洞附近的大道宽4~5米,其余的道路基本上都是小巷。

石刻图中所表现的建筑,有钟楼、庙宇、城楼三类。钟楼建在全城中间,明、清两代县、镇的规划几乎都选取这个位置,这是唐代以来城镇规划的特点之一。关帝庙建在城内中心偏南部,占据全城的主要位置。黑龙庙祭祀龙王爷和水神,建在城的东北角。三官司庙、三清庙建在南门里,以上均为全城的公共建筑。这些公共建筑选择的位置,都是比较合适的。

"山城一览"石刻图还刻画了城墙、炮台、硬楼、团楼、瓮城、城门楼、钟楼、庙宇、街道、街坊以及小巷,比较全面。它的刻图方法均用线刻,利用单线条与双线条来绘制,同时用平面图、立体图相结合的方法来表现;还用立体图的组合方式表现出四合院的平面的式样,这也是我国古代的一种通行的绘图方法。在原来山城基础上发展形成的现存润城,从实测图来看,全城的形状、位置、街道规划全部保存了明代的面貌,特别是庙宇等公共建筑,依然保持原来的位置和形式。

现存的房屋有的保留明代原物,但大都是清代改建或重建的。例如居民住宅的前檐部分仍然砌砖墙,开长方形方格,上部亦采用"眼笼窗";第二层做挑廊,廊下不用木柱支承,有挑出一间的、两间的甚至三间的;廊上再设小方柱,柱间再施用栏杆,承担月梁,月梁再与柱头相平,上部再用平板枋、单步梁,架设廊子,安装栏杆。前檐安装隔扇。城里有些住宅还建设三层楼,各层均带明廊。此外,在住宅中还建设方形望楼,成为住宅里的"防御性"建筑。

　　跨街楼、巷楼两种建筑,在城内的街巷中屡屡出现。骑楼是在一个街巷之上两边的楼房互相通连,上部做跨街楼,来往通行,下端做成城门洞式样,同时成为一条街巷之间的分界线。骑楼和巷楼的出现,增添了街巷的美观。巷楼在南河沿较多,凡南北街巷的入口处,都建筑楼门,楼建三层,下边设门通行。这两种建筑,使窄长的街巷增添了艺术点缀。

　　在实物中,还有在沁河南岸东南方向建造的明代东岳庙。庙内院子宽广,设在南、北的两个戏台均用琉璃瓦顶,规制十分宏壮。在沁河南岸还有玉真庙、八龙庙、东坪庙、天神庙等,并在庙前建设大戏台。例如八龙庙的戏台隔河而建,每

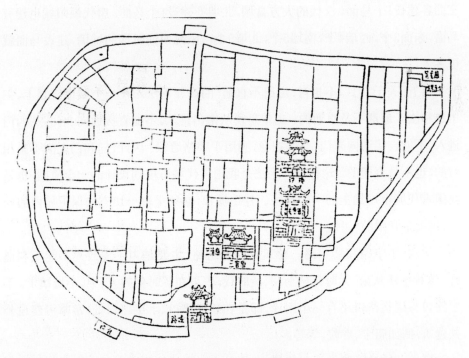

"山城一览"石刻图

当唱戏时,群众在船上观看,分外有趣。

全城石刻图呈现出的我国古代城市规划特点有以下几点:

第一,瓮城。瓮城是一种防御性的建筑,一座城镇的重要部位必然要建筑瓮城。在城门处建设一道方形或圆形城圈,即是瓮城。城门上建城楼。瓮城制度可上溯自汉代,现存的汉代玉门关就是一个大瓮城。

第二,垛口。城墙建设垛口,垛口即城上的小墙,古代叫"女墙",在军事方面,用以躲避箭头。修筑垛口始于春秋时代,自此以后各时代建设城墙,大到万里长城,小至县城、镇城,都有这种垛口设置。

第三,券门门洞。我国城门洞口,在宋代以前都采取圭角形,用木过梁承担两端立柱支承,也可以说是方形门洞。方形门洞不坚固,又不易施工。宋元以后,城门洞口都改做券门洞。

第四,马面。马面是从城墙表面突出的方块墙,由于军事上的需要而建设。它产生在战国时代。汉代早期西北的寿昌城就是做出马面墙,北墙、东墙、西墙三面各建设1个马面。汉代的大方盘城,北墙亦建设1个马面。唐代锁阳城也建有马面,东面3个,西墙4个,南墙5个,北墙5个。宋元明清时期的城墙,建设马面就更多了。

第五,关于"门口不相对,道路不直通"的设计手法。在一个城市规划上,主干道和次干道都不是直通的。也就是说从南门进入,不能直接通向北门;从西门进入,不能直接通向东门,必须拐弯,利用丁字路通行。因此,门和门之间不是相对的,也不是直通的。这种设计手法是我国古代城市规划设计的一个原则,也是我国古代城市规划上的一个特征。建造城镇,必须采取一切方法保卫城内的安全,这就是其中的一种。

第六,丁字路和袋状路。修筑这两种道路,主要是为了使敌人不能顺利通行。这种手法从宋、元时代延至明、清时代,表现在各时代的大、中、小城镇上。丁字路口与袋状路口还有一个用途,即是在袋状路口、丁字路口处,常常可建设公共建筑,例如庙宇、寺院,等等。

第七,过街楼(跨街楼与巷楼)。它是由一座建筑物通向另一座建筑物的架空复道,例如唐代长安城的大明宫通往兴庆宫即有飞阁复道。从隋唐一直到宋元明清都有这种实例。明故宫、清雍和宫都有斜廊和飞廊,就是这种跨街楼的前身。

第八,望楼。望楼是一种防御性的瞭望建筑。在一个大宅里或一座城市里,都建设平房,人们不能向外瞭望,所以在住宅及城市中建设一座多层建筑,人们可以登临,向外部瞭望,观察城外动态,以保城内安全。从汉代开始,住宅里就出现望楼,从汉代器具上可以看出这一点。

城内寺庙分析一览表

寺庙名称	方向	位置	特征
黑龙庙	正南	山城东北角	
关帝庙	正南	山城中心	明代
东岳庙	东南	山城与南河区之间	琉璃瓦 院内戏台二座
八龙庙	西	南河南岸东端	戏台隔河相对
玉真庙	西北	南河南岸东端	
××庙	西北	南河北岸正南	仅存大戏台一座
东坪庙	南	南河区与南土岗上	壁画为明代北京城图
风水塔	东南	南河区土岗上	
三官庙	南	山城南门里	二庙并列明代已建
三清庙	南	山城南门里	二庙并列明代已建

明清北京城

明代一共建有三座都城:

第一座是凤阳城。朱元璋在元末起义取得初步胜利时,首先在他的家乡建城。他本人是安徽凤阳县人,便把凤阳作为国都。

第二座是南京城。朱元璋当了明朝开国皇帝,在南京建设都城。

第三座是北京城。朱元璋的儿子燕王朱棣夺取建文帝的帝位,后来决定迁都北京,大建北京城。今日的北京城是在明代北京城的基础上建起来的。

　　而明北京城是在元大都的基础上建立的。元代末年,有一场大火把大都北城的房屋全部烧光。明朝建设北京城之时,将元大都的北城墙南移5里,即今天北京城的安定门与德胜门之间。后来,明嘉靖三十二年(1553年)在内城南面再建外城,北京城向南大大扩展。

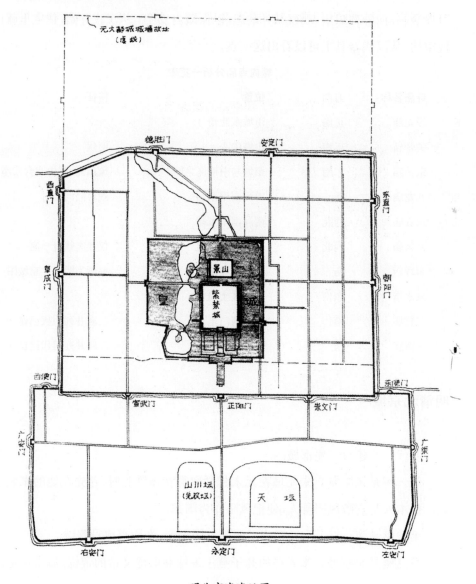

明北京城城址图

北京城分为内城与外城。内城东西长6650米,南北长5350米。外城东西长
7950米,南北长3100米。

内城有9座城门:南城墙有正阳门、崇文门、宣武门;东城墙有朝阳门、东直
门;西城墙有阜成门、西直门;北城墙有德胜门、安定门。外城有7座城门:南城墙
开永定门、左安门、右安门;东城墙有广渠门、东便门;西城墙有广安门、西便门。
每座城门都建有瓮城和两个角楼——东南角楼、西南角楼。

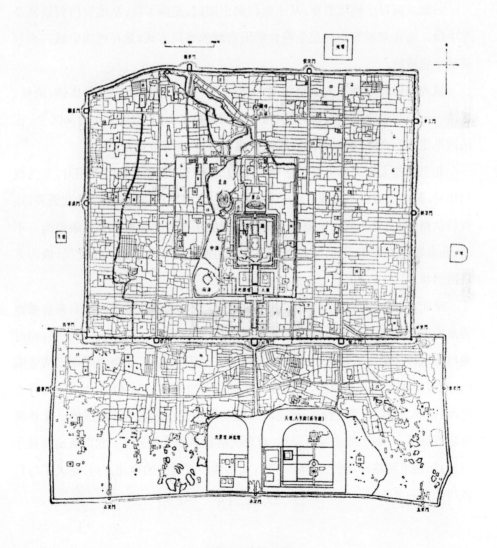

明清北京城平面图

北京城的中心为紫禁城,即宫城。宫城的正南门叫午门。宫城南北长960米,东西长760米。宫城的四周有角楼。东门叫东华门,西门叫西华门,北门叫神武门。紫禁城四周有筒子河围绕,也就是护城河。

紫禁城外面是皇城,皇城也是明代建造的。皇城南门叫天安门,北门叫地安门。西墙是今日之西皇城根,东墙是今日之东皇城根。北海、中海、南海三海都包括在皇城之中。

明北京城以中轴线贯穿,从永定门到正阳门,是南半段;从地安门到鼓楼是北半段。明北京城的布局完全符合明南京城的布局方式,是在明南京城的规划基础上建造的。

城内的道路规划基本上是采用"大街小巷"方式,大街上有各种店铺、酒楼、餐馆……小巷也就是今天说的"胡同"。胡同都是东西向排列,大小有3600个。在胡同里建造四合院,横向布局。居住在四合院里,非常安静舒适。

北京城的大街大部分是丁字街。南边的城门与北边的城门不相对,东西城门相对,但是道路也不直通。这一点是继承古代城池布局的原则。除此而外,还有袋状路(即是死胡同),也是出于军事防卫的需要。北京城也有几条斜街。不过,北京城是方方正正的,道路规划基本上是南北大街与东西大街交叉,成为方格网的状态。

明北京城的水系是在元大都水系的基础上形成的。主要的河流有来自城西的永定河和发源于郊区玉泉山的高粱河。护城河除了可作为军事防卫外,同时也可用来排泄雨水。居民饮水主要靠凿井。至于下水道,在街道下面已构造成网,很多是在元代时建成的,留到今天有的仍可以应用。另外,在北京城内有五处海(南海、中海、北海、后海、什刹海),这些海子是由活水积流而成的。北京城有这五处海,有利于清洁城内空气,对市民居住有很大的意义。北京城的园林也很多,从城里到城外,到处分布。不过,大都集中在城外的西北方向,是人工与自然相结合的典范。

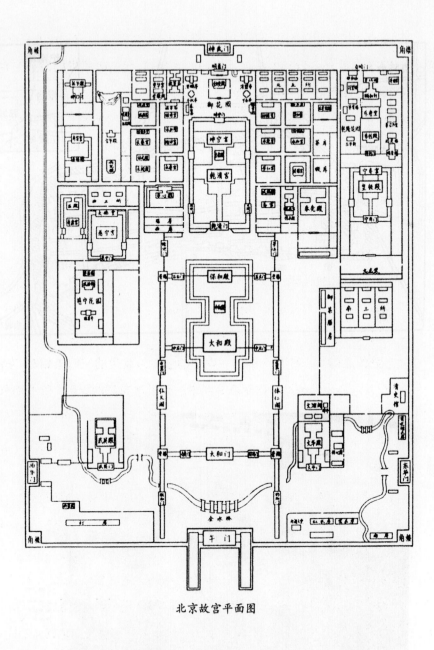

北京故宫平面图

荆州城

　　荆州城在湖北,地处长江北岸,自古以来就是历史上的名城,又名江陵。春秋战国时代,荆州城是郢都城,楚王在这里建设别宫。楚国被秦灭亡后,秦朝在

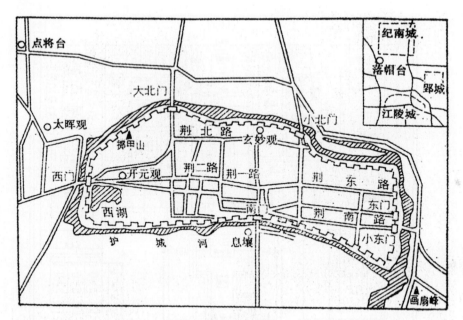

荆州城平面图

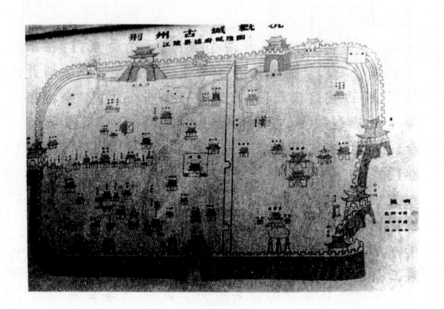

荆州城概观图

荆州城西门洞　　　　　　　　　　荆州城北城门瓮城

这里建立江陵县城。此后千余年间，这里一直被称为荆州。三国时，荆州更是兵家必争之地。"刘备借荆州""关羽大意失荆州"，是三国时代两个精彩的故事。到五代后梁时，大将高季兴（后为南平王）用10万人筑荆州城。南宋时代又重修荆州城，城墙附设敌楼战楼就达上千间。

荆州城是一个矩形城，因连年修改重筑，已成为一座方而不方、圆而不圆的"月亮城"。城南临长江，东北角有一座"古郢城"。另外在城之正北有一座大的土城，比荆州城大一倍，这即是战国时代的郢都（纪南城）。

荆州城护城河

荆州城东有张家山,西有唐家山,西北方向还有付家谷。城内有一条南北方向的城墙,把全城分为西城与东城。全城正南面开一个城门,叫南门。东城墙开两个城门,一个叫东门,一个叫小东门。西城墙开一个城门,叫西门。北城墙开两个城门,西边的叫北门,东边的叫小北门。在北城墙上建了三个敌

荆州城城门

楼,在城墙顶上做重楼,利用城墙为高台。在南城墙靠西侧也有两座敌楼。各个城门洞口,均采取券门式。

护城河围城一周。从北门与小北门之间引入一条河水,从北城流向南城。另一条是从北门西引入城中,为第二条河道,直达西门,过西门至西南方向又汇聚一湖水。在护城河两岸都用石砌岸,非常整齐。

城内的建筑,西城比较多,东城比较少。

荆州城南城楼

开封城墙现状考察记

我国六大古都,即西安、洛阳、南京、杭州、北京、开封。其中的开封城至今没有一张准确的平面图。目前开封城现存城墙已残破不堪。如果查明了这一座城池的历史来源,这对笔者做北宋东京城平面复原研究有一定的意义。开封城西南40里,有朱仙镇,是全国四大名镇之一。朱仙镇是战国时朱亥故里,闻名全国,宋代岳武穆大破金兵就在这个地方。今天的开封交通方便,陇海铁路贯穿全城,工商业很繁盛。

北宋时把开封作为首都。当时,城墙有三重,中心是皇城。现在开封城的城围,是北宋东京城的内城。还有外城,至今尚有一点遗迹。1989年10月8日笔者率研究生李明,早上8点到达开封城,从南大门开始对明清开封城墙做地面勘查。从南大门登上城墙,向西行至转角,再转向北进入西城墙,从西城墙行至西北城角又转至北城墙,向东到达城的东北城角,再转入东城墙,从北向南行走至东南城角,再转向南城墙的东段回到南大门,当时已到晚上8点。一边走一边查看,因为当时的城墙墙体已不完整,有的段落墙土已流失,有的段落尚完整,高高低低,破烂不堪。有的地方长满小树,有的古树横隘。城内城外构成斜坡,残瓦碎砖触目皆是,高高低低极不平坦。在荒芜荆棘中行进,一会儿上坡,一会儿下坡,实难行走。整整花了12个小时,总算走完了开封城。开封城城墙残破,倒塌甚多,许多部位的墙土已经塌落了,残留的马面多已残破,唯独在西城外有数个马面尚完整,墙皮还保持青砖砌体,其他部位砖块已被拆除,彻底地成为残破土墙。还有许多城墙的墙土已逐步成为平地,只留下一条条的

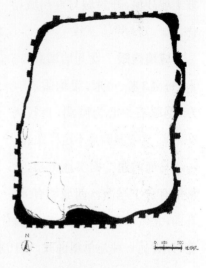

明清开封城实地考察平面图

砖基。尤其是北城墙被黄河流沙封住，构成沙土斜坡，其上坡已与北城墙顶都平齐。开封城的北城墙已成为挡沙墙，在考察时发现流沙已由城墙顶端吹入城中。

现有的开封城墙是明代建造的。

经步测，开封城南北长2400米左右，东西长2000米左右。城墙外表用青砖包砌，青砖墙体高7米，下部宽60厘米，墙外做出很大的侧脚，墙顶有战台通道，女儿墙高1.5米，并砌出垛口，以窥望敌人，通道铺灰土，城的内壁不砌砖墙，成为夯土斜坡的土坡战城。安徽寿州城就是一座大斜坡土坡战城，开封城与寿州城相仿。

城墙炮眼　女儿墙墙高1.5米，每隔3米～4米，设炮眼石一方，炮眼石中心为圆洞，直径为30厘米，一般城墙是不这样做的。

马面问题　据实地考察，南城墙有12个马面，西城墙有9个马面，北城墙有8个马面，东城墙有8个马面。马面有两种：一种是方式，长10米，宽11米；另一种是单斜面式，长15米，宽20米，倾斜70度。马面外表砌砖，中为夯土，十分坚固。马面每个距离不相等，大约近百米。

明清开封城西城墙马面

明清开封城西城墙北部砖城及马面

明清开封城西城墙马面细部

明清开封城东城墙

转角部位 全城有4个大转角,每个转角城墙坍落的宽度达到30米,笔者推测当初转角处有角楼之类的建筑。否则城墙至转角处不会有那样的宽度。

城墙的墙基 基本上没有石块之类,即城墙没有石构件,这一点说明开封附近没有山,没有石材来源。因此城墙的墙基全部用砖基。砖块的尺度为40厘米×20厘米×10厘米。城墙的夯土夯层厚度为15厘米左右,马道宽6米。

瓮城 在大南门处原有瓮城,城门与瓮城城门斜对,瓮城的两侧墙做直墙,正面墙则做弧墙。

开封城墙之特点 开封城墙外壁用砖包砌,内部墙面不全包砖,而是做出大斜面的土坡,为战马城,这是最主要的特点。四面城墙的墙体不做直线,有很大的弯曲度,也可以说它是弯曲形与直线相结合的手法,转角部位城墙加宽加大。全城四面都建马面,马面密集,数量多,比汉、唐时的古城所用马面墙多得多。这点可以证明交战次数多。四面城墙都不直,各个城门不相对,条条大街不直通。明清时代的开封城不引大河进城,只在西北方面有湖泊数处,蓄存水源。城外地势较高,城内低洼,湖水只是为了日常生活所用。

通过对明清开封城墙的实地考察,深知开封城墙远没有北宋东京城内城的城墙那样平直,这一点比不上北宋时代东京城的建设水平与规模。

关于村镇

村镇是人们聚居的基本场所,也可以说是集体居住的单体组织,其数量之多,要以千百万计。长期以来,村镇的名称不统一,有村庄、小堡、屯子、小镇等等。它的规模是根据人口的多少、家户的数量来建设。在封建社会里,村镇常常畸形发展,有的荒野小庄,人烟稀少,由两三户人家组成。也有的村镇扩展很大,达到千户以上。例如辽宁地区就有许多大村镇,如沈阳附近有"姚千户屯"。还有比姚千户屯大的村镇。

一个村镇位置的选择,主要是考虑村子里耕作面积的大小与距离的远近,交通是否方便,地势的高低,有无水患,地理位置是否适中。故不少村镇都建在山麓、平川、河谷、溪流等生活方便的地方。村镇是自然形成的,像青海、内蒙古、新疆等地,人口稀少,村镇间距离都很远,分布松散。如杭嘉湖、珠江三角洲等人烟稠密地区,村镇距离近,村庄密集。这些情况的出现大多是自然条件决定的。

我国古代村镇的规划,主要表现在全村镇的道路布局方面。它一直是沿着传统的习惯进行规划的,有一字形的大街,有十字形大街,还有"大街小巷"的布局。它虽然不像今日城市规划那样周密,但是基本上样样都有,体现了城市规划的雏形。

封建社会时,村镇建设与城池建设同样渗透了防御思想,村镇中往往筑有城池,村镇规模小,城池的建设也甚小。村镇城有圆形、方形、矩形以及不整齐的形状,其中都有一条街作为主要干道。有城墙、马道、马面、城垛、城门、城壕、桥梁。如漳浦诒安城、山西润城可为代表。在经济方面比较差的村镇则建设土围子,作为防御性的城堡,其中也有城门、城壕甚至还筑有炮台,这种方式在我国南北方的实例很普遍。

建设村镇主要是为了便于人们居住,保障生命和财产的安全。因此在村镇中建设房屋为主,有单座房屋,有三合院,也有四合院。南方也有大空间的单层房屋,一般都带有一个院子。

　　北方的村镇，房屋建设采取单层房屋；南方村镇中兼有楼房，有两层乃至三层不等。因江南天气炎热，人口密集，所以要造楼房。在村镇中也要加强防御。一些地主和大户人家自己建造防御设施。一个村庄一般建有一座或数座望楼，借以登楼远观进行防备。望楼式样很多，有三层、四层甚至六层的。从构图角度来看，村镇的轮廓都是横平线条。在竖向突起望楼，增加高度，打破呆板的横平线条，这样使村镇的构图效果更加丰富多彩。望楼发展甚早，秦汉时代村镇住宅中就有望楼，西北地区的汉代建筑也都有望楼。全国各地的古代村镇遗留至今的望楼还是很多的，山西各地村庄的望楼也很普遍。近百年来有的村镇仍然建有望楼，如广东的开平县，村镇的望楼做得坚固，式样变化多，每村中都有数座。除

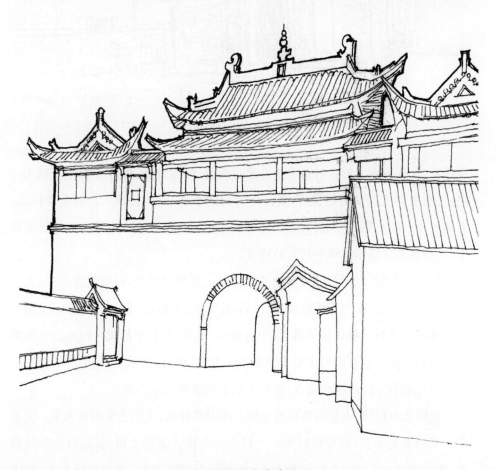

山西省长治市某镇的门

河南郏县一小村的村门

望楼外,在我国西北的各村镇中常常建有高阁,俗称"村头高阁"。它位于村头一端,为村中的人们集资建设,主要是作为村的象征,作为村镇入口的重要标志。有的村镇利用高阁供奉文昌帝君、关云长、观音菩萨、白衣大士等。往往村镇很小,高阁甚大。这是村镇中特有的建筑。

村镇里除居住房屋外,还有公共性建筑。在封建社会,村镇建设庙宇、大寺等公共活动中心,其中有娘娘庙、关帝庙、孔子庙、土地庙、泰山庙、大佛寺。这些公共建筑都带有一种传统风格,其中有碑刻、壁画,在村中都成为民族历史的展览。人们常在年节喜庆日子里来到庙宇中参观、休息、游乐,这是人们活动的中心。还有的庙宇门前建设戏台,更是人们聚居游乐的中心点。

我国北方村镇,人们常常称为土镇。南国的村镇,人们常常叫做水乡。无论是土镇或者是水乡,都种植树木。一村中有几棵古老的大树,显得村庄年代悠久,历史漫长。北方以苍松翠柏为主,南方则用古榕为多。庙中古树参天,院中庭树成荫,再与村头大树互相连接,增加了村镇特有的风光,也清洁了村镇的空气。

　　水与村镇有着密切关系。我国古代村镇往往都选在与江、河、湖、池靠近的地方,生活方便,形成河街小巷,具有鲜明的水乡特征。在村镇中的人家屋前或城门附近处建有水井。南方水井常用石雕做出圆形井口,洁净美观,坚固耐久;北方水井用木材做出方形井口,易于腐烂,极不坚固。凡聚居的村镇,水井很多。

　　我国古代自然形成的村镇有成千上万个,其中都有极其丰富的内容。若从现代城乡建设的角度来观察,诸如规划布局、选址、房屋、道路、用水、绿化以及公共建筑等方面,可以吸取古代建设村镇的丰富经验,也可以说,古代村镇是一项取之不尽用之不竭的设计宝库。

第三章　城池选地及城形状之选择

对方形城池之探源

　　我国的古城,70%以上的城池平面都做方形。《中国文物报》2000年6月25日有一个重要报道,说史前龙山文化时期的藤花落古城也做略长的方形,全城分为内城与外城,另外,护城河也做得整整齐齐的。从现在来看,这是我国最早的一座城池。那样早的一座城,其城池的轮廓和式样做得那样的完美。先秦时代的城池即以它作为蓝本。

　　先秦时代,百家争鸣,书籍甚多。兴建城池当然亦为新生事物。在当时不仅龙山,还可能有其他的地方,建城时都采取方形。例如,郑州商城也是略长一点的方形,西周城与东周王城也采取方形。到战国

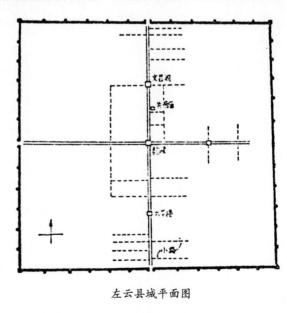

左云县城平面图

时代,也是如此。

在战国时期流传的周王城图,是总结了史前以及先秦时代的一些城池才做出的。自王城图流传以来,秦汉时代的城池,都继续做方形城,这更是有根据了。王城图流传2000多年来,特别是《考工记》补入《周礼》之后,周王城图便成为城池的标准,我国的城池即比较趋于一致。

受到周王城图影响所建设的都城,都是方形的或略为长的方形,如秦咸阳城,汉长安城,三国时建康城、曹魏邺城,北魏洛阳城,唐长安城、渤海国东京城。

辽上京城,金中都城,辽金时代各地州城,元上都城、元大都城及各路城,还有明清时代的城池基本上为方形城池。

全国各地的城池,基本上都是做正方形的城。如:文水县城、岚县县城、太谷县城、平遥县城、韩城县城、奉化县城、襄城县城、太平县城。长治县城的四座城门都有瓮城,西宁城的四座城门也都做瓮城;兴县城、大仁县城、汉中府城在东城墙外设外城;泰州城还设东西小城;开封城、屯留城四门都做瓮城;此外还有太原府城、可岚县城、高平县城、徐沟县城、齐河县城、安阳城、金山县城、临洮县城、甘州府城、兰州城、肃州城、祁县城、凉州府城、平阳府城、宝鸡县城等等。

凡是方形城,与周王城图是基本一致的,大的城都做旁三门,小城当然都开一个门,成为十字大街。周王城图中,皇城居中,各时代所做的都城基本上与王城图一致,个别的将皇城改临北城墙。还有许多方形城池的一个

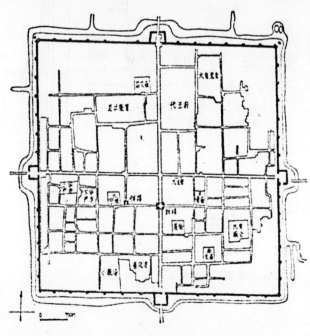

山西大同城平面图

城角或两个城角不做90度角而改为小圆角,也有的改为大圆角的,这也是不少的。例如扬州城、成都城。还有将方形城做成双城,一对方形城并列的,例如南北方面并列的有辽代上京城,东西方向并列的有燕下都以及大夏国统万城。

除此之外,还有一面城做成弧状,这是为了适应军事需要而产生的。还有把方形的一个角抹去做斜墙,成为小抹角墙。例如平阳府城做抹角城,北京城的西北角就做成小抹角,祥符县城也做成小抹角城,山西可岚县城也做成小抹角城。这些城做小抹角城,主要是为了适应军事需要而做的。这还需要进一步研究。

参注:《周礼》。

戴震:《考工记图》。

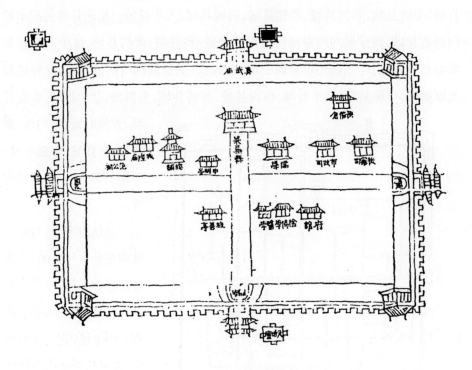

山东莱芜县城平面图

沿江河湖海建设的城池

要建城就要选址,其中最重要的一条原则就是城池必须要靠近水,城内或者城外也一定要有水。城池是人口集中的地方,由于人们聚居在一个城里,用水量很大,选址时必然要有水,以临水作为原则。试观我国古代城池,没有一个城池不是临水的,选址、规划、建设都要考虑临水的情况。作为一个城池来看,它不是沿江、沿河,就是沿湖、沿海。

另外,也要从人口集中、物资交流、交通枢纽、出入方面、居住安全等方面考虑,逐步开始建设,首先做规划,建城的同时,也建造房屋以及城内其他建筑。

用水主要是四个方面:一是生活、生产用水;二是防护用水;三是交通用水;四是降温、卫生用水。

选址时就要考虑到交通方便、货物运输、往来,而且是水陆交通两便,建设码头,建设桥梁。若城内面积不够,再扩展为商埠。

南京旧城 它是一座南北长且不整齐的城。全城西北面临长江,东城墙靠近玄武湖,水路交通十分便利。

镇江旧城 它是一座似圆非圆似方非方的城池。全城北面濒临长江,城西还有莲河流入长江。

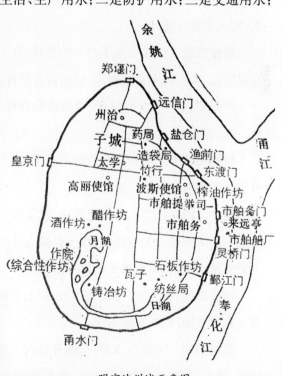

明宁波州城示意图

杭州旧城　全城南北长方形,城东南方向紧临钱塘江,城西为西湖,水网交织。

怀宁旧城(安庆)　全城基本上做方形,城墙有些小弯,南城三门,西城四门,东城五门,没有北门,仅在西北城南开一城门。城的南面紧临长江。

南昌旧城　全城是一座南北长的略似圆形的城池,开五个城门,城西紧临赣江,城的中部有东湖。

九江旧城　全城做尖圆形,城南紧临南门湖,城西南临甘棠湖,全城之北部与西北部紧临浩瀚的长江。

宜昌旧城　全城做一个卵形,沿东南、西北方向建城,西南城墙、西北城墙均临长江,城北临沙湖,水面都是很大的。

衡阳旧城　全城做椭圆形,开八个城门,东城紧临湘江,城北紧临蒸水河,水陆甚方便。

重庆旧城　是一个两端带尖状的城,全城开九个城门。全城建在一个半岛尖端,东端与南端紧临长江,北部城墙紧临嘉陵江,两江交叉,形成的水面甚宽大,用水非常方便。

福州旧城　全城出现不整齐的形状,开七个城门。全城正南有两条河弯曲直通闽江,福州城南紧临闽江,城的西北角有北湖与西湖。

广州旧城　为大半圆形,城墙紧临珠江,珠江向西流入白鹅潭,后流进大海。城西濒海。

桂林旧城　全城为南北长的葫芦形,开九个城门,城的西门紧临漓江,南门外有一条大河向东流入漓江。

邕宁旧城(南宁)　全城为菱形,南北西三个方向为菱尖。开七座城门,全城正南和西南为邕江之水弯曲通过,也就是说全城紧临邕江。城西、城东都有长条形湖面紧临城墙,全城用水十分方便。

柳江旧城(柳州)　全城做卵形,开七个城门,柳江水构成半圆形,通过柳江城东南西三面,用水非常方便。

昆明旧城　大略为方形,全城开设六个城门,昆明城里有翠湖,南门外紧临滇池,滇池向南,还连接抚仙湖。滇池水面特大,从南到北,足有三个县境的长度。用水非常方便。

贵阳旧城　全城构成一个长卵形,按南北长的方向筑城,开九个城门。城南方向与城的西南方向有南明河流入其间,水面足以够用。

济南旧城　全城基本上为方形,全城分为两重城,内城与外城的北城墙合而为一,外城在东西南三个方向扩展,内城有五个城门,外城有十个城门。内城三分之一偏北面,即大明湖,城的西北濒临黄河。

洛阳旧城　为东西二城,全做方形城池。西城为洛阳城,城墙南端临洛水。东城南临洛水,西临涧水。

周家口旧城　全城分为三个城池。河西城为尖角卵形,河北城为方形,河南城略似圆形,三城东西方向紧临颍河,南北方向紧临贾鲁河。

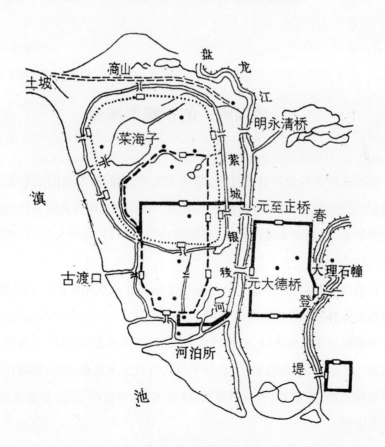

昆明城平面图

太原旧城 为正方形,开七个门,原为府城,面积广大,西城墙有四个湖,全城紧临汾河。

大同旧城 全城方形,开四个城门,北城方形略小,南门城、南门外城均为关厢城,全城东临御河。

兰州旧城 全城有两圈城,内城方形,开四个城门。在东西南三个方向扩展外城,也叫围城。做不规则形状,开十个城门。全城东西方向长,北城墙紧临黄河。

沈阳旧城 做两圈城墙,内城方形,外城为圆形,全城有八个城门,八个关门,城的西南方向紧临浑河。

吉林旧城(永吉) 全城作乌龟状,俗称王八城。开九个城门,南墙没有城墙,紧临松花江。

我国唯一的正圆形城池

我国从奴隶社会到封建社会,建造了大量的城池,城池的取形基本上都是根据《考工记》的王城制度,建造方形城池。《考工记》成为我国古代城池规划与建设的蓝本,这也并非硬性规定,建城都以祖宗为训,时间久了,自然而然地就遵循着这个制度。

有的地方建城,也不是完全按照周王城那样规规矩矩的,当地政府官员根据当地具体情况予以创造性的发展。

安徽桐城是一处古城,春秋时代为桐国,到唐代改设桐城,一直到今天。地处大别山之东麓,东南临长江,地势平坦。古代文风兴盛,特别是清代有两位著名学者姚惜抱、方望溪,皆为桐城人,研究古文,形成桐城派,影响全国,所以桐城闻名于世。

桐城是一座正圆形的城池。从全国来看,除了桐城,没有一座正圆形的城池。桐城县城是全国唯一的一座圆形城池。

全城仍以中轴线贯穿。南城门叫南薰门，北城门叫北拱门，均建在中轴线上。西城门叫西成门，偏北。东城门叫东作门，偏于东北方向。西北方向有一个城门叫宫民门，正东方向也有一个城门叫向阳门。全城共计五座城门，三座水门。城墙做弧形。在北拱门外建设一座半圆形瓮城，在西北方向建设马面两个。在东南城墙之外设硬楼两座，这些都是从战略上来考虑的。

有一条河从北门西入城，流向后山往东，又弯曲流向西南，一路流经柴巷、禅度院、西大街，从水门出城。另一条河是从县署分流，向南流至东南方向，出水门，都是穿城往南流。所以全城有三个水门。这是把大别山上流下来的水引入城

桐城县城平面图

中的。城内的道路规划,首先是做内环城路,这是与其他城池不同的。城内没有一条直通的大街,都做一段一段的弯曲的巷子,城门之间也不做直达的干道。东西南北各方向的大街也是不直通的,另外,还有斜街。在城内的西北角有座小山,叫后山,山不太高,包在城内。城里的统治机构均设在西北方向,后山之前,计有县署、县丞衙署、典史衙署、察院等建筑群。县城内的建筑分为寺庵、庙宇、祠堂、园林。

寺庵	大宁寺	地藏阁	菩提庵	白衣庵	南大寺	观音阁	禅度庵
庙宇	梓潼阁	五显庙	圣庙	青庙	药王庙	符王庙	城隍庙
	窦庙	火王庙	当庙	关帝庙			
祠堂	姚端格祠	黄公祠	理学祠	史公祠	启公祠	左忠毅祠堂	
	贤良祠						
花园	朝家园	小花园	五亩园	勺园			
市场	清风市	延陵市					
水井	双井	陆家井					

在城内表现出的街巷名称有:南后街、扬子巷、操江巷、罗家巷、柴巷、东大街、寺巷、北大街、洪家巷、北后街、南大街、西大街、东大街、新巷、安家巷、姚家穿门、欧家街、上潘家拐、下潘家拐、桐溪塥、鼓儿街、墨巷、贾家巷、于家弯、贾家桥、小花园前穿门。

总的来看,桐城具有许多特点:它是一座圆形城,在城内有一圈贴城街,实际上等于城内环城路。城墙做马面三个,都是在关键部位建造的。凡是正式城楼都做重楼;一般的城门楼则做单楼。全城道路没有一条直通路,全城的路、街、巷都是弯曲的短路。引河水入城是弯弯曲曲的。官府衙门建在城内西北方向,面水依山,是向阳的风水宝地,也是全城最佳地段。

全城有寺庵、庙宇、祠堂、园林大建筑组群,都分散在全城之主要位置。例如,观音阁建在全城的中心,左建关圣庙,右设城隍庙。西门里有黄公祠、史公祠,东门里有姚端格祠、理学祠。其余各个地段才是居民的房舍。

除桐城外,各地尚有圆形城、椭圆形城等等。例如,北京北海团城是园林里的小城,但并非县城。北京乾隆跑马厅是椭圆形的城。山西翼城县城是一个卵形的城。昆明太和宫是道教建筑群，也做一个圆形城。但是这些都远远比不上桐城县城的圆形城那样正规。

丹徒县城 (不规则的城池)

在我国，城池原则上都做方形城池，其来源前面已讲过。但是在全国各地，做不整齐的，特别是不规则的城池也是很多的。其中的代表性城池即是丹徒县城，做得极不规则。其构想可能主要是受到城池选址的影响，也许有其他原因也未可知，或许是规划人或主持人喜好这样设计。这种城池在南方或边远县城才这样做。

丹徒县城在江苏，这里古代为丹徒县城，隋朝建置，从唐朝一直延续到今天。镇江府驻在这里。

全城大体上做方形，但是城墙都没有直墙，东北面与西北面均向外突出两个城弯。南城墙是东西方向，西墙向北斜，东城墙也向西北方向斜，四面城墙都做成弯弯曲曲的形状。全城设五个城门，南城门叫虎踞门，在南城墙偏东。东城墙设两座城门，偏南的叫朝阳门，偏北的叫定波门，在城门附近又建一所定波楼。北城墙设一个城门，叫十三门。西城门偏北，叫延晖门，在延晖门附近建有一座大观楼。每座城门外，都建有圆形瓮城。

全城建炮台八个，炮台建在城墙之外，单独做一个炮台，犹如其他城墙的马面。东城墙建四个炮台，南城墙只建一个炮台，西城墙也建一个炮台，北城墙建两个炮台。

南城墙与西城墙外有运河贯通，利用这段运河作为护城河。东城墙与北城墙另外引河水作为护城河。同时，把运河里的水引进城中。第一条河是从城外运河南闸引入的，然后从南水关进入城中，通过朝阳门进入水城，再转向西流，到达延晖门,转北城墙北水关出城;第二条河是从南城墙偏西引入,从兵营南端经教场转向营门,向东直达清风桥,然后向北直达绿水桥与主流汇合;第三条河是从延晖门南侧引入城中,直通绿水桥与第二条河汇合。这样一来,即构成县城的水网。

第一条河上的桥有:清风桥、镇营桥、千秋桥、绿水桥、太平桥五座;第二条河上的桥有:澄沙桥、大娘桥、黄节桥、七狮桥、石桥、珍珠桥、观音桥、中市桥、百家桥、水塔桥;第三条河上的桥有:哇哇桥、斜桥、杯子桥。

城内道路　从延晖门进城的大道叫堰头街,经过四牌楼,一直通向千秋桥。从定波门进城的道路,直通小市而达镇营桥。从虎踞门进城之大道叫五条街,经过石桥斜达镇营桥。从朝阳门进城的叫屏风街,经过清风桥、东观巷,到达城内

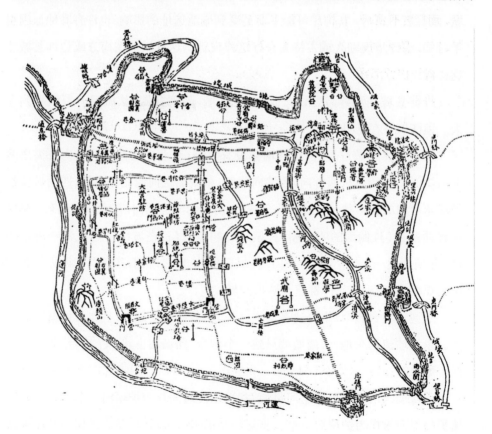

丹徒县城平面图

教场。另外从虎踞门入城,沿路经过城内教场,从兵营西侧可到达延晖门,这是一段环城路。其他小巷纵横相交有二十多条。

小形山　唐颓山　钱象山　梅花岭　寿邱山　乌风岭　达家山　小精山凤凰岭　月华山……

公共建筑　从清风桥往北直达乌风岭、小市、青云门、陵公祠、凤凰岭双阙,而到谯楼。再从谯楼进入三间牌坊,到达府署。府署位于十三门内城墙之弧状处,十分安全。因为十三门是一个死门。府署左面是试院,右面是县历知事。另外在西半城有大兵营,其中有将军署、都经署、大营驻防。全区设五个营门,每个营门用牌坊为代表。南部东西二营门为券门式建筑。城中还有许多祠庙。

北城有武庙、魁星阁、青苔仓、道署、火药局。西城内有万寿宫、文昌阁、弥陀寺。南门内有武庙、节烈祠。朝阳门内有县学、育婴堂等。定波门内有府学、典史署、县署、陵公祠、高公书院、郡庙、茶府署、清真寺……

城外护城河桥　通阜桥　拖板桥　登仙桥　北门桥　东门桥　便易桥泰运桥等。

全城形状是方而不方,圆而不圆的不规则式样。其中大兵驻防的兵营,占掉很多的有效面积。广大居民是无法在城里居住的。

参注:《丹徒县志》,光绪二十年(1894年)修。

古代城池分城的意义

在我国各地,城池不分大小,一般都建设一个城,这是主流。但是也有不少的城池,建设两个城,如南北城或东西城。还有的是,一个城建在中心部位,然后在城门外再建设一个或数个小城,这种分城建筑方式是很多的。凡是这种城池叫做分城。为什么要建设分城?本文就此进行论述。

封建社会战乱经常发生,社会十分不安宁,因此在各地建设城池时又建设分城。它表现出了各种形式,内容是极其丰富的。

从全国来看,汉长安城、唐长安城、北宋东京城、明清北京城,都是比较大的城池,作为都城扩大城池规模,这是应当的。但是一般的州城、府城、县城,应节省城池所占用地,这是基本原则。所以一州一个州城,一府一个府城,一县一座县城。建设分城主要从以下几方面考虑:

第一,从政治上考虑。中国历代城池主要是为统治阶级服务的。除统治阶级的建筑占踞城中的好位置外,统治阶级的附庸如庙宇、神祠、书院、会馆、寺院以及王府大宅,基本上把一个城的面积占去了。余下来的面积不够一般平民用了,因此要极力建设分城。

第二,从军事战略上着眼。这是为了要防备敌人进攻或说是防守城池的军事需要而设。有的建两座城,即是双城,黑龙江省即有双城县城。抑或是一个城

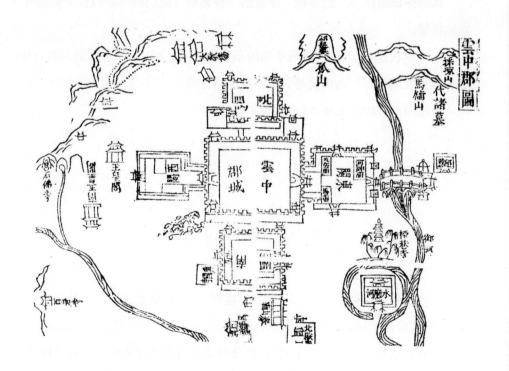

唐云中郡(今山西大同)图

为军城,一个城为政治城。

第三,有商业方面的考虑。宋代以后,城市里的工商业逐步繁荣,大街上都建有商店,货物云集,一个城满足不了居民的生活要求,因此建设关厢城及各种小城。

洛阳旧城　明清洛阳城是方形城,东西长200米,南北也长200米,城外400米处又建了一个西二城,大小与洛阳城相同。二城同在洛水北岸,等于并列的两座城池。实际上是一座双城。

周家口旧城　东西隔颍河,南北隔贾鲁河,分作3个城池。北城在北,略成方形;南城在颍河之南,略作圆形;河西城在贾鲁河与颍河之间,略作卵形。这3个城建在两江交叉处,这是一地建设3个城池的例证。

大同旧城　一地建设4座城池,主城正方形。北门外建设方形城1座,面积相当于主城1/4,为北城。南城在主城的南门外,是一座南北长的钥匙形的城。方城是主城面积的1/8大,方城应当叫做关厢城,因为它已与主城相连接。

西安旧城　此城为明清时代所建,全城建3个城。主城为矩形,城墙十分完整。在西城门偏南建设略作钝三角形的关厢城,相当于主城1/5,是为发展商业而建的。第二座关城做矩形小城,相当于主城面积的1/20。

兰州旧城　在主城的三面建造外城,也叫围城。主城方形。在主城的西门、东门、南门外各建一座外城互相连接,构成一个大城,做成不整齐的形状。全城一共有10个城门。外城是叫关厢城,还是叫围城,还要进一步探讨。

西宁旧城　主城为一个印角方形城。在主城的东门外,建设一座矩形城,相当于主城面积的1/4,面积不算小,应当是关厢城的。

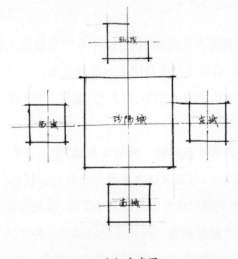

汾阳府城图

沈阳旧城 这个城实际上属于分城的一种式样,先建一座方形城池,整整齐齐,四四方方,东西南北各开2个门,共计8座城门。外城相当于主城的1/6大,是一座圆形城,成为内城与外城的关系,也可以说它是套城、围城。围城也开8个城门,故谓"八门八关城"。

呼和浩特城(归绥旧城) 旧名归绥。它建造了两座城:旧城和新城,这两个城分先后建设,相距6里。实际也应当叫双城。

汾阳府旧城 汾阳府旧城分为5个城。中央是主要城池,在十字中轴线上,东、西、南、北门外各建一方形城,外四城大小相同,各为主城面积的1/3,一地建造5座城,这是一个难得的佳例。

通过以上对分城的分析,我们觉得古代建设分城,特点还是比较多的。主要表现在自由灵活多变,根据需要建立分城。一般来看分城的面积都很小,不多占地,是一种很好的建城方式。

古代因地制宜建立的城池

我国古代城池的建造,并不完全根据王城制度,虽然都以它的制度为基本原则。有许多城池是因地制宜建造的,在某些部位作些变化,例如城的转角不做90度角而做成尖角形、曲折形、椭圆形等。在建城时,大都因地制宜,根据地形来进行规划。

方形小抹角城 例如泰州城,全城方形,在城的西北角抹去90度角,成为方形抹角式,与北京城内城西北角被抹去相仿。浙江台州府城平面基本上为方形池,但是西北墙角还是抹去90度角,抹角线做成弯曲式。

方形折角城 河北正定府城是一座正方形的城池,整整齐齐。在城的东南角做一个90度内角,也就是向内的折角。为什么是这个做法,至今尚未查出。不过同类做法在其他的城中也有。

尖角形的城　在我国台湾地区,台北赤嵌城的内城出现3个尖角,1个圆弧。外城在内城的西北角,做出2个尖角,形制奇特,这种例子极少。

椭圆形城　以台北的恒春城为例子,全城形为椭圆,东南西北四面没有城门。

条形城　内蒙古多伦诺尔城城建在东河与西河之间,南北向大街有5条,还是比较直的。有东西两座城门,从东西两河的河桥上才能进入城中。还有山西右玉县城,是一座方形的城,但是在城的东北角与东南角各做一个抹斜角,抹斜的长度各约400多米。

四角做圆角城　归德府城本来也是一座方形城池,但四城角将90度城角做成圆弧状态,这样的做法,在别的城中也有。

半圆曲折式的城　例如广州的早期旧城,全城城墙为一座半圆曲折式城墙,周围有大河作为护城河,全城11个城门都在河道间。

圆角梯形城　浙江定海城有3条河进入护城河,西北靠山。全城因地势的关系,做成圆角梯形城,十分别致。

圆形曲折城　以浙江金华城为代表,南面、东面临江,做出圆而不圆,方而不方的城墙。这种圆形曲折式城墙,全是根据地势而建的。这与周王城图没有多大的关系。

曲折形的城　河南阌乡县城,东西南北四个方向的城墙都曲曲弯弯的,简单地说,应叫曲折城。城的东半部城墙建于山中,把一座山包入城中。

一面曲折城　河南渑池县城基本上为方形城,但南城墙做弯曲式,建在山间之平地上,这是受地形所限。

乌龟形城　杞县城城墙成为南北长的卵形,但是城墙是弯弯曲曲的,这仍然是受地形的影响而产生的。睢县城与杞县城基本相仿,但是睢县城略长。

尖角形城　浙江余姚县城的两个城角为90度,西南城角向外伸出成45度角,四面有河水包围。这主要是因为西南城角有一座山,建城时,将山包在城内,所以建设城墙时,即产生这个形状。

从以上这些城来看，规划时充分利用当地地形地势，使之出现了城墙灵活多变、曲曲弯弯的效果，其实甚好。这些都是在山、水、地势三个方面的影响下产生的。它体现出城市建设的灵活自由，十分有趣味，也打破呆板的固定格局。

我们今后在改建旧城，做新城规划时，要吸取这些城市因地制宜地规划建设的特点，要根据旧的城池状况，不必把县城大街搞得过长，拉得过直，适当运用临河靠山的自然地形，采取灵活多变的方式进行规划。

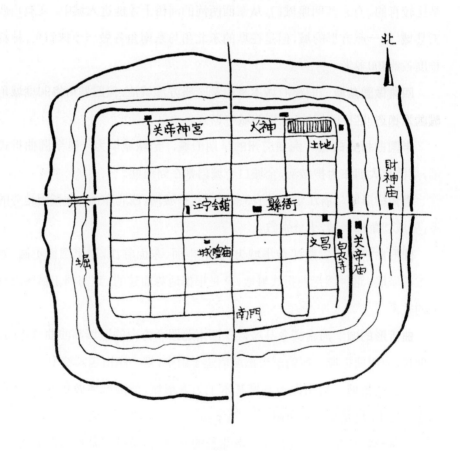

归德府城

关于建设关城的意义

　　城池里有衙署、寺院、庙宇等公共建筑，又建民居大宅、王府……又有道路，留下的有效面积就不多了，广大人民再建设房屋，用地十分困难，城里没有更多的有效面积。

　　有的城池建筑物非常密集，一点空余地带也没有。在这种情况下，就得在全城的东西南北四个城门之外，另建小城，这个小型的城就叫做关城。人们平常称东关、西关、南关、北关，指的就是关城。

　　关城也有城门，对着城门的一条大街是关城大街，大街两侧还建有许多商店、店铺等等。建设关城，就可以扩大城池的总面积，在关城里可以大量建造普

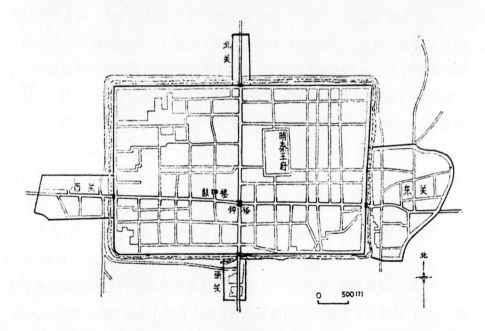

西安城平面图

通居民的房屋。因为在
建城时,城内面积不够
用, 在这样状况下,才
采取建立关城的方法。
这也是解决城内居民
无地可盖房子的一个
方法。关城的面积基本
上是主城面积的1/4左
右,若在东西南北四面
都建立关城,那就等于
一个城池那样大的面
积。建立关城也是一个

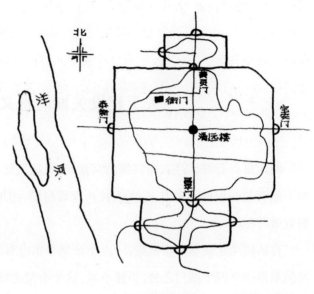

河北宣化府城

好办法,居民可以在关城里建造房屋,没有地皮紧张问题。关城同样有城墙、城
门,不过就是关城比主城面积小,其他都是一样的。

　　建立关城有另外一个意义,是防备主城门被敌人轻易攻破。敌人要攻城之
时首先攻击关城城门,这样对保卫主城有很大的意义。关城的城门起到了保卫
和防御的作用。一座城池建有关城,不仅可增强防御性,解决的问题也很多。在
主城的城门处,即可不建设瓮城,把瓮城之建设推到四个关城城门之外。关城的
城墙不比主城城墙小,因为关城也同样要进行防御,它与主城墙是相同的。

　　我国建立关城的城池有:大同城东、北、南三个方向建立关城;西安城四个
方向建立关城;兰州城在全城的西、南、东三个方向建关城围住主城,北部为黄
河。吉林城是一座不整齐的城,南临松花江,东西两个方向扩展为商埠,占的面
积比主城还大。白水县城城小,关城在主城之东与北,连成一座大城,面积比主
城大,约计2~5倍。平凉县城主城东西长,而且东城为弧形城,北部一道城,东部
有一关城,二城相接连,此外在东城墙之东,接连矩形城、方形城,仅东边就相连
四个关城,这是为了加强东边的防御能力。榆次县城在主城北加一个方形关城。
庆阳城在不整齐的主城北加一个圆形关城。云中郡城的主城在四个方向又加建

四个卫城。临洮县城,方形主城的北面建一矩形关城。永昌县城在主城的东门西门处各建一座关城,东西关城的北墙又建一座弧形城池,即北部关城。泰州县城在主城的东门外建有关城,在西门外建南北长的关城,西关城的西面又建一矩形卫城,再往西又建一方形卫城,东西大街直穿各个城池。汉中府城在主城东门外建一关城,这个关城城墙做得弯弯曲曲,极不整齐。肃州城在主城之东建设关城。平阳府城在全城四个方向各建一关城。祁县城主城西门外建一关城。一个矩形的宁夏城,在东门之南北方向各建一关城。

通过对以上各城池分别建关城的分析,可以看出关城的形状、位置、形式都有所不同,这说明各个城池建关城是为了适应军事防卫的要求而建的。

第四章　城墙与城门系统

城墙、垛口、马道

中国古代城池的城墙,基本上都是用土做的,所以叫做土城。如果是砖城,只是在外面用砖块包皮,内部还是土城。汉代有一些城用砖包皮。明代国力上升,经济稳固,对城墙进行大量的包砖,成为砖城。

夯土做的城墙,千年不塌。夯土是由人工抬上城墙,然后用夯夯实,打得十分牢固。城墙夯土夯层每层厚5厘米～12厘米之间,基本上夯层以10厘米为

北京正阳门

北京正阳门楼上部

北京安定门城楼及城墙

一层。建造城墙时仍然是用脚手架施工,用脚手架补充人们身体之高度,否则无法施工。遗留到今天的春秋战国城墙上的洞眼,就是利用脚手架施工的插竿洞眼。例如郑国时代的京城(在河南荥阳之南),目前遗留的城墙夯土残高就可以看出是用脚手架施工的。在墙壁上的插竿洞眼已连成排,其中有一个洞眼还有插竿用麻绳绑扎的印痕。由于插竿竿头开裂,先人先用麻绳绑扎之后,再伸入墙中,从这一点可以说明我们先民们节约用材,竿子劈裂了,仍可以应用。脚手架经年已久,竿子与麻绳已化为灰烬,可是洞眼中的麻绳印痕仍保留到今天。

另在河南新郑县城的郑韩古城,城东北方向的残留墙体,尚可看出一排一排的洞眼。敦煌城端,残墙体上也有一排一排的洞眼,通过这些足以证明春秋时代郑国、战国时代韩国的城墙都是用脚手架施工的。

从总体来看,城墙底部宽3米~6米,由于城墙两面都做出侧脚,顶部宽3米~4米,城墙的高度达到7米~8米左右,在建造城墙之时,对于城墙的基础非常注意,必须进行层层夯土,使松土挤紧,这样的地基才非常牢固。然后在其上再筑城墙,同样紧密地夯土。当城墙包砖块之后,土中易于积水,年代久了就从砖缝中生长出小树甚至大树。笔者于1948年观察北京城墙北部时发现,墙上及东北部都有小树生长,大者高7米~8米,树干大约20厘米左右,而且不止一二株。在阴面城墙壁端长的树更多。除此之外,人们常常在城墙内部挖洞取土,作为它用。笔者在郑韩故城时,曾看到在城内端墙壁有农民挖洞,成为数间房

北京崇文门城楼

屋,但是墙土一直不塌落。

　　还有一种城墙,外表包砖,从外边看是一座正式砖城,但在城内却做土坡,斜坡大约30度左右。发生战争时,战马可以由内壁登上城墙进行战斗,这就是土坡战城。安庆寿州城当年即是土坡战城。

　　中国的古城,皆用夯土筑城墙,而城墙包砖是以后的做法。但是在后期,只有一部分城墙是作为墙用,例如明代沿海的海防城。许多城的城墙都用石块、石条砌成,这样的城墙也同样坚固耐久,不过这样的城墙墙体减薄的尺度多。例如河南俊县城、广东大埔所城、福建沿海的蒲禧城等等,都用石材做城墙。对于城墙,若是不是人为拆除,那城墙是不会轻易倒塌的。新中国建立初期,刮起一股城建之风,以扩展城市为借口大拆城墙。此风由北京波及全国各地,许多地方只将城墙砖皮拆掉,夯土难以清理干净。

　　再说垛口。每一座土城墙上都筑有砖垛口,以防敌人袭击,同时可以隐身射远。

　　最后讲马道。它是在城内的一种斜坡磴道,人们从这里可以登上城墙。马道是阶梯式的,每个城池在关键部位都有马道建设。一般城池都将马道建在重要

大埚所城城门

路口，交通方便处，在必要时防卫人员以及战备人员从马道登上城墙。一座城池有3至4处马道，也有的城池每面有2个马道。

大埕所城城门道

大京城北城门

大京城城门洞

硬楼、团楼、敌楼

　　在一座城池中，为了加强城墙的防御性，要建三种楼——硬楼、团楼、敌楼。这三种楼的楼台不设门。

　　方形台、六角形台者为硬楼；圆形台者为团楼。

　　敌楼有两种，一种是将楼建在城墙上，城台并不突出；另一种是将敌楼单独设立，建在城外的西北角20米～30米处。

　　从总体上看，在马面上建楼有两种式样，一种是在硬楼、团楼与敌楼之台上均建楼阁，保持其完整与特殊的作用，如平遥城，每个马面上都建设楼；另一种是全城的马面都不建楼，马面全部暴露在外，准备战争时防御部队进行火力交叉之用。

这种硬楼与团楼,即是马面。它始建于汉代,汉代许多城墙都做硬楼,不过汉代的硬楼与团楼之上全部没有楼,只有砖台。遗留到今天的汉代城池有马面(硬楼)者,如汉代破城子城堡遗址,全城四面都做出马面;汉代寿昌城城堡遗址,全城也有马面;汉代大方盘城城墙上也有马面。到唐代,从内蒙古额济纳旗的黑城来看,全城东西墙有6个马面,南北墙有马面4个。以后宋辽金元各时代,筑城马面就更多了。

硬楼、团楼的尺度,一般从城墙突出2米~3米,马面的长度达到4米左右。硬楼常常建在城墙之中,向外凸出。团楼常用于转角部位,例如内蒙古阿拉善旗定远营城就建一座团楼,也作为角楼。

关于敌楼的建设,在城池中也很多。例如在天津古城,把敌楼建在天津城外的东北角地带。在江苏丹徒县城中,全城建设炮台达7座,均建在城台之上,城台比城墙凸出。另在城的西端建设望角楼,即有台又建楼,这是敌楼的一种形式。此外,在山西徐沟县城中,南门外建两座硬楼,而且做重楼;在西端还建设一个六角形台的单层楼谓之硬楼。淄川县城中,在东南方向建设硬楼一座。另在陕西米脂县城南端只有硬楼台,实际上并没有楼。凉州城有楼无台,城台利用城墙。甘州城也是有楼而没有台,华阴县城每个城门之间有硬楼,只有台而没有楼。甘肃镇城,在南城墙设有硬楼四座,没有台子。明清时代的开封城都有台而没有楼。

在南宋静江府城,每城每面都做硬楼与团楼,这两种楼都做出台,也做出楼。此外,在阳城明代小城的周围也分别做出硬楼与团楼,其中的团楼只有一个,但是都只是台而没有楼。

硬楼与团楼的具体位置如何安排,要根据全城的地形地势作出决定。要观察城池的哪一面容易受敌?哪一面防御薄弱?哪一面最不安全?出于如此考虑,才决定建设几座硬楼、团楼,以及建设什么式样最好。有许多城池,建城时都设硬楼、团楼,由于年代久远,许多楼都被自然毁坏或人为拆掉了,所以现今不易识别。

城门与城楼

在每个古城,为了方便人们的出入,都要建设城门,当然也随之而有城楼。一座城池在东西南北四个方向是否都开城门,主要是根据道路交通、军事防御而决定的。不管一座城有多少城门,每一个城门必然要建楼。一个城门建设城楼的主要目的是标志城门的位置、观察控制出入城的人、窥探远处敌情以准备警戒并战斗。每一座城的大小都不相同,城门建设数量大概在2～14个,每个城门的门洞也是1～5个。从一般的城池来看,一个城门做1个或3个门洞。在特殊的情况下,开5个门洞。例如,唐代长安城明德门即是长安的正南门,它开5个门洞,数量是比较多的。

关于城门洞的式样:在宋代及宋代以前,都做圭角形门洞,即是梯形门楣,到宋代之后就以券门为主。开圭角形门洞之时,在门洞口先施用上平袱、下平袱,中间用蜀柱支顶,两边为托脚,即构成一个梯形,在门洞内的两侧,安装排叉柱,根据城台的宽度决定10～12根。在每个门洞中的第一根排叉柱都要斜置,这样它可以与城台的侧脚相吻合,安全牢固。城门的砖台即城台比城墙要宽。

一般来看,城门分为三个部分:一是城台,二是城楼,三是门洞口。城楼大都用1～2层,个别的做3层。一层单檐,二层重檐。城楼大都做3～5间,都做成砖台,木构楼层。例如,重建于明代的西安城,南门为永宁门,前后两

西安城城门铺首

座城楼。前端城楼大,后部城楼尺度比较小。二者均为单层重檐,用瓮城包围。瓮城正南面还有一个城门楼是单层。西门是安定门,前后有两个城门及城楼,最西面为瓮城城门,两道瓮城都做椭圆形。东门是长乐门,也建两个城门及城楼,瓮城门矩形,三面各有一瓮城门。北门是安远门,城门为一重,半圆形瓮城城墙,正门开一门。

西安城门

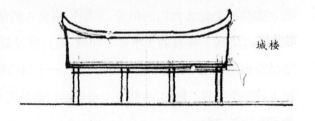

城楼

其他如:山西长治城共4个城门,每个城门都做两层,下层单檐,上层重檐。

太谷县城全城有4个城门,每个城门都做两层,上下各为单檐。

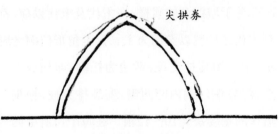

尖拱券

湖北鄂城东门式样

江苏溧阳城全城共5个城门,每个城门的城台上,前后建两个城楼,前低后高,都做单层檐顶。

青浦县城做正圆形,共4个城门,每个城门都在城墙上开门洞,墙上并不做城楼。

安庆城共5个城门,每个城门楼都做单层单檐顶。

浙江瑞安县城,全城5个城门,城台上都做单檐歇山顶的城楼。

山西榆次县城,全城4个城门,每个城楼都做单层檐式。

山东齐河县城共4门,每个城楼都做重楼单檐式四坡水顶。

浙江镇海县城城门，正南二门，正西二门，正东一门，北部没有城门，城门楼都做单层单檐式。

山西兴县城4个城门，各建城楼。

从《畿辅通志》来看，老北京城有9个城门，每个城门都有一个城楼为重楼，而且每个城门门外都建一个半圆形瓮城。瓮城从城墙上开洞门，上部没有城楼。关于城门的券洞式样，除圭角形及券

北京阜成门剖面图

门之外，还有尖心拱式。例如湖北鄂城县城东门的券门为"⌂"。笔者于1956年春到鄂城考察时看到，此券门与佛教上常用的壶门相似，这无疑是受佛教的影响。

除此之外，从元代开始，在城池中普遍用券门，全国通行。笔者1958年专门赴元代上都城遗址（在内蒙古多伦诺尔西北的荒地中）考察。上都城的城门还有一个券洞，由这一点可以证明。在元大都和义门清理时，有一天参观时笔者发现门洞内的两侧墙壁上的砖墙卧槽中，有木柱显现，两端有戗柱，还有戗板。这是元代的一项创意，是非常有意义的。

在古代城门之券龛上，用砖雕刻出门匾，刻出门名。例如，以北京城而言，有"正阳门"、"阜成门"、"宣武门"、"安定门"……这是一种固定做法，它不怕风雨，依然存在。城门上标明横匾，这一习俗是从明清时代开始的。除标明城门的名称之外，有的古建城门在重要部位，还用文字标示出城池的重要性。例如：正定南门刻出"九省通衢"四个大字，这标明进入北京的大道必由此通过，南方九省的人们进京时必由此而入。

襄城县南门　　汝水风光

昔日闻汝水　　今登望嵩楼

襄城县城南城门

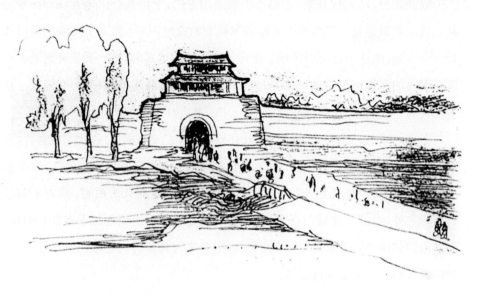

宝丰北城门

禹州北城门

海南崖州城东门及城墙

崖州城东门區

古代瓮城的建立与发展

瓮者,内部空间大的陶器也。用这种思考方式来建设古城门的瓮门、瓮城,即是城门外之小城也。我国古代建城池要在全城重要的位置选定城门,古城门之外再建设小型城池,也就是说,当人们出入城门之时,先从这个小型城曲曲出入,这叫做瓮城。

瓮城的式样有平面、方形、梯形、半圆形……瓮城的城墙尺度面貌与大城相同,在城门处仍然建造城楼。瓮城之城门与主城城门不能相对,不能直通,都将两个城门做成90度角,在其左或右拐角而出入。瓮城城门的尺度长11米～12米,宽8米～12米,占地面积在144平方米范围内。一个城做几个瓮城,要根据全城的战略情况、地势、地形状态来确定。首先,要考虑地势起伏、这座城是作为防守还

北京城瓮城图

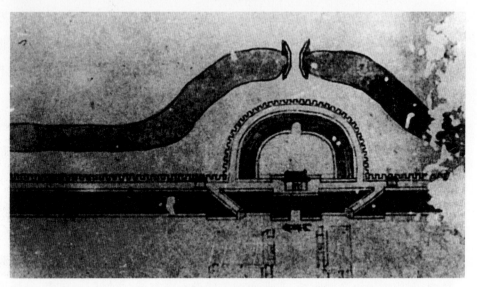

北京广渠门瓮城图

是作为进攻之基地；其次，再根据城之薄弱程度来决定。此外，还要考虑到是否是交通要冲等方面。

但是，有的都城在全城各城门都建有瓮城。《元史·顺帝纪》："诏京师十一

北京安定门瓮城图

北京德胜门瓮城台阶

门,皆筑瓮城,造吊桥。"元代大都,即是今日北京城之前身,当时大都平面正方形,有11个城门,为了加强防御,每个城门都建设瓮城。不过到明清两代重建北京城时,只在正阳门、德胜门、西直门三个城门处建设瓮城,其他的城门一律不建瓮城。

在我国历朝建城史中,先秦时代、春秋战国时代的城门是否有瓮城,至今尚难查出。但从汉代开始,城池里的瓮城很明显。例如:位于甘肃敦煌以西、汉长城外的大湾城,东城墙城门外有很大的瓮城,从城内出城也是曲折而出的。从东门出再转向南是谓瓮城之南门。另外,在汉代破城子城的东墙南部也建有瓮城,在破城子城堡遗址的北门,也有一个瓮城。在敦煌以西百里处有汉代长城城堡,其实它是玉门关的一个瓮城,一门开向南,一门开向西。唐代城墙之建设,也有瓮城,例如桥子镇之锁阳城,在西南城角建设一个瓮城,主城门开向南,瓮城城门开向西。另如西夏黑城(位于今内蒙古巴彦淖尔盟阿拉善旗)平面方形,北门偏西,南门偏东,这两个城门也有瓮城。北门瓮城,出城向右转;南门瓮城,出门向左转。

南宋静江府城（即今桂林城的前身）：在西南外城建设一个大瓮城，叫做"万人敌"，平面矩形。出城门向西，再向南，在瓮城之前端直对羊马城城门、护城河，河之南端为西月城（半月形）有城门，这样一来，防御性特别强。南门"宁德门"也由城出门再拐向西出瓮城门，正南还有

北京德胜门瓮城

南月城及城门。在内城之北城墙建"镇岭门"，门外有瓮城，出门向东即为瓮城城门。在外城北城之山间筑正圆形城，也属于瓮城范围，其中有南城门与北城门斜对，这也就构成正圆形大的瓮城。到元代，大都的每个城门各有瓮城，上都城也有瓮城，应昌路城、集宁路城都做有瓮城。到明清时代，建造瓮城就更多了。明清北京城有3个大瓮城。广州旧城在西城门做梯形瓮城，大东门做矩形瓮城，在内城南墙归德门、大南门、小南门均做半圆形瓮城。在外城段城墙也做一城门，左墙右河，形为瓮城。

瓮城之建制是中国特有的。无论是从军事防御上，战略进攻上，还是平日之防守，都离不开它，都是必然着重建设的。

我国角楼的发展

角楼为城墙转角之楼。城墙是防御性的建筑，角楼建在城墙的转角，可以观

察两面方向乃至四面的方向。它是登高远望的哨所。在古代城池中,在城的转角处是否都有角楼的建置,答案是否定的。有的城做角楼,有的城不做角楼,这主要是根据该城所处的位置、四周环境、防卫方式、战略要求等方面,再决定是否建造角楼。多年来笔者在勘查古代城池中,早就发现这一问题。因此带着这个问题进一步进行探索。

角楼与城楼、软楼、硬楼最明显的区别是角楼建于城的转角处。角楼的发展起初是住宅里的望楼,当住宅扩为宅院之时,在宅院四角开始建角楼。住宅里的角楼,地方上的人们并不叫它"角楼",都叫它为"炮台",它是为防卫大宅院的安全而设立的。在大型宅院建立炮台是比较普遍的。大住宅是小型城池的雏形,只是它是保护一家人的墙院,规模较小。而一座城池,是为了保护千万家的安全,所以扩大为城池。城池应当说是在大宅院的影响下发展起来的。因此宅院里的炮台(角楼),在城池里叫角楼。不论什么城池角楼,其来源都是大宅院之炮台(角楼)。从广西梧州城出土的汉明器中,有四合院,有角楼;从山东出土的汉明器四合院中也有角楼;从山东沂南石墓前后两院东南方向有角楼一座。这些间接的实例证明汉代住宅中已经用角楼了。从汉到元,这一千多年,住宅的宅院都不存在了,所以也就无从再查勘这一时期角楼的状况。明清时代的农村大户人家造大宅院,同时也出现了角楼(台)炮台,这一个时期炮台的式样充分显示出来。

由此可见,城池的角楼应是在大宅之炮台(角楼)影响之下应运而生的。城池角楼从东汉末曹操的邺城始建,例如《三国志·魏志》记载,在邺城东南有角楼,除此之外,邺城三台——铜雀台、金凤台、

沙州城角楼址

北京城东南角楼椽头彩画　　　　　　　　　北京城东南角楼旋子彩画

冰井台,其实也是角楼之属。到唐代已有角楼之实物,甘肃破城子城有角楼,安西唐之锁阳城也有角楼,而且这个角楼用土夯实开券门,遗址至今犹存。1975年冬,笔者考察中国土工建筑,当时进入锁阳城址,亲眼见到。唐元稹诗中有:"星稀转角楼",这都说明唐代城墙角楼之状况。据伯希和《敦煌图录》70窟,有城有角楼。到辽代,《辽史·地理志》38卷记述的辽之东京城有角楼。宋元明三代的城

北京东便门角楼

池则不见角楼,但是宋元明三代在都城内的皇城建设角楼。例如北宋东京城之皇城,有西角楼、东角楼。如《东京梦华录》有:"东角楼乃皇城东南角也。"元大都宫苑也有角楼,到明清两代北京城的皇城(紫禁城)有角楼,大内太和门——太和殿、中和殿、保和殿这一组建筑之四角也建角楼。以上这些都是皇城的角楼,并非外部城池的角楼。

到明清时代城池之角楼就更明显了。例如明清北京城有东南角楼,西南角楼,等等。全国各城池中,河北宝坻县城做方形角楼,东西南北四个

转角各一,每一个转角建设一个角楼。内蒙古巴彦淖尔盟巴音浩特(定远营)城建成夯土台,上做圆形角楼。清代所建的城池运用角楼就更多了。总的来看,角楼的发生、发展,始于合院大宅第,沿着一条主线向前,在发展过程中出现许多实例,一直到清代末年,两千多年间一直未间断。明清则是城池发展的一条线。从城池发展这一条主线中又有增加城池内皇城及宫城的角楼建筑。城池里的角楼并不普遍,而皇城皇宫中建高楼则是比较多的。角楼的作用,是为了防卫、警卫、保卫大宅之安宁,保卫全城,保卫皇城的安定,保卫民居大院住宅的安全。

参注: 刘敦桢:《刘士能论城墙角楼书》。

《三国志》。

《东京梦华录》。

北京故宫角楼

利用自然高台做城墙

我们的先人聪慧敏锐,他们会根据具体情况具体去分析解决遇到的情况与问题,并且有一定见解。特别是利用自然高台来做城墙这一点,就令后人慨叹不已。也就是说,把城池全部建在高台上,四面就利用高台建筑的台基之侧面作为城墙。侧面之土如果不整齐,就进行修理。由于高台台壁是垂直的,从外观来看犹如城墙。

但是,我国疆域辽阔,在军事防御上对建城的认识大不相同,在意识形态上反应也不一样,因此城池建设多种多样,一些有创造性的城池丰富了我国城池史。笔者在对古建筑考察时,曾经碰到两座城,建立方式别有风味,体现着一种创造性,值得研究。一座是陕西省富平县城;另一座是新疆吐鲁番的交河故城。这两座城在建城方法上相仿,都是利用自然高台做城墙。

先讲陕西省富平县城。元代后在这里建城,城的具体位置在西安的东北方向,渭水、泾水之北部约百里。这座古城之选地是利用自然土塬,土塬高约7米左右,土壁四面都是垂直的直壁,土塬顶上建有房屋、大街和小巷。全城建在土塬上。土塬的四壁做垂直的壁面,如同城墙,建城时就利用这种土塬直壁作为城墙。从外观来看,与建立的城墙全部相同。如果不注意,就会把它当做原建的城墙。这样做纯粹是为了节省建设城墙的费用。将土塬的壁体砍削笔直,犹如城墙。这样一来,同样起到防御作用,对全城人员同样起到安全保卫作用。

陕西省关中大平原,虽然曰平原,但是经常有"塬"的出现。"塬",即突然隆起之平地也。塬有陡壁,直陡的壁面,由于壁细而坚,所以雨水冲不倒,这是土质好的缘故。如到东北大平原,一旦有土塬隆起之时,那些土塬,都自然成为斜坡,不可能有陡壁之存在。富平城利用高而大的土塬塬壁来做城墙,到城门之部位,则做大斜坡,以利车马行人之出入,不过城门的建立紧密连通土塬,敌人想入城则没有可乘之机。至于城外,距城墙三至四米宽之处照常挖掘护城河。以上就是富平城城墙的特色,是别有风味的。

另外,在新疆吐鲁番西部,唐代建设的交河城,具体位于朵勒朵木河、马恰河、阿斯克瓦河三条河分道之上端。这条河之分水上端,河道甚宽,河中间出现自然形成的一个长岛,这个长岛四面都有水,在这个孤岛上建的城,即是保留至今的交河故城。

交河故城南北长2000米,东西宽500米。全城面积合计有100万平方米。这个岛实为东南至西北方向,故城上有东城门、西城门,岛的前半部为居住区,这里土墙林立,街巷密集。主要街巷有十数条,犹可看出当年的风味。目前有许多房屋院落,特别是合院院落,佛教寺庙院落比比皆是。在岛的西北部为佛教区,其中寺院有大有小。从遗址处尚可辨认出土墙、台基、内外望以及殿堂规制。其中

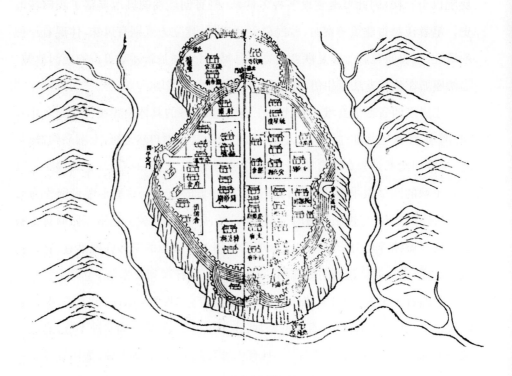

庆阳府城图

最西北处尚存留一个大型塔群,即是一百零一塔的塔群,遗迹十分清楚。再往北为墓区。

交河故城平面是长条形,东西边缘弯弯曲曲,南北两头出现尖角,全城做不规整的形状。全城在水中升起,地面距水面的高度差大约有6米～7米左右,这样河水上涨时,河水不能进入城中。

交河故城是利用全城(孤岛)的土塬直壁作为城墙。直壁从河水面开始高达六七米,就用这六七米高的土塬壁作为城墙,塬壁是直陡的,土质坚硬而不塌陷,因为交河城边之河水很少,成为干涸的河床,岸壁直陡立于河床,如同城墙,因此交河故城从未建造城墙。用大河之水,作为护城河,这样一来,城墙与护城河全部形成了。交河城在建城时,就不建城墙墙体,也不必再重新挖掘护城河了,这样节省建城池的经费开支,余下来的钱可以建筑城中的民房,寺院……

交河故城城门有3个:西城门,东城门,西南城门。今天到达交河城的人,都由西南城门进城,城门的建设仍与河岸直壁紧临,没有什么漏洞和空隙可乘。

陕西富平县城与交河故城,一是方形,一是长条形,虽然两座城池形状不同,但是在选地选址方面,有三个共同点:第一,这两座城都利用高台、土塬直壁来做城墙;第二,有效地利用地形;第三,省料、省工,还节省费用。

第五章　城内道路的规划方式

我国城池街道规划的原则

任何一座城池内的道路规划原则应为四通八达,道路宽窄适中,人们进出城方便,便于物资运送,行车顺畅。

我国历朝的城池建设街道又必然要从军事防卫着眼。

由于古代城池是方形或长方形的布局,所以道路的规划也纵横交叉成为方格。秦朝的咸阳城、西汉的长安城、东汉的洛阳城、曹魏的邺城、北魏的洛阳城等,都采取方格形的道路。

据考证,唐代长安城是当时世界上最大的一座城池。道路的规划严整,东西大街11条,南北大街14条,每个街坊里又划分十字街,构成密布的方格网。唐代东都洛阳城道路的规划,同样成为明显的方格网。这种规划形式甚至东传到日本,日本京城的规划式样与长安城相仿。

北宋东京城内的道路有大街,也有小巷,有的直通贯穿全城,有的不直通,街道面貌与唐长安城迥然不同。在长安城的大街上主要是坊墙、寺院、庙宇、府廨;商业店铺集中在东西两市。东京城大街小巷到处可见面馆、酒楼、店铺、杂货铺;特别是马军衙街、赵十万街、马行街、高头街、录事巷、鸡儿巷……店铺更多,集中成片，十分热闹。元代大都，也沿袭北宋东京城，布局方整，道路笔直。大都的城门与城门相对，店铺在大街上，住宅在小巷中，构成大街与小巷的布局方式。它最大的一个特征是车马行人，货物运送，均在大街上进行。居民住宅在小巷中，行人稀少，极为安静。明清的北京城，沿袭元代大都城的制度，亦设大街与小巷（胡同），全城商店设在大街上，居民住宅在东西方向的胡同中。

除方形的、规整的城池外，也有例外的。如山西翼城是卵形，平顶山城是⊥形，平凉城似方不方，江州城类似五个角，永吉城乌龟形……在不整齐的城池中，道路的规划也就变成了T形、十字形、主干分支形……

我国古代城池道路主要有以下类型：

中心街　是城池的主干道，全城的枢纽，代表着全城的气魄，一般路面宽广，方位正南。例如，西汉长安城的安门大街，唐长安城的明德门大街，北宋东京城的南薰门大街、朱雀门大街，明清北京城的正阳门大街等等，都是主要的中心街。

长街　长街的例子很多，它是我国城池建造特有的形式。如唐代扬州城的十里长街，清代浙江的路桥十里长街、四川的三江长街、汉口长街……

窄巷　城池街道由于用地紧张，往往出现房屋相连、街道狭窄的状态。在唐代长安城中，每个里坊再用十字街划分，街后还有"坊曲"（街坊中的小巷），坊曲十分狭窄，大多是穷人居住的地方。元大都城里，最窄的小街叫做墙缝，只能通行一个人。

口袋路　由于城池中房屋密集，大宅占据了小巷的部位，因而出现袋状路。北京人称它"死胡同"。死胡同里，由于车马行人无法穿行，格外安静。但行人一旦误入，只得原路返回，很不方便。

斜街与曲路　城池中若有水沟、河道，便会产生有趣的斜街和曲路，它打破了方形城池的呆板布局。斜街还能缩短距离，便利行人。北宋东京城从广利门到普济门有弯曲的蔡河，在金水门、五丈河两旁有斜街，其他如五太河南的南斜街、北斜街，安远门外的耀庙斜街、梁门斜街等。

古城道路规划的启示

　　我国古代在建立城池的同时对府城、县城，都一一进行规划。笔者于20世纪60年代6次入山西考察，看到许多县城都有完整的道路系统。现将山西4个府城，10个县城的道路予以分析总结，用这些实例予以启示。这些城池，计有汾州府城、解州府城、蒲州府城、平阳府城、石楼县城、宁乡县城、沁县县城、闻喜县城、虞乡县城、翼城县城、寿阳县城、文水县城、交城县城、徐沟县城，共计14座。

　　这些城，不管道路多还是少，建设基本上是成功的。每个城池都形成一个道路网。现在我们根据各县城的道路网中的各种道路看一看古代城池的道路安排。

　　主干路　这些城池基本上每个都有十字大街，用十字大街贯通城门，这个十字大街即是主干路。有的十字大街东西不直通，也有的十字大街南北不直通，这是从防御方面进行思考的。例如：沁县县城，只有南北大街直通，东西大街与之相错，从而在南北大街上出现许多丁字街口。闻喜县城两条大街都不直通。虞乡县城东西大街笔直，南北大街不直通。一般来说，主干路南北与东西都不直通，通过这些道路也达到划分街坊的目的，不过县城的街坊不整齐，有大有小，仅仅成为街坊的概念。

　　环状路　也把它叫做环城路。在这十几个城池中，环状路非常普遍。环城路有拐角整齐的，有在拐角做弧状的，还有的环状路，是两路相互之间错开的。总之有明显的，也有不明显的。它建在城墙以内，距城墙10米左右，按环城方向建设的。这说明古代很早就有环城路了。

　　一般路　即是二级路，它是主干路与环城路相互连接的路，都做得横平竖直，有东西与南北两个方向。一般路也做得笔直，没有任何弯曲，就在这种路的两端，基本上都成为丁字路口，这是一个很大的特征。

建筑路口　在城里有公共建筑（如庙宇、寺院、衙门等）时，在对城池规划时，有路直通，对着建筑物的大门，这种建筑路口，有直通的路还是非常方便的。

拐角路口　即是将路做成90度角：┐└这样形状的路口，例如翼城县城东门内大街就是这个方式，寿阳县城即有4个拐角路口，文水县也有4～5五个拐角路口，它几乎遍及各城。这种路口有直角，也有弧状角。这是方形城池道路必出现的。

丁字路口　由于道路不直通，并非方格网，所以有丁字路口出现，这是各个城池的普遍现象。做丁字路口主要是从军事防御上考虑的。做丁字路口使敌军进入城中后，兵力、车子都不能直通，有利于截击敌军。例如汾州府城就有17个丁字路口，沁县县城有5个，蒲州府城有10个，虞乡县城也有10个，交城县城就有13个。这是城市规划的一种设计的手法。

弯曲路　在山区的县城，由于地势不平，在规划时，全城不能做正方形的，就根据地形、地势来做轮廓似方形，而不是弯弯曲曲不整齐的形状。例如石楼县城，三面大山，中间一个河岔口，县城的设计略似卵形又似曲圆形，在这个城池里，没有正东正西的道路，也没有南北道路，其他干路则是由东南斜向西北，西南伸过一条路与它交叉，这样就构成弯曲路。翼城县城的环状路也做弯弯曲曲的路。寿阳县城的东南城关区也是做成弯曲路。

道路的方位　各城的道路，基本上都是采取正南正北、正东正西的方向，除了石楼县城、宁乡县城在山区外，各城都没有几条斜路。这又是各城道路规划的一大特征。

道路与城门口的关系　各个城池中，凡是通入城门的道路，都是十字大街的主干路，从城门进入城中，通到环城路时，才各有通路。

城池与关厢城的关系　在府城建设中，城池虽然面积大，规模宏阔，面积还是不够用，因此建设关厢城。关厢城是一个小城，关厢建得不十分理想。一般发展为商业区或居民区。在关厢城里有弯曲路。例如汾州城东门外关厢城做不规整形式，西关厢城略小，较为整齐，二城都紧贴城门。此外大一点的县城，也做关厢。例如翼城县城之东北部做关厢城，城东西一条街直通，南北为一般路数条;交城县城池,东城门外也做小型关厢城,这都在县城发展庞大之时,再发展关厢城。

城中形成路网　每一个县城,虽然小,但是"麻雀虽小,五脏俱全"。因此各县城池都形成一个完整的路网,使全城整齐,比较集中,紧凑不分散。

山西十四府县城道路分析表

县城名	有无环状路	南北大门	一般(条)	建筑路口	丁字路口	拐角路口	弯曲路(条)
交城县城	环状路	东西大门	11	2	15	3	4
徐沟县城	环状路	南北大门	4	○	8	5	2
寿阳县城	环状路	东西大街	4	○	2	2	3
文水县城	环状路	十字大街	9	2	10	2	5
翼城县城	环状路	南北大街	10	○	8	1	3
虞乡县城	环状路	东西大街	7	○	10	5	○
闻喜县城	○	○	4	○	6	5	○
沁县县城	环状路	南北大街	3	1	7	4	○
宁乡县城	○	○	○	1	1	1	2
石楼县城	○	○	○	○	1	○	○
蒲州府城	○	十字大街	8	8	13	○	○
汾州府城	环状路	十字大街	20	○	14	5	○
解州府城	环状路	○	10	○	17	5	○
平阳府城		十字大街	○	○	○	1	○

城池里主要大街——天街的设计构想

在古代城池里,东西、南北方向的大街是平行与垂直相交。城大的道路多、城小的道路数目少。例如一个小县城或者是一个大的镇城,常常只做十字大街。大街宽度分为几等,这主要是根据城池的规模而决定的。

　　在府城以上，特别是都城，在主要部位都规划出主要大街，名曰"天街"。这样的大街，一般来看都是从南向北的，自城的南门进入直达皇宫的南大街。这一段大街，从南向北是通入皇宫，从北向南则通入天门，也就是通天的意思。

　　在城池里这样的大街，始于有城池规划之时。若从战国时期各国都城来看，齐国的临淄城最为明显，大街从南门进入，直达皇宫。到汉代，从长安城来看，从覆盎门进入，直达长乐宫，这一段是主要的大街。三国时代魏国的洛阳城，从南门中阳门进入为宽广的大街，直达文昌殿；从南门广阳门进入，还是宽广的大街，直达听政殿。这两条大街并列为主要大街。

　　南朝时代东晋建康城，从外城的朱雀门进入前御道达宣阳门（两道城门）再进入大司马门抵达皇宫，这一条路南北甚长，有一定的气魄。北朝时代北魏洛阳城，从洛水之永桥，进入南门——宣阳门，这一条大街即是"天街"，它直达皇宫。唐长安城，也是同样的，从明德门进入，经朱雀门直达皇城，另一条从南边的启夏门进入，再从启夏门直达东宫、太极宫。这两条大街都是比较宽的主要大街。隋唐东都洛阳城从正南门定鼎门进入城中，由定鼎门大街直达应天门进入皇宫。唐之附属渤海国上京龙泉府——东京城，从南门进入城中是一条宽广的大街，这也是"天街"的象征；北达内城的宫门，气势宏伟壮观。北宋时代建设的东京城，从正南门即南薰门进入后，通过朱雀门、州桥到达皇宫的宣德门，这一条大街是全城的主要大街——"天街"。元大都从丽正门进入之后，即为皇宫，这条主要大街比较短。元代应昌路城相当于今天我们地级市的城池。全城规划为方形，出现了丁字大街。从南门进入为丁字街，北对大门，这一条大街是路城一级的主要大街。明清时代的北京城，从永定门到正阳门，再从正阳门到

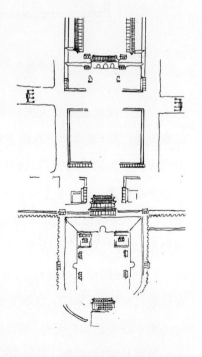

北京城正阳门

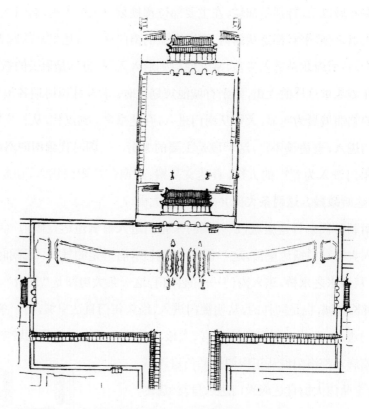

北京城天安门前正阳门之千步廊（天街）

天安门这一段也是主要大街。不过新中国建立之后，对正阳门到天安门这一段拓宽改建广场，重点加宽东西方向的长安大街。除此之外，还有许多县城也都以南门大街进入后直对衙门，这种规划手法是统一的构想。这是中国古代城池规划的中心构思。这一条主要大街正南正北，笔直宽广。北端正对皇宫或衙署，南通南门。其意向通天。天者为南天而又远大者也。统治者对主要大街的构想如同登天，故称"天街"。这是一种意念。对这条大街的设计，当然要加宽，使之突出，作为全城的重点来建设，显示远大。在这条主要大街的两侧，建筑比较美观，安排府、部等主要部门。还有在天街做千步廊等等，设计并非一致。

关于各城的次要道路，即二级道路，起始汉代——

西汉长安城从南门即安门向北的大街，直达北城，相差500米到北城墙，这条道路十分长。

曹魏邺城的东部大街北通广德门。

东晋建康城,从西门经过宫前直通建阳门,这是一条比较长的大街。

唐长安城在主要大街的两侧,西为安化门,北达芳林门、启夏门,北通兴安门,直通大明宫西墙之边侧。

北宋东京城从陈州门—陈桥门在城内偏东,载楼门在城内偏西,这两条都是次要大街。

元大都从顺城门—北城墙,又从文明门到北城墙,都为二级大街。

明清时代北京城从宣武门—北城墙,又从崇文门—北城墙,都是二级大街。

除以上主干道和二级道路之外,在一座城池中,余下的都是三级大街、小巷。各城道路,大街主次分明,纵横交叉清晰,这些都体现出先人们的城池规划是条条有理的。

"大街小巷"的规划方式应当继承

在我国古代的城池规划中,从西周以来,"周王城图"便成为历代建城与规划的一个蓝本,各时各地便自动地遵守这一基本原则。当然"山高皇帝远",也有许多地方在建城时,就地做一些创造性的规划,也不一而论。不论怎样,周代制定的三礼专书,那还是作为准绳的,作为建城的最主要的原则照章行事。

凡是建造城池,将平面都做方形,并以方形为主。十字大街贯通全城中心,建设东西南北4座城门,此外在城内再开通南北、东西的大街为多,宫廷放在城的中心或偏北。城四面有护城河围绕,都坚持以中轴为主,左右对称式的基本原则。如果城池加大,那么其他各项也随之加多,加大。

在秦代以前,城池的规划与道路通行,真面目尚不够全面了解,也不够明显，虽然古城遗迹较多，但是城内的规划，特别是道路的开通更不清楚。秦代以后的城池，基本上仍然以周王城为依据，小城和县城都用十字大街，再大者用方格网、棋盘式。

　　若从全城的道路规划上来看，可以得知几个都城的概略状况。汉代长安城，基本为方形，全城每面各开3座城门，每门各有3个门洞通行，城内8条主要街道，门与门之间不相对，每门的道路也不能直通，这种规划可能是从军事防卫上考虑的。城内除大的宫殿区之外，居民街巷好像是很少的。曹魏洛阳城平面为东西方向长的矩形，东西大街有9条，南北大街有4条，全城北半部作为宫殿区，南半部规划有街坊，北魏洛阳城为南北长东西略窄的平面，全城城门东西南北各四

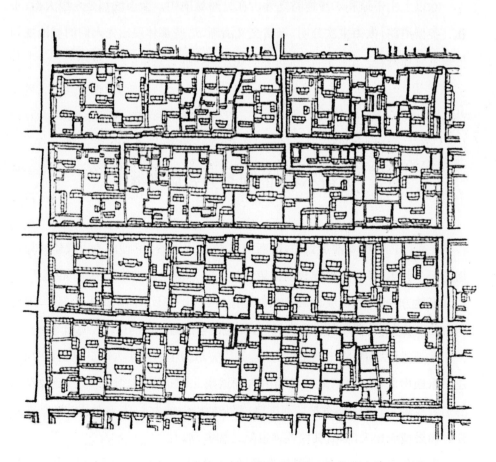

北京城中的"大街小巷"图

门,城门与城门不相对,只有东西大街城门相对,道路不直通。

隋唐时代的唐长安城,平面方形,东西大街9条,南北大街12条,东、西、北每面3个城门,正南面开5个城门。全城通路纵横相交,构成棋盘式规划,共计108坊。全城在对称式原则下进行规划,坚持南北向的中轴线。到隋唐洛阳城,是作为东都出现的。全城方形,南北方向、东西方向的大街各有14条,由此产生的街坊是方形的,共103条街坊。还有几条大河进入城中,例如洛水贯穿全城。城门南面开5个门、东西城各3个门,北城开2个门。

北宋东京城平面方形,开南北城门各4个,东西两面各3个,全城东西大街11条,南北大街19条,共计200个街坊。从全城道路规划来看,从这时产生了"大街小巷"布局的萌芽思想,同时有大河入城,各条大街都建立商店,开始形成商业街,因此城市开始走向繁华。

元大都城,全城方形,东西南三面城墙,各开3个门,唯有北城墙开2个门,南北向大街7条,东西向大街6条,构成为矩形的街坊,在坊巷中产生了"大街小巷"的布局,这是较明显的,由于元代从大都规划开始产生"大街小巷"的规划原则,它还影响到明清两代的北京城,以及全国其他镇城,也有"大街小巷"的规划。明清的北京城,目前还存在,全城南北向大街6条,东西大街7条,在大街两侧有小巷,在这个布局中是比较明显的,也应当说是适用的。"大街小巷"的布局方式有很多的特点。一般来看,大的商店、机关单位、餐馆、酒楼都建在大街的两旁,车子往来较多,行人也多,这是主要通路必然的结果。因为街道比较宽,车子往来,人员行走,十分宽敞。但是小巷(即是北京城里的胡同)都是东西方向的,胡同南北建设合院、住宅,人们劳动一天,都回到各胡同的家中,谈话、休息、聊天,十分安静舒适。没有市面上的叫嚷声,也没有任何吵闹声,所以达到古人之言"居之安"的目的。

试观城池规划中产生的"大街小巷"布局,北宋东京城开始萌芽,到元代大都城的规划更加明确。到明清时的北京城尤其明显,深入人心。近些年来,住在北京各条胡同里的居民都有深刻的体会,住在胡同里特别安静舒服。

因此作者建议在新城市的规划中,要对古人留下来的"大街小巷"的规划手法这份珍贵的文化遗产加强学习。但是，20世纪以来有些新规划的城市，东西南北各条大街一般宽，不论什么性质的建筑不分主次；各条街上，无一区分地构成兵营式、行列式，单调乏味。

河街与水巷

　　一座城池是由人、自然、建筑组成的综合环境，是人们工作、劳动、休息聚居的场所。人在自然界的生活中水是最不可缺少的。水是人的生命之需，同时也是一座城池的生命线。我国的南京城、汉口城、宜昌城、渝州城……都紧临长江，广州城临珠江，吉林城临松花江，桂平城、梧州城、端州城……紧临西江，北京城紧临永定河，济南城、银川城、皋兰城靠黄河，周口镇靠颍河，沈阳城靠浑河，并州城靠汾河，贵阳城依靠南明河，岳阳城紧靠洞庭湖，饶州城紧靠鄱阳湖，杭州城靠西湖……上海、厦门、宁波频东海，汕头靠南海，青岛面黄海。临靠江河湖海的大大小小的城镇不胜枚举。

　　我国古代城镇的规划与建设中，有的还进一步引江河的水入城，起初只引入护城河，使一个城镇里护城河有活水，利用闸门，控制水量，防备敌人进攻，以固守城池。春秋时代的晋国都城古晋城，近期发掘的比古晋城更早的即史前龙山文化藤花落城已有明显的护城河，四周已经开凿护城河。从那个时代开始，历代建设城镇都有护城河。

　　北宋东京城入城的河有蔡河（惠民河）、汴河、金水河等五大河，它们都是东西方向穿城的。南宋的临安城引入城中的河有茅山河、盐桥河、市河、清湖河等等。其他如平江府城、静江府城都将河水引入城中。明清两代，全国大建城池，引水入城或城内穿通河道，非常普遍。如南北大运河通入湖州城中。山西平定州城，大河从东向西穿行城中。这样的规划使城镇的气魄显得豪放。河水入城是一种优秀的设计手法。在一个城镇里建设"河街""水巷",是江南水网地区建设城镇的成功经验。

城镇里有纵横的街道,也有南北的水路,互相交叉,构成水网城镇。我国有河街与水巷的城镇颇多。唐代诗人杜牧有诗写扬州:"二十四桥明月夜,玉人何处教吹箫。"这说明扬州有河街,河街上才有桥。南宋临安城、平江城、静江城等都普遍有河街。明清以来城镇里的河街与水巷大发展,如绍兴府就是一个典型,它将曹娥江水引进护城河再与河街水巷通连。全城南北河街6大条,东西水巷12条,用河街水巷划出街坊。苏州城是一座方整的水网城,河水引进城中,南

苏州城水巷

北河街5大条,东西方向水巷10大条。除此之外,娄门至葑门间,尚有水巷14条。

此外,湖州城、余姚城、宁波城、衢州城、永康城、龙游城、无锡城、南浔镇、慈城镇、杭州城等都有河街与水巷。

江南地区河流纵横,是形成河街与水巷的主要客观条件。一个城镇之内有河街,有水巷,全城构成一片活水,对城市环境卫生有一定意义,河街水面空气湿润,可以防止尘土飞扬,使城内空气保持清新。居民饮水方便,交通运输方便,

防火救灾方便。住宅的前后有水,陌生人不得随意进出,还能防盗。一城之内有河街与水巷会为城镇增添风光。这一点,苏州的周庄可为一个典型例子。

河街与水巷的工程浩大,河道两边的墙壁都砌成坚固的岸壁,全部用石块施工,每一石块表面凿得平整,错缝砌筑,十分坚牢,虽然经过长年的河水浸蚀,外不渗漏不歪不倒。假如岸壁不用石砌,河岸便易下坍。用乱石砌筑,则有碍观瞻。

河街与水巷的建设,带来的附属建筑是十分丰富的。

仅择数项,初步分析如下:

桥——在河街和水巷的水面上架空石桥,一般都在大街与水巷的交叉点部位进行,东西巷道外与河街交点建桥。桥的式样多端,大部分都是拱券桥与平桥,桥台距离水面高,能通行帆船。例如,苏州枫桥,就是历史上的名桥。另外从大街与小巷进入住宅时,必须在河街与水巷上架桥,叫做进门桥。苏州菉葭巷住宅门桥式样很多,湖州、衢州几条主要河街上进门桥花样更多,一宅一桥,一街数桥,犹如进门桥式样的展览。

岸壁——河街与水巷有着许多的设计手法,一般都用方形或条形石块,但是岸壁不是非常平直的,有凸出、有凹入的。苏州大儒巷就是一例,都是根据住宅的大与小产生的。还有一坊之内,水巷之间通连,在岸壁下砌成暗洞,苏州张家桥住宅就是明显的例子。

码头——在河街与水巷的一定部位,设置码头。码头分为大小两种:大码头装卸货物;小码头上下行人。码头口一般平直铺砌,距离水面较近,均用石条构成,干净整洁。有的小码头常常是住宅内一户专用的,设在宅门旁边或设在后门,在码头口加建码头栅栏。苏州城的学士街沿河专用码头即是一个例证。

水门——凡有河街的城镇,当河水通至城墙外,必然建设水城门。我国古代城市建设水门很早。北宋东京城建设了许多水门,汴河南角门子谓之东水门,汴河北角门子谓之西水门,外城惠民河上水门谓之广利门,汴河南水门谓之大通门,汴河北水门谓之东北水门。南宋平江府城、静江府城(桂林)都有水门的设置。此外衢州城西城门为水门,苏州盘门也是水门。

护栏——凡是河街与道路并行衔接边部(岸边)常做护栏,以防行人坠入河中。护栏外用石料做成,有石墩、石板、矮墙等各种方式。

今天,我们在江南地区建设城镇时,要考虑水网规划,要研究河街与水巷设计方法,吸取古代城建优秀方法。

历代都城街坊划分及尺度概念

我国历代的都城,代表一个历史时期内当朝的最主要的城池,一般规模都比较大。一个城池建设城墙及其附属等项工程中,首要的即是道路交通规划和街坊问题。

街坊是城池中重要的组成部分,首先街坊的形状主要根据道路规划,东西南北道路必然纵横相交,构成矩形或方形的街坊。那就是说,街坊尺度的来源是根据道路的距离产生的。一个街坊是四面临街,人们居住其间,若是大的街坊,在坊内再划分十字街。重要的街坊,建设坊墙,开设坊门,以利人们出入。例如:唐代长安城,占地很广,其中的街坊即有坊墙、坊门。为了维护社会安定,实行夜禁制度,即是每个街坊四面都建设坊墙,四面开设坊门。到了夜间规定的时间,将坊门关闭,不许人们随便出入,这样可以保证街坊内的安全。

曹魏邺城,全城占地面积36万平方米,据后来推测,全城有街坊30个;

唐代长安城,全城面积有7820万平方米,全城有街坊108个:

北宋东京城(汴梁城),全城面积有1920万平方米,城内有街坊120个;

元代大都南北长6500米,东西宽2500米,总面积有1625万平方米,全城街坊按胡同规划,就不能按元以前那样来按个计算;

明清北京城总面积6000万平方米,街坊数目已无法计算。

从元明清三个朝代的街坊看,已不能按方块计算,已出现条形街坊,数目甚多。

街坊的产生,应当从商周时代城池开始,一直延续到明清,从都城到一般的城池都建有街坊。

街坊再划分为街巷,然后安排合院建筑,不过在街坊里的街道有的再做十字街,有的则根据房屋建筑后形成的小路相通,小路并非直通,例如唐长安城内的街坊里则有"坊曲"之小路,由此可见是自然形成的并非有规划的直路。在元代大都城,在街坊中还有很窄的路,名曰"墙缝"。由这些例证可以推知,坊间路是窄小的。

商、周时代,郑州商城、周王城,城墙皆存在;战国时代齐、楚、燕、韩、赵、魏、秦,各国都城建址及残墙亦存在,但是都已看不到街坊之划分。西汉长安城虽有城址,全城已被宫廷建筑占去2/3,到三国两晋南北朝,只从曹魏邺城看出街坊的尺度,每个街坊长700米宽700米,显出街坊的完整性。唐代长安城街坊尺度,小者400米×400米,大者500米×500米。唐代东都洛阳城街坊尺度为800米×800米。北宋东京城的街坊尺度有三种规格:100米×600米、120米×700米、130

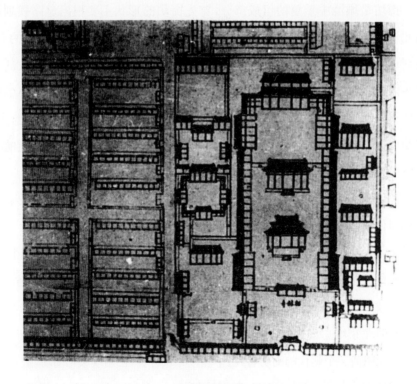

北京城街坊图

米×150米。到明清时代北京城的街坊以各胡同之间为街坊，每条胡同之间宽130米，东西长1300米，合17万平方米。

根据以上情况，观察曹魏邺城与唐代东城洛阳城街坊尺度比较大，北宋东京城的街坊尺度略小，但是，这都是根据每一个城池的街坊的方块面积尺度分析的。因为元代以前的各个城池规划街坊尺度都以方块来划分的。到元明清三个时代都城的街坊的形象不以方块来考虑，主要是发展"大街小巷"的街坊尺度方式作为规划的基本概念。街坊都是按胡同与胡同之间的条形尺度来划分的。例如元大都的胡同，有三种标准尺度；明清时代的北京城，也以两条胡同之间的距离作为街坊的标准尺度。

关于城池里的斜街

我国古代建城、建都都讲究"中"字，正如《礼记》所云：中庸之道，不偏谓之中。中者，中间也。按《三礼图》中的周王城图来看，宫城居中，规划方整，全城每面三个城门，大街直通，皇宫建在城的中间。这是我国古代城池规划与建设的标准，这其中没有一条斜街。人们自然遵守建设，但是我国版图甚大，加之交通不便，在各地建城，也出现许多斜街，这是自然形成的。但是在都城建设中，由于地形的状况，或是河道贯穿全城，或是引河入城，在这样的情况下，就出现了斜街。

在我国历史上，都城规划中多多少少会有一些斜街。虽然斜街数量并不太多，但是毕竟是一种现象，不论怎样，斜街之出现丰富了规划的内容。

春秋战国时期，齐国的临淄城，基本上都是笔直的大街，但在宫殿区就有一条斜街十分明显。

唐代时的属国渤海国东京城，全城有三条斜街。

　　北宋东京城从旧曹门到新曹门之间有南斜街、北斜街、牛行街,这三条都是斜街,都向东北方向倾斜。其原因主要是由于五丈河从宋宫城东北角到东北水门之间为一条斜的河道。同样在宫城之西北角向西北水门之金水河也是一条斜向的河。所以从东华门经阊阖门,到固子门之间的这一条梁门大街也是一条斜街,这是受到金水河的影响产生的。

　　在东京城的东南方向,从周桥到大通门之间也有一条斜方向的河,即是汴河东半段,在它的影响下又出现一条斜街,即是从周桥到旧宋门又到新宋门之间又是斜街。除此之外在拱宸门外有斜街,安远门外有一条祆庙斜街。总的来看,北宋东京城即有这五条斜街。宋元时代泉州城已有两条斜街,一条是清净寺门前大街斜向西北方向,另一条是子城中心经过开元寺斜向西北方向,这两条斜街至今犹存。明代南京城也有斜街,其中一条是自钟鼓楼斜向西仪凤门。四川成都清代旧城,皇城正方形,为正南正北方向,但是宫城之外的街巷全部做东北—西南方向,全部做斜街。在北京城里,宣武门外有下斜街;在崇文门外有东河漕、北河漕、珠营胡同、续子胡同、王太乙胡同,都是斜街;和平门外有李铁拐斜街、樱桃斜街、观音寺斜街;在前门外偏东有大蒋象胡同、大席胡同、冰窖胡同,长巷下头条、二条、三条、四条、草厂,从一条到九条都是斜街;在内城里的鼓楼西大街、大石碑胡同、烟袋斜街、什刹海的南端羊房胡同也都是斜街。其中最长的斜街当属北沟沿(今改名赵登禹路),北部从新街口的崇元观,南边到宣武门的国会街,长有五里。这些斜街,基本上都是由于当年城里有河道,沿河而形成的。至于外县县城也常有斜街出现。例如:山西石楼县城有两条斜街是东南—西北方向。宁乡县城有东北、西北方向斜街。闻喜县城南门至西门为一条斜街。这也是由于河道之旧迹,水干之后或者河水未干时所形成的以及自然地势所影响的。当年,对全城进行正式规划之时,尽量使全城遵循古制,不能用斜街来破坏城池的街道之方正性。一座城池的建立,对斜街是要尽力避免的,虽然一旦出现,对交通没有影响,有时还达到方便的程度,但是对传统习惯之礼制有破坏性,如没有河道等的影响基本上不会出现斜街。这是古代城市规划的一条原则。

斜街的出现，最主要的是在建设房屋时不好设计，房屋建筑达不到正南正北方向要求，如果坚持南北方位，那么沿河街（斜街）的房屋院墙就十分不整齐。如果将房屋面向斜街，也造成锯齿形，十分不整齐。这样的建筑布局难以整合，会形成局限性。特别是晚清、近代数十年间，有些城市里出现以广场为中心的放射性道路，这当然都是斜街，这是从外传来的，并非传统的式样，对这个问题，要适当避免为好。

对城池里奇异形道路的剖析

我国历史悠久，古代城池数量甚多，这是世界上任何一个国家也比不上的。笔者对各城池的道路已分别论述，本文再将城池中存在的奇异形道路，引在一起，进行归纳，发掘道路的特色。关于各种奇异形的道路，都不是随便勾画的，开这样的路，也是有一定的目的与意义。我们要在新城建设时，也要创造我们所需要的路，推出新型路。下面将新发掘的奇异形道路分别剖析如下。

袋状路　这种路用北京的话来说，就是"死胡同"。这样的路如从路口进入，大约10米～20米长左右，也有弯曲的，也有略宽的，但是这个路都是不直通的，车马行人，都不能通过，是一条死胡同。人们如果误入死胡同之中，还得转出来。其实，当建城做规划时，这是有意做出来的，从战略上思考，诱敌深入，一举包围全歼敌人，这是从军事防御的观点出发的。

丁头路　在城池的建立中，曾普遍出现过许多丁头路，此路不直通，当敌人入城到端头时，从两侧的道路可以交路，进行火力交叉，起码它能使敌人迷路。这也是从军事上考虑的。

端头路　这是一条路走到端头，因已到城墙根路不通了，这样的路在每一个城中还是很多的，到端头，也没有什么景物之观览。

裤裆路 地方叫做岔口路,实际上一条路通过来,再分两条路,中间建成一庙或一寺,这种裤裆路在呼和浩特市特别多,其他各城市也经常出现。

斜向路(街路) 在一座整整齐齐的规划中,出现一条或两条斜路,这是为了通行方便,但是斜路不能多,也不能太普遍。例如北京宣武门外,有上斜街、下斜街、百米斜街;如西河沿,是由于过去有一条水沟,在水干涸之后,沿河修路,因此这条路是弯弯曲曲的。在外地,也常常有斜向路出现,如石楼县城,宁乡县城,交城县城等都有斜向路的出现。

墙缝 这是很窄的小巷子,两侧都是大院墙,墙与墙之间的一条缝隙,其宽度仅仅可以通过一人,大约60厘米~70厘米,这种路是在大建筑大院路建设时留出的小巷,因为过于窄小,人们称之为"墙缝"。在元代大都城里(北京城的前身),就有墙缝之存在。我们查阅文献尚有记载。

坊曲 在唐代长安城中,长安城有108坊,每坊在街上有大型建筑,在坊内还有小路通行,小路都做井字路。其中民居排得满满的,其间的小路不直通,是弯曲的,所以当地人都叫坊曲。坊曲者,即是坊内之小型曲路。这应当是唐代的叫法,也是唐人的语言。

顺城路 每座城池,都形成一个路网,在路网的外围路距城墙之间还有8米~10米宽度,就在这个宽度之中,再做3米~4米的小路,此路曰顺城路或叫沿城路。从实际情况来看,凡是顺城路都没有正式做路面,因为路的一侧是城墙,一侧是环状路,这种小路,通行的人较少,而且是穷困的居民,往往房屋是破烂的。

沿江路 也有的叫沿河路,因为一个城池选址,不是沿江,就是沿着河边,所以在沿江、沿河,都有通路,这种通路,在旧中国时代,由于不修路,弄得又脏又破烂。在旧中国没有城建费,很多应当修建的路,都不能修建,搞得杂乱无章。新中国建立后,对沿城路、沿河路的修建提上日程。笔者认为凡是临大江、大河的城池,都要用石块砌筑江堤、河堤,上部开平路,人们走在上面赏心悦目,石堤整洁焕然一新,不再烂泥成堆,无法收拾。

对裆路 用两个裤裆形路左右相对,成为 商业楼 这样形式。这样形式的路，从一端到另一端分岔为两条平行路，到一定长度，两条路再合而为一。两条平行路中间建筑出长条型商业楼，这样人们可以从四面八方进入。这种情况叫做对裆路。例如吉林市有一条路叫做牛马行，中间做菜楼，就是对裆路的实例。

八卦路　八卦路中心是一个空场，四面八方的路伸向空场，构成放射形状，这种路称之谓八卦路。也就是说八条路最终都归入一个空场。例如长春就有这样的路。

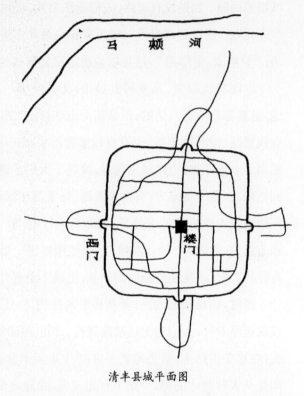

清丰县城平面图

拐角路　这种路是从两个方向通向两路交叉口时做90度角，这样的路在许多城池中都有出现。例如闻喜县城、沁县县城、徐沟县城。

以上不同的路在城池里解决许多问题，这都是先人们的思考与规划，也是一种创造性的成果。

古代城镇路面的解决

古代城镇之中，蕴藏很多的知识和经验。以道路而言，更是丰富多彩。不论是小城，中等的城以及较大的城池，其中都有不同的道路，它是不可缺少的，是城镇的命脉。如果没有道路，人们无法出入，货物不能流通，一切谈不上，则成为一座死城。所以道路交通对城市来说也是非常重要的。我们古人流行的一句谚语："要想富，先修路"，这足以说明道路是何等的重要呀！

中国历代以来，从乡村到城市，无论往哪一个方向去，都是土路、小路、毛道，虽然都是四通八达的，但是路面无法行走。那个时代，处处都是土路路网，没有钱修路，没有钱架桥，也没有钱修建漫水路……只好在那土路上行走，年积月累由于水土流失，土路越走越深，就等于人们走进深沟一样。笔者20世纪60年代到达陕北、晋北等地方，有很多条路，每条都在深沟中。民间流传一句土语："多年的道儿走成河。"一条土路，经常有人行走，车马也行入其中，这样，时间久了，水土流失，就成为一个"道槽"。由道槽再进一步变成大深沟。加之当时当地没有经济力量，不能建设稳固的路基，更谈不上有什么路面。

当时，离城较远的路，要从那里通行的话，还可能遭到土匪路霸的抢劫。不仅仅道路难行，人们也无法沿路通行。20世纪60年代初期，笔者到达晋北入平型关，在这条道路上，听当地老乡讲："宁走天下廿三省，不走灵邱到大营。"我们即是从大营到达灵邱，一路上行走三天，路途高低不平，怪石挡道，七上八下，无法前进！

城镇里的道路，同样也是很难行走，也是无法通行。例如清代的北京城，全城也是土路，居民流传说："无风三尺土，下雨满街泥。"如今天新疆的喀什市，人们到那里之后，满街黄土洗面。

城镇里要整修道路，进行城市建设的工匠们想出办法，开采石条，用石条块铺路面，这当然是比较好的办法。但是要有石山方可开采石块，石条要有开采之工，然后运输，还需要运输工；搬运到工地之后，对石条进行加工，起码对一条石块要四面加工，露出之表面要开凿平整；另外还得有铺砌之工。这样计算铺设石条路，一般来看是铺不起的，因为用钱过多。不过就在这样的情况下，许多城镇还是照常制作，照常采用加工后的石块、石条铺路的，而且都是满铺石块。例如浙江绍兴、苏州、宁波、湖州、南京、镇江、杭州、衢州……都用石块、石条铺路。其他如广东、广西、四川、湖南、江苏等地都如此。

另外,还有一种方法,在每一条路,只在道路中心顺长铺成三块石条并列,按道路长度铺砌,石块的两侧还是用土,这种方法实用节俭。例如广西贺州、梧州,湖北安陆等地都采用这个方法。每块石条宽60厘米,三块石顺路延长。天津的旧街三条石大街就是一例。江南以及广大的南方各城镇,用石条来铺设路面是比较普遍的。除此之外,在码头、港口、桥头、岸壁等地,用石条铺砌路面尤其多。在没有水泥的情况下,用石条块铺路还是科学的,既防泥土,又讲卫生,又保持路面的硬度,车子、行人十分方便。古代各城镇里的石匠、石工都有充分的经验。我们应当向他们吸取铺石条块的经验,这对我们改造旧城,建设新城有一定的借鉴意义。

今天我们在天安门广场、王府井大街改建中,都满铺石块,加工极其细致,磨石对缝,做得平整,没有任何裂纹,人走在上面,感觉真是爽朗、明快、美观、清洁、大方、宽敞。

城镇里的骑楼

骑楼是在大街两侧带有前廊的楼房。近百年来,在一些大城市中的主要商业街,都用两层或三层楼房,第一层为商店带有前廊,二层楼上住人家或者也作为商场,骑于廊子之上,这样方式的构造叫做骑楼。当时社会上钢筋混凝土不发达,建骑楼都用砖木混合式的构造砖柱,承担木楼板,在这样的情况下,只能做二三层楼。由于街道地皮昂贵,所以店铺相接,楼与楼相连,因此楼下的廊子也接连相通,这就是骑楼产生及其面貌之大略也。

关于骑楼之功用,由于大街面上两侧骑楼的廊子相接、相通,沿街通行,人们可以在廊子里行走,这样就可以防雨、防风,炎炎夏日又可以防晒、遮阳。人们在廊子里行走,又十分安全,没有车马之碰撞。

骑楼的式样,有单间、双间、三间及至五间大小不一,但是外廊是相通的,这种建筑,做得过于简单,没有什么雕刻与绘画,也没有什么大的奇异的构造出现。这种骑楼建筑,不重华丽,这主要是由于近百年来,沿袭古代传统,军阀割据,国家不强盛,经济力量贫乏所致也。

广州骑楼

在民居大宅,人家住房,也有不少建设骑楼,性质相同,但是这种骑楼,它并不建在大街之旁,而是在住宅区。构造方法和式样,都没有很大的差异。从大街上看,凡是闹区,商业中心,几乎都建造骑楼,比比皆是。特别是南方各省、各市的商业街,建设骑楼也是普遍的现象。骑楼的间宽尺度大致4米左右,皆用砖造方柱,骑楼廊子的宽度以3米为主,个别部分也有4米宽的。总的来看,行人如流水,畅通无阻,并没有行人拥挤的现象。骑楼之特点:外廊普遍用砖柱,砖柱之尺度方形,每面37厘米～40厘米不等。柱表面与墙壁都涂抹白石灰,显得格外清洁、卫生。个别的骑楼还用钢筋混凝土结构,这样立柱之尺度减小,每面约25厘米×25厘米左右。

骑楼的产生,是继承先人遗意,从古代建筑外的走廊发展而来。溯本求源,远在二里头遗址时代就看出有围廊环绕房屋,以后经过周、秦、汉以来,廊子接连不断,它已成为建筑组群中不可缺少的一项建筑,从围廊到片儿廊,从内廊到外廊,比比皆是。到元明清各时代,都一一继承下来,人们的单座住房有前廊,住宅房屋都有前廊。在这样情况影响下,房屋的外檐廊比较普遍。因此骑楼建设,就应运而生。

因此,看长江以南的广大城市里的商业大街,骑楼建得比较普遍。这种骑楼建筑,从清代中叶一直沿用到民国年间,广泛地发展。当前,我们到南方所看到的骑楼，大多数是民国以来建造的。

　　骑楼建筑，质量不算高级，尤其是艺术性差，没有那种比较重要的装修，看起来并不美观。它仅仅能达到适用而已。关于骑楼的发展，没有什么前景。不过骑楼，在旧式商业街仍然在使用，它是历史发展中的一种建筑式样。

第六章　城池建设与水

城池与用水的关系

我国古代城池大大小小不下千座,每个城池都有自己独立的规划。造城时看看水是从哪个方向来的,与大河的远近,一般都尽量使城池靠近大河或紧临河水。

城池里有许多水眼,水眼即是水池子、水塘之类。所谓水眼即是靠天然之水,也就是下雨雪的积水,这样天长地久形成较强的水势。有的城池将大河引入城中,有的城池规划将大河穿城而过,水过城处,建设水门。

山西阳泉北部之平定县城,就是一个很好的例证。

平定县城地处北方干旱地区,大河之水亦不是太多,每当下大雨时,大河河水丰盈。至今每当河水上涨,城内市民无不为之高兴。北宋时代东京城有五条水系进入城中。五丈河、金水河、汴河……都是活水,都是从东到西弯曲贯通进入城内。水上架桥,仅仅汴河上的桥就有数十座。运用五条大河穿城而过,这是其他城池比不上的。

中国古代都城都有水系。秦咸阳城,北魏洛阳城,西汉长安城,唐长安城与洛阳城,元明清的北京城更有很大的水系。江南地区的城池基本上都有水网,河街水巷。

例如苏州城、绍兴城。每一条街,都有一条河道,构成水网系。每条河道路过街口,上部架桥,一般来看桥式花样翻新,一桥一样,使得城镇风光秀美。例如唐时扬州城里有二十多座桥,正如唐诗云:"二十四桥明月夜,玉人何处教吹箫"的语句,形容当时扬州城的繁华。

在我国大西北的干旱地区,大戈壁滩上也建设城池,那时也竭尽全力使城池里有水。这里的水一靠自然界的雨水;二靠地下水,尽力打井取水。

吉林省的一个小镇,叫法特哈门镇,在建镇时利用大河,大河从东向西横穿镇中心,在河上架一座大石桥,是全镇的中心。大雨来临时,大河水势上升,使得镇中一片清新,一切污浊之气荡然无存,城镇的面貌为之一新。

河南沁阳县城,过去是府城,即当年的怀庆府。城池里人家不多。各大宅中门都有一个池塘,有面积大的,也有面积小的,全部栽植莲花,十分美观。这样的府城池塘当然是很少见到的。

浙江湖州城与大运河相连,同时还有其他河,形成一片水网。住宅街巷一户接一户,一排接一排,每排每户的大门都在河边。从外面进入住宅时,家家都有"门桥"——进门的小桥,几乎是一桥一样。

浙江路桥镇,有十几里长。这条住宅长街,是沿河布局的,河水多长,房屋就建设多长,成为路桥长街,十分有意义。城池里的寺院、庙宇都有池塘,特别是古代的书院讲堂四面有水,用水包围,取"孔子读书在泗水"之意。

古代城池里引水入城的方式

我国古代城池引水入城的方式主要采取城池周围以及城池内部河道支流与分流入城之时的水,但是大多数都是在城池紧临的河道中引水。

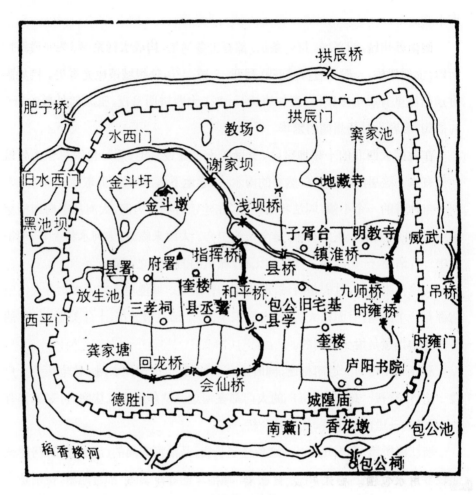

合肥城示意图

　　我国南方城池,在城池内部调济河水。护城河水与大河连通,再由护城河与城内支流相通。

　　城池引水入城之后, 城内对水的规划手法都是采取弯曲与现状相结合的,在城内形成一个水网,如苏州城、绍兴城等等,规划得比较整齐。一条水为河街,一条水为水巷,南北与东西相交,水网整齐。一般城池的水网都比较简单,并不像苏州城、绍兴城那样全城成为水网,水系也不那样多,仅仅有几条弯曲河道而已。

城池引入河水分流式样手法颇多,现在根据十几座城池的实例分析如下:

象山城 城池形状又方又圆。从南到北穿入一条河水,而这条河是弯曲的,南端从南门之西入城,北端即从北门之西穿过,在通过城墙处建造水门。另一条河从南门之东进城,通过九曲池即九道湾从北门之东出城。在东门之南又有一条河入城,构成不整齐的水网。

定海城 是一座不整齐的长方形城。河道从城的正南引入城中,在城间做三道湾流,东西三面有水,城河躲开城门,另从城东又引一支河流从东门之南入城。

宁波城 全城卵形。从护城河南部引入城中,再弯流于西,从城门之南出城。

慈溪城 全城略为方形。河水从东门之南,横穿西门之南出城,河上架桥三座。

上海旧城 基本上是圆形。河道从南面引入与西门南端引之河水连通,再从东门之南又引入一条河水,至西门处再曲折流入北,再向东,构成迂回状态。

奉化县城 全城矩形。河道从西城之南进入又穿出,中间两条河水曲曲弯流,构成简单的网状。

金门县 城为方形。河道从东城门之南引入,河道在城内盘旋为圆形,然后再从中取水。

溧阳县 全城为椭圆形城池。河道从城东南方向引入城中的,再弯于西北方向出城,设有上下水关。

青浦城 全城为圆形。水系为龟形,在城内环绕一圆圈,东部伸出二道支流,西部伸出二道支流,全城支流南与北都出城,故形成龟形。

松江城 全城为矩形。河道自东南方向引入,在城内环作矩形。南北两条直流在东城,又一条河流从西向东弯向北端,构成全城的水网。

安徽寿州城 在城内西南角有控制水位的设施。利用这个设施,在城内进水多时排出一部分,水少时使水能更多地入城。这是在过去建城时建造的,这个控制水量的设施,到今天还保持良好的状态。

对水网城池的分析

我国江南地区,河流纵横,湖池数量很多,水流畅通,构成水网。把城池故意设计成水网式城池,由于水流成网,故在水上架桥,同时使全城增加画景,人们居住其间,心旷神怡,这是水网城池的特征。

在一座水网城池中,东西方向有数十条河,南北方向有数十条河,这些河道互相交叉成网状,河道有宽有窄,有四十五度弯流,也有蓄水为池或者在城之边缘蓄水成湖。在城里除了人行道路,即是水网。增加水道,构成水网,水网各条河道上都要架桥,这是与其他非水网城池大不相同处。在河水出城的部位建城门,叫做水门。在一座城池之中构成这样的水网,是非常有意义的。

上海地区松江府城 它是一座水网城池,全城四周是护城河,水从南城墙进城,北城墙出城,东西城墙各一处进水。城池内部东西方向有六至七道水,南北方向也有六至七道水,同时在全城内还有九十度角水弯、水头、端头蓄水池。总的来看,水的通流,宽窄相差不多,出现一种平行与垂直的水系布局。

松江府城内有这样多的水道贯穿全城,纵横交错,互相接连,构成水网,在我国古代城池史上意义非凡。城内水多,桥就多,四通八达,桥总计将近百座。另在城池之周边还蓄水为湖。凡是水流过城墙之时,都建有券门,名曰水关,水关即是水门。

在城池中有"松江分司"这一大组建筑,四面均以水包围,进门首先入桥。南禅寺和仙鹤观这两大组建筑也是用水包围。松江府城,可以说是一座有代表意义的水网城池。

青浦县城 是一座正圆形的城池,护城河环绕,全城五处入水,东城池内部构成一组水网。城内水网还出现四个端头,这样布局的街道叫做死胡同(袋状路），那么，水路就叫做端头河（袋状河），其实水路与旱路都是相同的。河上架桥数十座，城池是河道布局，曲曲弯弯，设计新颖，在整齐的城里，出现极不规则的城河水网，确实给全城带来一种自然式的美景，人们在其中居住，非常惬意，自由自在。

苏州古城　这是一座接近方形而且是比较整齐的城池。全城的主要水道，东西方向有数条大河。南北方向也有数十条河道。东西南北还有许多小水巷，河街与水巷之上架桥，全城有260多座，而且都是石桥，桥的式样十分丰富。苏州的河街与水巷四通八达，每条河街与水巷的两岸岸壁砌筑石块。

除了这些还有绍兴城、湖州城、衢州城、宁波城……这些都是水网城池。

城池内外的池与湖

在水网城池内外，往往有小池与湖水，个别的是挖筑的，但绝大部分都是自然形成的。

小池与湖水在城内紧临城壁，池水与湖水的大小深浅大都是自然形成的。城内外小池与湖水的点缀，增加城池风光，因为有水，湖岸必有树，所以它成为一种园林景观。

参注：《中华民国全图》，1946年台北版。

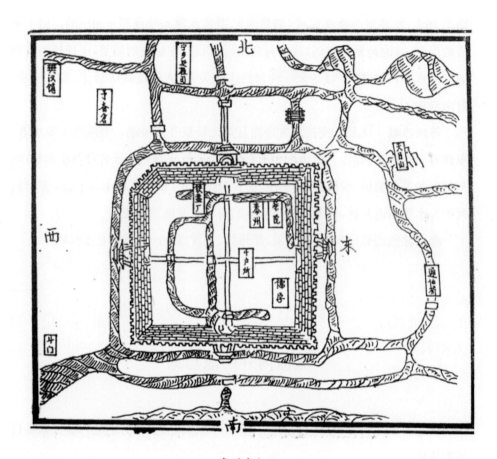

泰州城水网

城镇里对水井的设置

　　水与人们的生活关系最为密切,尤其是在人们聚居的地方。古代城镇离不开水,寺院、庙宇也离不开水,在这些建筑组群中蓄水有池,如观音池、莲花池、碧水池、净碧池……在南方的大寺院布局中,常常运用"水院寺"。一进入寺院山门,全院便是水,从山门到大雄宝殿要过桥,从正殿到后殿也要过桥,从东西两廊进入大殿、后殿、藏经阁也都要过桥,这是中国佛寺建设水院寺的特征。在有的大住宅里,例如南方各地围屋,往往在门前建池蓄水。

除此之外,还要大量地运用地下水,若用地下水,必然要打井。水井也是逐步发展的。据考证,春秋战国时就有井了,但是从汉代才开始看到"井"的实物。汉代的井筒,已用井圈,从河南一些古城中的汉井来看,井圈用陶制成,直径1.2米,圈厚10厘米,圈高80厘米,每圈之上再加一圈,层层如此。井筒深度一般从5米～30米不等。打井若是打到泉眼上,那就更有意义了。

北宋东京城里有很多井,从东半城的街巷名称就可看出有水井,有东一条甜水巷、东二条甜水巷、东三条甜水巷,由此可知这里有井,而且这个地方井水是甜的。明清以来,建的水井更多。北京城里的井也颇多,从大井沿胡同、四眼井胡同、金井胡同、甘井胡同、湿井胡同、八角琉璃井胡同、板井胡同、高井胡同、沙井胡同、后井胡同、苦水井胡同、大铜井胡同、甜水井胡同……这些胡同之名称,完全可以证明北京城内很多地方都有水井。特别是当时没有上水与下水的系统工程之时,当然这更是需要打井,百姓生活要用井水。在皇宫各处、王府大宅、大的合院建筑中都有水井之存在,例如由于清珍妃投井,至今还保留的"珍妃井"。

笔者在考察古城时随处可看到古井。例如安徽亳州留下来的古井,用这个古井的水做酒,名为古井酒,非常有名,酒味醇厚,倍加香甜。广西贺县是一座古城, 大街上处处有古井,当地的古井、井筒都用石材做井圈,这种井圈很干净, 从下到上, 井筒里没有灰土。他们取水都是用铁绳向上拉, 必要时, 把井绳荡在石井筒的石壁上, 可以省拉力, 但是

南宋杭州十眼井

年深日久，绳子将石井筒已磨成深沟。桐城、淮阳、杭州、湖州、南京的井筒也是相同的。深圳之北有沙井古镇，从这个镇名来说，即是"井"，这个井中有沙，但是沙子沉于井水底部，可以防止泥土混入，当地井水特别清洁，所以镇名叫"沙井"。沙井之井同样也做石井圈，式样统一，与古井基本上没有区别。

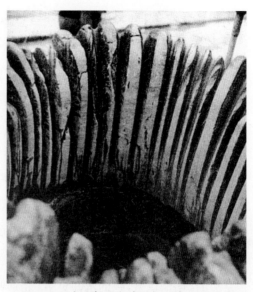

广西贺县水井绳锯石沟

我国东北地区的水井，都采取木板井筒，当地名词叫做井墩，一般打井完成，放入井下的木板井筒，板厚10厘米，长宽各1.2米，井筒平面方形，四角都用木制榫卯，井筒若是20米～30米深之时，木井框也要20米～30米的深度，施工时安装井框，层层垛起，一直通到地面。井筒在地面叫做井沿，这时在井边再做一个单独挑悬式的木柱，横向穿通木制滚轴，边部镶入一个弓形摇把，打水时，挑水的人则用弓形扶手转动，即将井绳缠在滚筒之上，逐步将井水提筒拉入井筒之外，这个名字叫做"乌拉把"，这可能是满语。一旦井

广西贺县水井

筒之中井框腐朽了，这时把井框一个个提到井口外部，再局部换新的井框。旧时代人们常把井当做神来供奉，每至春节，家家户户到井房烧香叩头，贴对联："井泉龙王爷　大吉大利"，显见人们对水井的重视。

岸壁与码头

我们的先人非常聪明,利用块石、条石、乱石砌筑岩壁,不论大河小溪,凡是有水之处,都用石材砌筑岸壁,一劳永逸。

一条河街,一条水巷,上下有码头,码头也是用块石砌筑。远古时代,人们对建筑材料的认知有限,经过思考,采用石块来砌筑,这是一种绝佳的材料。

用石块来砌筑岸壁,选好基础,然后砌岸壁墙,实际上是前边挡水,后部挡土;前边有水的压力,后部有土的压力,岸壁起到一种扭力作用,这必然要经过精心设计。否则,其宽度和力量不够之时,岸壁易于塌倒。在封建社会,人们不会设计,只凭经验施工,主要是将岸壁这个挡土加厚。至于岸壁之壁体,石块大小,尺度之不同,这些都没有任何影响。

码头是河道上下岸的出入口,船只停靠之处,从岸上向下做45度角之斜台阶,从上到下做成斜坡台阶踏道(如同城墙的砖砌马道),在临水之处选做一个小型平台,以利人们上下行走,成了缓冲地带,这里也是船只卸货上货的活动地方。这个小型码头的阶道踏步,不必再设栏杆,人们习以为常。

还有一种码头是住宅的后门码头,在建设住宅之时,住宅后墙即与岸壁相仿,旁为码头,上下十几个踏道。也有的码头退入院内,台阶前用栅栏拦住。例如苏州某家桥通至住宅,河街之水伸入院中,河口之上用大石板为过梁,上部照常建设房屋,而且这一段岸壁用非常整齐的条石砌筑,砌法一条石一丁头,层层相错,水面石块共六层。江苏周庄的沈家宅院就是一个典型的例子。

水门、水栅、水闸

在建设城池之时，引河入城中，必然要穿过城墙，这样必然要设水门。水门也叫水关，对它进行设置，要考虑战争因素、全城水陆交通以及运输等等。

一座城池水门的设置要根据引水入城的河道多少来定。

水门式样与城门基本相同，不同的是水门不做木板门扇，不能用双扇门打开与关闭，城墙上水门照常做城楼，门洞开券门。

水门采用铁水栅，这个门栅必须按券门门洞的高度与宽度制作。

试举我国古代有水门的城池如下：

华亭县城　有水关两处，采取一城门一水门相并而建。

汉中府城　引水从城之东关堡城进入，然后又从堡城北部流出，南北斜面各建水门一座。

青浦县城　全城四个水门，水门也称水关。

太湖县城　河水入城后绕城内一周，构成圆形，有四个水门，南北各一，西城两个。

金山县城　河水从城东南角入城，从西北出城，上下各建水门一座。

上海旧城　东墙水门有三座，西边水门一座。

松江县城　东

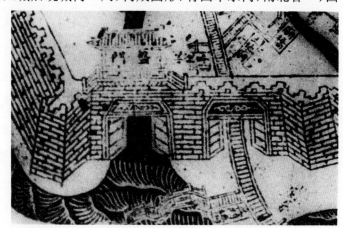

苏州盘门水门

南京武庙闸进水口

寿州城水闸控制口

西南北各面有一水门一城门,每面水门与城门并列。

象山县城 全城为秃三角形。南二水门,西北一水门,南水门东西二座,中间为城门,三门并列。

蓟县城 水门从西南入,又从西侧流出,共两个水门。

慈溪县城 河水于全城两个水门东西贯通。

瑞安县城 一条河水从南到北贯通全城,中间分支流,一条向东,一条向东南,共四个水门。

丹徒县城 全城为不整齐的形状,河水从东南流向西北出城,建水门二座。

大河引入城池之手法

　　古之安阳殷墟,靠水临河;战国燕下都选址北易水、中易水之间来建都城;春秋时代郑国都城,战国时代的韩国都城,即是郑韩故城,全城东北方面紧临洧水,西面又临黄河;南朝的建康城,城东至朱雀门南部有一条水,从北部引水入城,通过华林苑,到大司马门都有河水;北魏洛阳城南门外有洛水。唐代长安城大明宫之紫宸殿北有太液池。唐之东都洛阳城,用水更多,洛水贯通全城,南半城引入两条水,北半部引入三条水,城西还有大河。北宋时代东京城,有四条大河入城;蔡河在南城弯曲入城;汴河贯通全城之东西方向;五丈河贯通北城;金水河斜向注入西北。明清时代北京城,从玉泉山引水通三海,然后与护城河连通。

　　以上都城规划对水的运用,在不同的情况下进行不同的处理。特别是利用大河穿过全城,表现出了我们的祖先的高超技艺和大胆创造,规划者的设计能有这样大的气魄,真令人佩服!

宁波鄞江桥

苏州枫桥

苏州城河

第七章　城池与山的关系

古代建城对山的运用

古代城市建设,涉及很多学问,诸如方位学、规划学、水运学、气候学、风向学、地理学、经济学、军事学等等。其中特别注重对山的运用和处理。

古代建城,一般都要依山靠水。周围无山,城镇乏味。实在需要在平地建城时,也要尽可能运用远山,这也是规划的一种手法。

建城时有意识地将山包在城中,可以随时随地瞭望城外,侦察敌情。当敌人攻城时,城内有山,可以随时在制高点上还击敌人,加强防御。一座城池里有山,可以登高远望,观览城乡风光。城里城外民居、寺观等一旦遇到火警,可随时得知,一般在平地城中,都建有望火楼,在山城中即将望火楼建在山顶端。南宋静江府城建设时,即将望火楼建在一个山上。城内有山,使得城池的规划、布局、建筑安排都出现很深刻的变化而避免呆板。

古代城池大部分都建在山的附近,将山与城池密切连结在一起。北京城外有百花山、西山、阳台山、万寿山、香山、玉泉山……济南城有千佛山;洛阳城南有龙门山;西安城南有终南山;兰州城有皋兰山;吉林城有北大山;南京城有紫金山、栖霞山、幕府山;徐州城有狮子山、白云山、云龙山、凤凰山;镇江城有焦山、金山；海莲城有后云台山；苏州城有狮子山、虎丘山、天平山、上方山、灵岩山；杭州城有凤凰山、天竺山；明州城（宁波）有天童山、阿育王山；芜湖有大宫山；武昌城有洪山、龟山、蛇山、珞珈山；台州城池有中子山；长沙城有岳麓山……

　　有时还将山的一部分包在城池中，以便据守山头，保护城池。如定远营城（今内蒙古阿拉善旗巴音浩特）半个城在山上。沂州城有西山。巴颜鄂佛罗边门镇城有葛家山，都将山的一部分包在城中。这些都属于半山城。

　　古代甚至常将城池建在山顶上，成为"山城"或"山上城"。这样就更加安全了。在山顶建城，汉代就有。如荥阳县广武山汉楚二王城，辽宁辑安高句丽时代的丸都城，吉林龙潭山古城皆是。河南平顶山城，湖北武当山紫金城，荥阳大周山圣寿寺城，奉节县白帝山白帝城，这些历史名城，一直保存到今天。

　　除此之外，还有在山麓建城，用山作为城池的依靠与背景的。如泰山下的泰安城，衡山下的衡东城，华山下的华阴县城，恒山下的浑源县城，卦山下的交城，其他如巴东城、秭归城、吉林城、长白县城、锡林浩特城、定远营等等，都是依山建城的。

　　以全城（或宫殿、寺庙、陵寝等大建筑群）中轴线面对一山，构成一组对景，将山运用于前沿或后端，这在古代城市规划中也是常见的。远远望去，前后各有山景，成为对景，气魄雄壮。例如隋唐时代东都洛阳城，城中心前端为龙门山双阙；明代南京城以宫城为中心面向正南方牛首山双阙；嵩山中岳庙主轴终点为黄盖山；凤阳城主轴终点为凤凰山；北京清故宫主轴线上终点为景山等等。

　　南京城城里城外都有山，南京城规划与山的关系密切。其中的钟山，又称紫金山，高达500米，是南京的主要山脉。六朝时代山上有寺庙70多处，今日的灵谷寺是其中之一。覆舟山，俗称小九华山，在太平门里，上建九华寺、三藏塔。鸡笼山在城北，建有北极阁。小五台山上建有随园，为清代诗人袁枚的花园。清凉山在汉中门内，也叫石头山，山顶还有清凉寺遗址。冶城山在水西门内，山上建有冶城寺。尧化门往东有栖霞山，山上枫树甚多，每到深秋，红叶漫山，故有"春游牛首，秋游栖霞"的谚语。狮子山在兴中门里，山麓建有天妃宫。牛首山在中华门外，山的双阙高插云霄，正对六朝都城宣阳门。佛教的"牛头禅"即发源在这里。

另外还有三山、青龙山、方山、祖堂山、雁门山等。

杭州城周围的名山更多。宝石山,建有保淑塔;葛岭山,建有初阳台;天竺山,建有天竺寺;棋盘山,其下有龙井;青龙山,建有石屋洞;马鞍山,山下为九溪;翁家山,建有烟霞洞;月轮山,其上有六和塔。其他则有九华山、凤凰山、将台山、九曜山、南屏山、三台山、老和山……

桂林城的山有独秀峰。当年建设府城时,将独秀峰包在城中。东北城角为伏波山,正北为叠彩山、铁封山,城西北为宝积山、鹦鹉山,城东南为象鼻山。还有芦笛岩、老人山、西山、隐山、南屏山、塔山、穿山、月牙山、普陀山、骆驼山、屏风山等等。

苏州城的山都在全城的西南部,计有桐并山、华山、天池山、狮子山、天平山、灵岩山、横山、上方山、龙头山、白湖山、石公山、金铎山、洞堂山等。北京城、重庆城、西安城、济南城、扬州城、台州城、贵阳城、吉林城、肇庆城等城市,都巧妙地运用了山的优势。

城外山的处理

建城选址要取吉佳之地,向阳的平地。如果在所建的城池之外部有山,要倚山建城,如果山离全城比较远,要把城池建设在山的东面与南面,就是说应当依山向阳。在城的北部或西北部有山为好,东南方向开阔,把城池建在这样的地势,这样的位置极佳。用吉祥话语为:吉利平安如意之地。对于建设住宅,尤其是大宅来说,选这样的位置,当然也是后有倚靠,前有阳光的。山距城池的距离,远在数十里,或十数里均可。

如果近山建城,山距离城池不算太远,为六七里或是三四里之时,在这样的情况下,城内有些寺院、庙宇可移至山间,或建在山中,这样使城外的山与城池达到有机的联系。

如果靠山建城,也就是城外有山,山与城墙接近,这叫靠山城。城池内部的建筑建在山顶或山巅,如望楼、炮台或者是寺院、庙宇。

以下是对各地的实例分析——

象山县城　在城的东、西、北三面有群山环绕,南面有河,地势开阔,这样的选地甚佳。

太湖县城　县城四周都有山,而且山接山,山连山,这又是一种方式。

丹徒县城　北依大江,西部有群山,个个山峰挺拔,足有20多座,每座山峰都有寺院、庙宇,成为丹徒县城外的游览名胜。

岢岚县城　西城墙贴山建立,而且城靠山。在山与城墙之间有河流,构成护城河,这是一种特殊的布局方式。

兴县县城　四面都有锦屏山,城的东西面各有两座山,每个山顶都建筑寺庙,西端的山有庆安寺、五福寺;东边有栖霞观、寿圣寺。

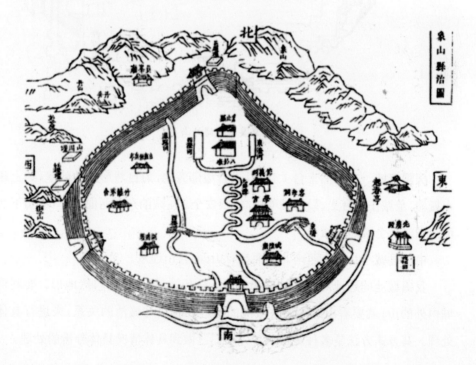

象山县城的外山

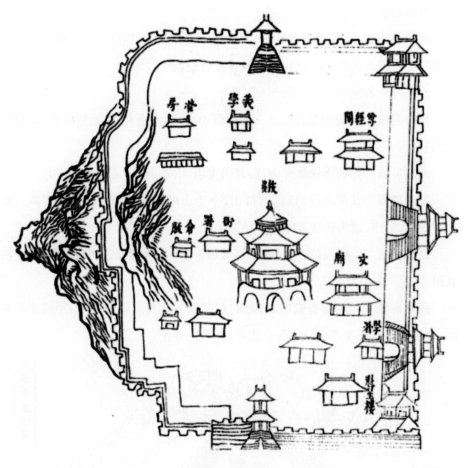

岢岚县县城的外山

庆阳府城 在自然土台上建城,土台边部旁侧,为自然形成的陡壁,其上建土城墙,全城在土台上,显得城墙极高,很安全。在城的东西两面皆有山,山下的河流则成为全城的护城河。

中部县城 县城东西南北四面都有山,而且山连水。

我国城池的选地对山的处理和运用十分巧妙,善于利用自然地形。要利用城内外的山,就要看山的距离与城池的远近、高低、与城池的关系,来进行具体处理。其方式方法是多种多样的。先人们已做到具体情况具体分析的处理。

慈溪县城

　　慈溪城在浙江省余姚县之东北,地处杭州湾之南岸。也是从绍兴到宁波路上的一个大县。县城距浒山甚近,在这里又设海防城,是明代海防要地。

　　慈溪城为梯形,四个城角为圆弧状态,全城七个城门,南城门一个,北、东、西城门各开两个。城门洞为券门,上部做楼,从图上来看城门没有名称,也不设瓮城。

　　城的四周,有护城河围绕,南城墙有两道护城河,东西城各建一条,东城的

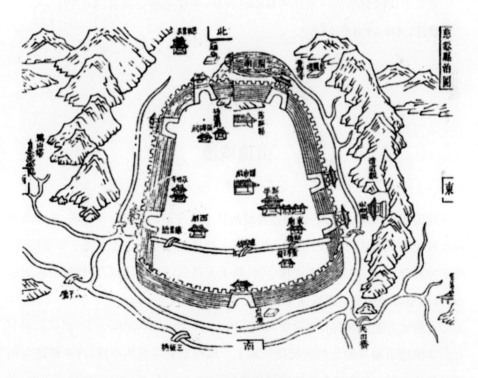

慈溪县城城外山

护城河,到北关。北城门之外有阚湖,护城河流入其中。同时,在东西靠南的城门之南侧,从护城河,引入城中一条河,东西方向贯通全城。

这座城,东郊与西郊有南北方向的山,而且是山连山,在这两排山之间的平地建城,选址是非常适中的。

城内的建筑有:东庙、县学、关帝殿、慈溪县署、城隍庙、张孝子祠、永明寺、西庙。另有三个大桥,一曰新桥,二曰骢马桥,三曰德星桥。其他地段为居民住房。

城外的建筑有:南门外有夹田桥、三板桥、太平桥、管山亭城。东门外有清道观、先农殿、邑厉坛、普济寺。北城外有:阚湖、社稷坛、慈湖书院。西城外有鹏山寺与鹏山塔。

这座古城呈梯形,别有风情,这样的规划方式是十分少见的,有山又有水,还蓄湖存水,寺观庙齐备,特别是河水东西贯通,引水入城,这是格外有意义的。

笔者于1961曾年到达浙江考察浙江民居,顺便考察慈溪县城。

参注: 光绪《宁波府治》卷之一。

山顶城池

我国封建时期,在山的顶端建设城池是非常普遍的。在山顶建城,将城池建在山顶较为平坦处,其名曰山城。要在山之顶端建造城池主要是用于军事防卫,便于控制全城。一旦敌人来进攻之时,防卫人员从山顶端可以及时窥探,占据远山,目的是为了保卫山下城池居民的安全。

有的地方把山城称作"山寨"。

我国建山城从南北朝时代就开始了。现存东北各地的山城,许多都是高句丽时代的山城。遗留到今天的有通化地区山城子山城,集安地区高句丽山城,吉林地区东团山子山城、凤凰山山城、亮甲山山城。

此外,还有内蒙古地区大青山山岭子山城、贺兰山三关城、吕梁山万胜城、太行山小石顶子山城、荥阳越佛寨山城、河南平顶山山城,等等。

河南平顶山城在城北五六千米处。平顶山高处略有平地,特别是从南部观察,平顶上空地东西约计2000米,其西有落凫山与之媲美,四周山峦重叠,形势险峻,真是一处天然大屏障。这个地方过去属于叶县,地处叶县、郏县、宝丰三个县交界处。风沙较大,自古以来人烟稀少,

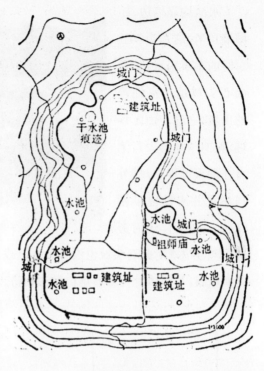

平顶山城平面图

在这座平顶山的山顶端建造一座石头城,工程浩大,气魄宏伟。1971年春,笔者登上平顶山考察访古。

河南平顶山城,石头墙高大迂回延伸,极其壮观。墙体用乱石砌成,全城作"丁"字形,南北长3000米,东西长2500米,在南城中间,有南北城墙一道,分为东西两部,沿墙一周大约6500米,雄踞于山之顶,以山为寨,控制南北山川,进可攻,退可守,是一处军防要塞。石城墙墙高8米,下宽4米,上部宽3.3米,城台宽2.3米,前部挡墙宽约6米,墙体构造外宽1.4米,内宽0.7米,中间夹杂一些碎石、粗沙,异常坚固,枪眼距地面7米处,每隔1.8米有一个洞眼,墙体具有鲜明的侧脚。全城有7个城门,每个城门都有马道,平而直上,城门位置尚在。

在城内偏东有一座祖师庙,目前仅余5间正殿,均为清光绪时期重修之建筑。南城东西有房十几间,目前只有基地。还有14个水池,每个水池直径为50米,周围用乱石砌筑,池水已干涸了。

水池均靠墙边，距城墙10米，这是当年驻军时的军事用水，平顶山石头城是一座纯粹的山城，它建在山之顶端，城的规划甚大。笔者在勘查过程中，城外与城里并未发现早期文物，也没有任何旁

平顶山城的石城墙

证，《叶县志》对此石头城也没有什么记载。城墙、城台犹似明代做法，城墙垛口带有枪眼，与明清时代城墙雉口做法相仿。

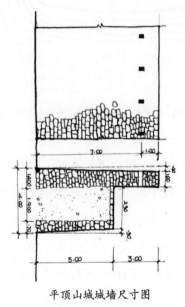

平顶山城城墙尺寸图

平顶山城石城墙西段

第八章　城乡商肆与桥梁

古代城乡商肆与集市

自古以来，我国各地区的气候、物产、风俗不同，生产状况也不一样，人们要进行物产交换，以物换物，以货换货，互通有无。后来又进一步用钱币购物，以物换钱，进行交易。人们要进行交易，就必然要有场所。这个场所就是商肆与集市。

汉唐时代在城池里的商肆，并非在大街的两侧，在做城池规划时，就将商业店铺集中到一起，占用一条街坊或更多的街坊。例如唐代的长安城即设有两个商业中心——东市与西市。东西市街面积相同，每条市街长500米，宽480米，东市的面积有20000平方米～40000平方米。人们要购物，买东西，都要到东市或西市去购买，其他大街上没有商店，没有购物处。

后来一直到北宋时代的东京城，大街上才开始出现商肆、酒楼以及各种店铺。据孟元老《东京梦华录》一书所记述的各条大街两侧都有商店，还有在一些街巷形成闹市和商业集中点，全城显得格外繁华。

北宋东京城内商肆种类甚多。有：

商店　在大相国寺内外书肆甚多，其中有专营碑帖、历史书刊、画册的。

当铺　全城街巷设当铺有数十家，家家都挂上招牌。

瓦子（大型演艺场所） 在内城东部杨楼街、东角楼街、马行街、州桥、州桥东街、州西瓦子、梁门大街瓦子等等。

药铺 在曹门、牛行街、南北讲堂巷、州西瓦子附近朱雀门、宣德楼都有药行、药铺。

餐馆 其中各店叫卖的有：包子、馒头、春卷、点心、汤团、粉食、胡饼……各种风味，在白矾楼、西车子曲、寺桥、右掖门外……

酒楼 大多都设在主要繁华街巷。如新门里、旧郑门外、梁门西大街、载楼门里、绣楼以东十字大街。计有：高阳正店、杨楼、白矾楼、长庆楼、清风楼、唐家酒店等等。

还有珠宝玉器店、果子行、花店……此外，茶馆是最好的生意。因为东京城开夜市，所以酒楼、茶馆都经营到深夜。从东京城开始，我国古代城池的各条街道都建设商肆。虽然相距千年之久，当时街面上与今天的城市大街面貌相差无几。除此之外，在城市里大门高店之外，还在一些街巷、桥头、空场、河边有些零散的集市，这种集市占地不大，人数不多。

集市是民间乡村进行交易的场所，这是一种原始形态的交易市场。从四川出土的汉代画像石的材料可得知汉代市场的生动状态。从图中看，在东市门内，鼓楼之旁，老乡进行交易。其中有卖棺材的、卖菜的、卖鸡的，还有做泥工的……场面非常生动。从汉代以后，在广大乡村，常常利用庙宇附近、寺院前端、市井中、大桥桥头、河岸边缘，占用城镇空场部位，使四面八方的人们来集市赶集进行货物交易。在集市中有柴草市、鱼市、牛马市、粮食市、功夫市。这些都是单人行商、卖酒、卖肉、卖小食品，五行八作应有尽有。还有唱戏的、变戏法的、要把式的、拉洋片的、卖药的、唱大鼓说书的、唱蹦子（评剧）的……乡镇集市热闹非凡。

关于集市的时间分为几种：一种是鬼市子，天刚亮时，人已满集，到早8时人四散走了。一种是正常集市，早8时到下午2时，正是热闹时刻，这一天集市人员拥挤不堪。还有的集市并非天天赶集，由公家规定集市日期，如每月之奇数日有集市，有的以偶数日为集市，也有的地方每五天一个集市，这是时间间隔最长的集市了。

　　有的小村没有集市，如果需要购置什么物品，乡民们还得从10里或20里之外的地方，到大镇去赶集。在这样的情况下，乡民在路上往返达到6个小时，赶集的时间都被往返路途消耗了，尤其是赶集行路，又带着物品，这是十分困难的。

　　在乡村，有时利用庙会作为集市，这样的集市增大，赶集的人加倍增多，人们一方面赶集，也利用这个机会看庙会，他们为了看戏，又来赶集，这当然是一举两得的好方法。

对古城镇里空场的认识

　　空场即是专用地段，在这里不能进行建筑，也没有房屋，是一种保留地。在任何一座城池，或大或小，一般都有空场的。城池若大，那么其空场即分二三处，城池若小，空场也随之而小。空场的位置一般都在城边、城角或者在房屋稀疏地区，这里的空场可以随时应用，若从方向来看，空场都设在城门边缘或城北部，或城西北方向，一般设在住宅房屋少的地界。

　　在各个城池以及村镇，还要设校场、教场、操场、草场……

　　校场　城镇内的校场，通常在城市的空闲地带，主要是为了练兵，准备进行战争，故于每月择日定期练兵。过去在北京城就有两处校场——一处位于日坛南部，其地尚有一座大碑，名曰：清校场碑。碑文大致意思是：

　　金亡于学习汉人风俗，以致逐渐文弱，终为蒙古所灭，我朝自关外入主中原，即因人民习武善战，故能一举灭明。凡我满人以金人为前车之鉴，勿蹈覆辙，如能保持原有风气，始免为人破灭。

　　另一处位于宣武门外的西南方向，至今该地尚有校场头条胡同之名。清代早期，宣武门外没有多少房屋，都是一片麦田，如朱国祚有诗云：秋日出城天已凉,南望太行楚天长。宣武门外夕阳里,荞麦花开似故乡。

　　由这首诗可以说明当时的情况。除北京外,其他城市,都有校场的。

　　教场　教场的发展在唐以后。它也是平日练兵的场所,这是固定的。据《宋史·礼志》记载:教场为练兵的场地,宋高宗赵构皇帝幸教场,观看操练习武之场面,此外,还亲自到教场进行阅兵。以后到明代、清代,主要城池都有教场,特别是战略要地也都有教场,例如湖北安陆城即有教场。

　　教坊　是进行演艺音乐的专用场地。唐武德年间,皇帝常到蓬莱宫教坊。唐以后在京师设左右教坊,例如长安城、东都洛阳城各设教坊。以后,宋、明两代继续设教坊。

　　操场　当时在各城池时利用空地做大操场,一方面城市居民可以习操练之功,也是衙门里举办演武的主要场地。后来在操场附近创办学宫。学宫与操场结合。

　　市场　即在各城镇里,专卖物品的集市。在南方城池,利用桥头、水巷之边缘部位,摆设鱼、虾、蔬菜。

　　草场　草场即长满青草之场地。购买木材、木炭、粮食、柴草、马匹等物品,还是要到大草场去。那里的空场,人烟稀少,可以供大型货物交易,但是也是临时性的,天明后三个小时就要散场了。例如河北正定城,城大房屋少,在城市除有这些空场之外,还有耕地,农田毗连。例如山西省平阳府城,城内四分之一的用地作为兵营,其中当然包括练兵场地。另如沈阳有北大营,吉林城有东大营,不过这些空场、教场都是城内与城外结合的。此处所谓空场,并非今日的广场。

城池中桥的发展

　　如果城池中水网纵横交叉,自然要建许多桥。桥的种类有罗锅桥、拱桥、屋桥、平桥、栏干桥、曲线桥、单券桥、三券桥、尖拱桥、平弧券桥、木桥、竹桥、浮桥、石板桥、石梁桥、石柱桥、锯齿桥、大小石桥、三曲桥、九曲桥、斜板桥、上下折桥、断桥、单跨券桥等等,城市里的桥,弧形桥、小平桥是最多的。每桥有一个名称,每桥有一种式样。

这些桥的设计与建设,都是根据河街与水巷之宽窄,河岸之高低,人员之多少,车子的多寡,交通之流量等进行综合分析而建设的。其中石桥占90%,因为石桥使用年限长,防雨防泥又防火,耐久性强。例如在我国南方,宋代建造的石桥数量相当多,保存至今十分宝贵!

桥是景点集中之地,桥上人员往来,桥下通船,一座桥的两端常常作为早市地点,卖菜、卖早点等。例如:苏州城、绍兴城、衢州城、湖州城等水网城池的每条河街、每条水巷都以桥相连。在每座桥的附近都有桥头文物,桥栏雕琢,供给人们欣赏。其中特别是湖州城,河街与水巷成网,每条住宅大街之旁,建有合院大宅,每个大宅面向大街与河街,因此,当进入大宅之时,必得过河,那么河上即建设出入的进门桥。这个进门桥,一宅至少一个桥,桥的式样有不同,那么在这样的大街上观看,犹如进门桥的展览。小巧玲珑,娇美万端,这真不是寻常的河街。苏州城、绍兴城也都与湖州城基本上相仿。也可以用这桥的诗句来概括:"江南城镇里,景色非一般,河街水巷美,桥式遍城间。"

根据历史上记载:周代已有钜桥,秦始皇作渭水拱桥,汉代又在长安城的建春门做石桥。隋代大匠李春建造的赵州桥,保存到今天都非常完整。到北宋时代,对桥的记载以及实物已比较多了。例如北宋东京城的桥,据《东京梦华录》所记:从外城城中的蔡河来看有观桥、宣泰桥、云骑桥、横桥子、高桥、保康门桥、龙津桥、新桥、太平桥、瞿麦桥、第一座桥、宜梁桥;在汴河上有顺城仓桥、便桥、下土桥、上土桥、寺桥、州桥、浚仪桥、马君衕桥、太师府桥、津梁桥、西浮桥、西水门便桥;五大河街有小横桥、广备桥、菜仔桥、青晖桥、染院桥;金水河上有五王宫桥、金水桥、横桥、白虎桥。

南宋临安城(即是今天的杭州城),据吴自牧《梦粱录》记载,杭州有6条桥道:

第一条大河桥道除有座引桥外,还有登平桥、六部桥、黑桥、州桥、安永桥、国清桥、延寿桥、阜民桥、过军桥、通江桥、望仙桥、阳宫桥、三圣桥、佑圣观桥、荣王府桥、太和楼桥、荐桥、丰乐桥、油醋局桥、盐桥、蒲桥、咸淳仓桥、塌坊桥、林仙寺桥、葛家桥、通济桥、梅家桥、田家桥、普济桥、洋池桥、方家桥、天宗水桥等。

第二条河桥道,有钟公桥、清冷桥等36座。

第三条西河桥道,有众乐桥、瓦子桥等41座。

第四条小西河桥道,有仙惠桥、后门桥等25座。

第五条倚郭城南桥道,有夏家桥、杨婆洋泮桥等103座。

第六条倚郭城北桥道,有127座桥。

这六条桥道桥的总数是363座。

以后到明清时代特别是清代,各城镇建桥颇多。

桂林城:飞鸾桥、花桥、穿山桥、虞山桥、阳桥、雉山桥;

昆明城:南太桥、双龙桥、靖国桥、土桥;

福州城:闽江桥、中州桥、东门桥;

宁波城:灵桥、西板门桥、西城桥、永宁桥为最;

上海城:周家桥、老闸桥、定海桥、向渡桥、提篮桥、八号桥、泥城桥、荷苞桥、竹港桥、杨家桥、陆渡桥为名桥;

南京城:朝阳桥、中华桥、邕江桥;

扬州城:砖桥、双桥;

唐时杭州有二十四州桥;

徐州城:济众桥、坝子桥、庆云桥;

北京城:金水桥、堆云积翠桥、断虹桥、金鳌玉蛛桥、天桥、高亮桥、地安门桥……

城内立交桥

关于立交桥，无论是古代还是当代，对桥的设计用意大都是相同的。我们的先人，在800年前已经建造了立交桥。例如在绍兴市有一座八字桥，就是在800年前建造的立交桥。我们的祖先在科学技术不发达的年代里，用当时仅有的建筑材料，建成这样优美的、复杂的、曲折性强的水陆交通立交桥。此桥证明我们的祖先头脑灵敏、智慧聪明。运用有限的科学技术，建造水陆相交的立交桥，这是一项伟大的创造。

绍兴是浙江省北部的一座有代表性的水网城池。首先是护城河，围绕全城四周，然后再将东西南北的大街、小巷之旁边开辟一条水道，所以每一条街巷并列一条河街与水巷，凡是大街与河街、小巷与水巷、相交之处都一一建造桥梁。根据河街、水巷宽度，水量多少，建造有平桥、拱桥、阶段桥、罗锅桥、拐角形桥以及立交桥，丰富多彩，为城池景观增色。这种规划与设计手法，是我国古代城池规划中的一个特殊点。这种设计不仅仅限于绍兴城，湖州、苏州、无锡、扬州、衢州、温州、杭州……都是这种风格。

八字桥在绍兴城直街东端，它是一座梁式石条桥，主桥做矩形，从外部观察，平梁略有弧形，所以平梁即为曲形（拱形），这样抗压力强。桥的东西两端直接搭入两侧的立柱上，立柱做成排柱，东西立柱（排柱）立在桥下东西两端的石条上，用它作为石础台基，可以使桥架稳。然后在两端立柱之东西各砌横向石条10层，中间填入碎石，做出桥台，上部再装栏杆。

栏杆柱叫望柱，各柱做方形，望柱柱头加束腰并刻出带覆莲的柱头，中间加栏板，为宋式重台钩栏。主桥的高度占柱的2/3。地栿、大华版、盆唇、蜀柱、一斗三升、寻杖均用石雕。栏杆的两端各做抱鼓石。桥中之各坡道做25度，所以南北

绍兴城八字桥　八百年前的立交桥

方向的坡道都比较长。这样的坡度对人们行走十分合适。主桥高6.5米（自水面至曲梁底面尺度），在南部西坡道的边部引桥，有各种形式的平台，以保护坡度侧面的桥台。来往车辆通过桥台可以行至码头。南部西岸坡道至东侧亦建平台，用以保护西坡道的基础。在南部的西坡道下，设孔桥，从西城通入的水流入大河，桥台上部用石条梁铺砌，水巷宽约2.5米。南部坡道的孔桥（东西方向）亦用石梁，把它建在引桥的下端，北部东侧之边缘，坡道边部设有平台，用它来保护东坡道的引桥。

　　主体桥为东西方向，为跨过大河而建。主体桥的东岸，设南北两个坡道；主体桥的西岸，设南坡道，而没有北坡道。在主桥南部东岸有小码头；主桥的北部西岸亦设小码头。东岸北坡道设有踏道，又有车子行道；东岸南坡道有踏道，也有车子行道。南部西岸西坡道的中间，有小型水巷，设平桥一座。南部西坡道旁边，设有一踏道，为进出码头之用。又在南部东坡道西边缘也设一小型码头，北部之西岸也有一小型码头。

八字桥有以下特点：主桥做下直式的梁桥，桥上东西通道，做为全桥的主体，称为第一桥；南部西岸南坡道有东西流水的水巷，架设小型平桥，为第二桥；南部东岸坡道，在引桥之处亦有东西小巷，其上架设小桥，亦做平桥，为第三桥。

八字桥的成功有以下五个方面：

第一，在这一座立交桥上建成3座平桥，各自通达。

第二，在这一座立交桥南北、左右岸建成3条道，人行与车子均适用。

第三，在这一座立交桥中，建造3个码头，以利人们在大河上航行。

第四，在这一座立交桥中，建2个平台为必要时通行。

第五，在这一座立交桥中，跨过3条河，1条南北向的大河，2条东西方向的水巷。

绍兴八字桥的主桥下东侧立柱上有说明此桥建造年代之字样："昔宝祐丙辰仲冬"，即为南宋宝祐四年（1256年）建造的，至今已有700多年的历史。

城池与防火

在中国古代城池里，房屋无论大小，都是以木结构为主体，可木结构房屋一旦发生大火，殃及一片，进而烧遍全城。城池里有火柴厂、油炼厂、木材厂……这些都是易于起火的地方。吉林地处东部山区，接近山林，清代伐木制造江船。这个地方积累的木材很多，木材都是干干的，所以这个地方三天两头失火，人们常说"火烧船厂（吉林），狗咬沈阳，风刮宽城子（长春）"。

经过多年的实践，吉林城的炮台山顶站建立一个"避火图"——即是用大块石砌出一影壁墙。3个辟面，面向吉林城，石上刻3个大的方块，块内砌得平平的，涂上黑的色调，石上砌筑碑顶，下部施用基座，平面凵形，高约416米，厚80厘米。这叫"避火图"。

　　有这样一块"避火图"的建立,希望从此吉林城的火灾逐步减少。实际上这是一种迷信,其实吉林城的大火还是照样烧起来。

　　笔者在考察古建筑过程中,见到各地的防火设施及各种防火方法是有很多的。例如福建各地民居,在建设防火山墙方面,还是名震全国的。

　　福建民居的防火墙　特点如图所示,有的在房屋的山面:

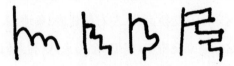

　　有的在大门前:

不论是哪一种式样,这些防火山墙都比屋顶及屋脊分别高出一尺多。因此一家着火,另一家火力蔓延不到外边。

　　挡火石　在山西各地农村,乡民住的房子都用火烧炕,由于气候的原因,至今很多未改,在旧式房屋里烧土炕特别适用。火炕的端头都接连锅台灶,又可做饭,又可烧火炕,这样可以节约薪柴。为了使锅灶台之火与火炕分隔,就在锅灶台与火炕之间加上一块可以移动的石板,如同小型的影壁,名曰"挡火石"。这个挡火石是用石材雕刻的,长40厘米～50厘米,高35厘米,厚达14厘米,下部刻出一个座,座身加宽,放在火炕上,十分稳当。人们在夜里入睡时,唯恐火力过大,可用挡火石,它可挡住火灶里的火燃至锅台上,甚至到炕面上。

　　防火檐　在全国各地建设居住房屋时,常常不用木制老檐檩、檐枋、椽子,而将这些材料改成砖材对缝,用做房檐以及飞檐等等。做斗栱时,也用砖材来做,利用它来防火,叫防火檐。因为在房檐上没有用一点木材,房屋怎样能着火呢? 另外在山墙面之博风板木挑檐也不用木材,檩子出头也不用木做,这样当然是可以防火的。东北三省民间居住房屋常常就是这样做成的。

烟筒板 在东北各地,家家都在正房的房屋东西端部,距离房屋墙壁二三米之处有烟囱,并做出一个烟囱脖(即是1米高的横向烟道),烟是从屋内南北方向火炕流出来的烟,在这个横向烟道之贴近烟囱之处,插上一个木板,叫烟囱板。它是为了阻隔烟道热气外流。白日拿开,夜晚插上,就在这个地方易于起火。

望火楼 根据具体的材料来看,在城池里建造望火楼是从南宋时代静江府城中开始的,南宋以前尚无确切例子。这座望火楼靠近城墙,周围都是山,从山间有一条曲道相通。

望火楼面阔三间,进深两间,是一座重楼。不过从石刻图上看,这座楼是一种干阑式,柱子落地,第二层是楼房,在第二层正面与侧面每一间都开方窗,人们检查火警,从重楼上的窗子外望,观察各个方向的火情。

南宋以前,在各城池中可能早有望火楼,但是都没有具体资料。发现南宋有望火楼是在一幅府城图中绘出的一座楼阁,上面刻有"望火楼"字样从而认定的。

静江府城望火楼

第九章　城池里公共建筑之布局

宫廷建筑群与城池的关系

　　凡是宫廷建筑,都建在各时代的都城,所以宫廷与都城是不可分的。我国历代都城是根据统治阶级的需要来建设的。都城作为国都出现,与当时社会的政治、经济、文化的影响是分不开的。

　　历代都城的宫廷建筑群的位置,是本文中心的议题。

　　宫廷建筑群以皇帝上朝办公的大殿为主,是为皇宫,这其中还包括朝廷所属各个部门,皇帝及家人的居住处。宫廷在都城内的位置,历代以来都不是完全相同的。

　　郑州商城是我国最早的都城。它在河南郑州市内,至今商城尚保存一部分。在河南洛阳的东周王城,这个城地甚宽广,仅在西北城角尚有土堆,估计可能是全城的西北角楼的建筑遗迹。从这两座城内状况来看,宫廷的位置,还不十分明确。

　　战国时代的齐国都城在今天的山东临淄。至今土墙残段仍然屹立,大致可以看出全城的面貌。宫廷建筑群以及桓公台都建于全城的西南小城内。楚郢都,在今湖北荆州正南方数十里,宫廷建筑群位于城中偏北的位置。燕国下都,在河北易县;下都在当年建设时分为两座城,即是东城与西城,二城相接连。宫廷建筑群位于东城的东北城角部位。

春秋时代的郑国与战国时代的韩国,都城是同一座城,即是今天的郑韩故城,位于今河南省新郑县城周围。新郑县城,即建在当年郑韩故城的中心部位。韩国的宫廷建筑群偏于郑韩故城的西北方向,目前尚留土台数个。春秋时代郑国的京城,地址在河南省荥阳县城的正南方向40里左右,笔者于1971年赴城内考察时,偏西城墙尚存在。宫廷建筑群在全城的偏西北方向。秦代咸阳城在今之咸阳市偏东之地,宫廷建筑在全城的偏东南方向。

西汉时代的长安城,在今陕西西安的西北方向,渭水之南,至今全城土墙尚留遗址。它的宫廷建筑,如桂宫、未央宫、长乐宫均在全城之南,近于西南,只有桂宫偏西,其总面积约占全城2/3的面积。

曹魏邺城,在今天的河北省临漳县境内,宫廷建筑群位于全城的北半部,偏于西北方向。

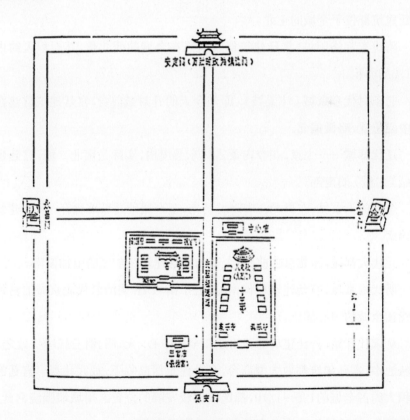

清朝沈阳中卫城皇宫总体布局

　　建业与建康城,是孙吴时代和六朝时的都城,即今天的南京,据分析简图来看,全城方形,宫廷建筑群在全城中心偏西北方向。

　　统万城的位置在陕西榆林城北部与内蒙古伊克昭盟(今鄂尔多斯市)交界处。这就是当年的大夏国统万城,为赫连勃勃所筑,全城用蒸土筑城的方法,在建筑史上是一座有名的城池。宫廷建筑群的位置,偏于全城的东侧。

　　北魏洛阳城,在今河南洛阳城的北部,全城呈南北长形状。其中宫廷建筑群在全城中心偏西。

　　唐代长安城,全城面积广大,当时它在世界上也是第一流的城池,分区以及道路规划是整整齐齐的。其中的宫廷建筑群如太极宫在全城的中轴偏北,紧靠北城墙;大明宫建在城外的东北角;兴庆宫仅贴东城墙偏北。

　　渤海国东京城,建于唐代中晚期,位于在今黑龙江省宁安县境,全城方形。宫廷建筑群位于全城的正北。

　　隋唐东都洛阳城,宫廷建筑群紧紧靠在全城的西北角,其面积大约占全城的1/6的面积。

　　北宋时代东京城(汴梁城),即是今天的开封城前身,宫廷建筑群建在全城的中心位置,略微偏北。

　　辽代都城——上京,在今内蒙古林东县境内,实际是南北二城,宫廷建筑在北城(主城)的南部。

　　金代的上京城,在黑龙江省阿城县南,至今城址之城墙犹存。宫廷建筑在全城偏南。

　　元代大都城,即北京之前身,大都的宫廷建筑在全城的中轴偏南。

　　明代南京城,宫廷建筑群偏南城,近于南城墙;明清时代北京城的宫廷建筑群建在全城的中心部位。

　　从宋代开始,宫廷建筑群开始建在全城中心。元、明、清三代皆仿效之。在历代城池中,宫廷建筑都做大型高台,高台建筑居高临下,威武壮观。宫廷的建筑面积大约占全城的1/6～1/10,都选取比较安静的位置。用城墙围绕宫廷,内外严格区分,统治机构安排在宫廷之中,以集中为主。

城池里的县级衙署建筑

县衙署一般选在县城内中心或略偏的位置,地点适中。坐北向南,阳光明亮,署前道路宽广。

州府各级都有府署衙署存在,当县长即"县太爷"上任的第一件事,就是建衙署。

县级衙署前端为县级办公的地方,"县太爷"上任的场所,衙署的后半部即是"县太爷"的私人住宅,这就是采取古制"前堂后寝"的方式。

中国民间流传一句话:"衙门口朝南开,要打官司拿钱来。"正如蒲松龄在愤慨中大骂的一句话:"官虎吏狼",衙门里没一个好人。当然这是指封建时期的县太爷们。

在县级城池里,衙门是最大的建筑群,20世纪60年代笔者到达山西考察古代建筑之时,到达各县,见到保存完好的封建县衙古建筑群。每个县衙都有大

洪洞县大堂外景

堂,设计式样总的来看基本都是大同小异的。县衙大堂,面阔大,进深长,气势宏伟。有的县衙大堂是从元代遗留下来的建筑,为数不少。明代建筑就更多了。但是要找比元代更早的县衙署就不好找了。现存的主要是清代重建的。

太原府衙署　层层大院子,房屋甚多,大有府第森严的感觉。后来移用大军阀阎锡山的旧住宅,其规模更广大,建筑质量也比较高。若从《太原府志》附图来看,只用四座四坡水的大殿来代表,每座殿有门窗、基座、双扇板门、彩画、台阶,屋顶大脊,重重相叠,十分壮观。

陕西韩城县衙署　用一个大四合院为代表,正门三间做四坡水屋顶,四廊各做挑山式双坡顶,正堂三间至五间,做庑殿顶。典史署为两进院,门与殿各做庑殿顶,总之房屋一大片。

溧阳县城衙署　有一个大院子,用大墙包围,中轴线上没有大影壁,进门后有两个左右朝房,硬山顶。衙署大门做重楼式,下开券门,上为城楼;再前进为三间前堂,左右长廊相连通大堂,大堂带有戟架,二屋三间,后部两栋即是太爷之住宅,东西各有捕署,承署各院房屋层层排列,总体来看规模甚大。

奉贤县署　此县署设计得更加有气魄,署门前在中轴线南端设雁翅影壁,东西牌坊,均列戟架,署门构成三合式。进入正门,非常有气魄,门内两厢,东为仓社,西做内监,再进入其中即为衙署之大堂、二堂、东西堂、正堂,由五组建筑组成。房屋组群高低相错,真是十分壮观。

淄川县署　位于全城东北的中心,位置适中。署前大空场,非常有气魄。县署位于中轴线上,自南向北的建筑依次有影壁,为一字大影壁;进而为谯楼,谯楼下开券门,上做单檐楼式;进而为县大堂,前廊后抱厦,十分壮丽。大堂面洞五间五脊,铺灰瓦。堂之左右各有配殿,作为办公处所,县太爷住宅当然在衙署之后,这是正常的布局。

潞安府署　位于中轴线上,最前端放上党门,这是代表潞安府的一个标志。上党门之左右有钟楼与鼓楼。进入府署之正门,两侧为八字影壁。正门为三门屋宇式大门,进入后有大四合院。这是对府署的大概叙述,实际上府署里的房屋甚多。府署之西侧有试院,东侧为留山亭、德风亭,非常绮丽。

奉化衙署　正对全城之南门。从南门进城后,进入眼帘的就是县衙署的大门。大门做券门,上为门楼,进而为县署大门,亦为券门,后部中心即为奉化县大堂,大堂之后还有房屋。

浮梁县衙署　在南门之内,紧临南门内之东西大道。为县衙署专门建一座城池,城池仅包括县衙署。在中轴线上置门面阔数间,进而为御门,连排建设,犹似牌坊门,再进入为县级大堂,面阔三间,再进入之后,即为三间楼阁,而且高楼又带平座、栏杆,前院为三座厢房,后院东西面各有三座厢殿,老树盈门,颇显古老,后楼之后,还有高屋。

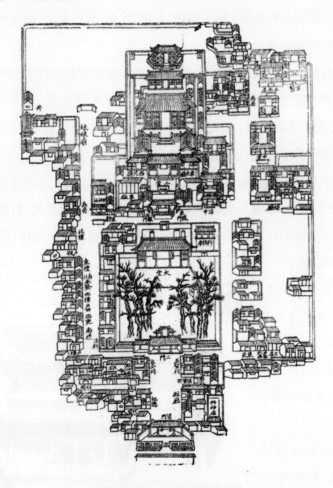

顺天府署全图

城池中心部位景观建筑

我国古代城池基本上都做成方形，这是主流。其中的道路划分，小者为十字大街，井字大街，四个十字大街，九个十字大街……不论大小，在城池的中心部位都要设一座标志性楼阁。例如钟楼、鼓楼、更楼、牌坊等等，将这些建筑作为全城的中心部位的景观建筑。

关于古代城池建设的资料极少，在这方面进行研究也有很大困难。古代城池建设的内容极为丰富，过去战争频仍，这样就在军事防御上非常着力。作为安全防卫，还是非常必要的。从现存遗址、遗物、古文献的记载中看，各地城池中心景观建筑式样甚多，这充分反映了先人的智慧。

城池中心部位的景观建筑在古代方形城池中，一般在东西南北几条"十字大街"交叉口处建造，这一建筑从东西南北四条大街都能看见，而且这样的建筑必然营造出城池的壮观氛围来。在中心街口设钟楼、鼓楼、谯楼、更楼、戏楼、牌楼、望楼、古塔、庙宇……这些建筑建在城中心，除了主要是发挥各种建筑的作用功能之外，还要壮观街景，供人们往来欣赏，增加城池的美观效果。

陕西省西安市中心有钟楼。钟楼两层，设有回廊环绕，可进一

西安钟楼

步观览市容。

呼和浩特新城是清代建造的,在十字大街上设钟楼，建在15米见方的高台上，东西南北开券门相通，上建两层楼阁,第一层3间，第二层亦3间,上下檐都做单檐顶,十分壮观。

沈阳城中心有钟楼与鼓楼,甘肃省酒泉城中心有鼓楼,山西省汾城县中心有鼓楼,孝义县城中心为中阳

惠远城鼓楼

楼,平遥城、太谷城中心都设钟楼。在青海乐都县城建有戏楼,山西省大仁县城中心建有4座单牌楼,从四面看就知道县城中心要到了。山西省陵川县城的古陵楼,实际是崇安寺的山门,楼下层单檐,上层为重檐,做得十分壮丽。

蓟州城鼓楼

山西运城鼓楼

孝义县中阳楼

张掖鼓楼

城池里的庙宇

　　庙宇是城池公共建筑中的重要部分。庙宇直接关联着人们的精神生活,在封建社会时期,庙宇是人们精神生活的主要支柱,这与封建社会的思想有关。于是庙宇兴起,同时庙宇的格局与标准也有了自己的形式。

　　一个城池的庙宇,首先要设的五大建筑即是文庙（孔子庙）、武庙（关帝庙）、城隍庙、泰山庙、马神庙。以下是各个城市的庙宇:

西 宁 城	武庙	关帝庙	城隍庙	火神庙	关王庙
华阳县城	孔子庙	马王庙	城隍庙	文庙	关帝庙	牛王庙
汉中县城	孔子庙	武庙	关帝庙	城隍庙	东岳庙	西岳庙
太谷县城	东岳庙	孔子庙	关帝庙	三官庙	城隍庙	神霄庙
丹徒县城	武庙	文庙	万寿寺	火神庙	荆王庙	奎文阁

太湖县城	关帝庙	斗母庙	元妙观	城隍庙	孔子庙
奉化县城	火神庙	关帝庙	城隍庙	三义庙	
岢岚县城	娘娘庙	城隍庙	真武庙	关帝庙	八蜡庙	宴公庙
	火神庙	炎帝庙	玄帝庙		
甘 州 城	关帝庙	马王庙	三皇庙	城隍庙	东岳庙	西岳庙
祥符县城	东岳庙	孔子庙	关帝庙	城隍庙	火神庙
安 庆 城	关帝庙	火神庙	药王庙	龙王庙	天后庙	城隍庙
徐沟县城	文庙	关王庙	结义庙	增福财神庙	真武庙
平 凉 城	火神庙	马神庙	城隍庙	三圣庙	财神庙	文庙

这些庙宇建筑做得特别巧妙,艺术性很强。若用现代建筑的语言来说,它是质量好、水平高、设计的技艺多姿多彩,都体现着地方性与各民族传统艺术特色。

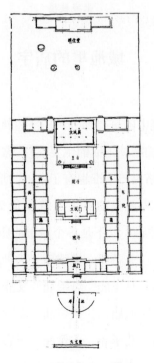

襄城县文庙总平面图

城池里的寺院

同样,佛教寺院也是城池内公共建筑之一。寺院是佛教做佛事的集中地点,供奉佛像,学经法,进行佛教活动的场所。寺院有大有小,僧众有多也有少,根据各种因素而建。从乡村到城市,从平地到深山,从东海之滨到海外,佛教的历史悠久,影响甚广。

南北朝时期北魏洛阳城里有寺院、大寺20多座,仅永宁寺及永宁寺塔,就可看出其规模。到隋唐时代长安城里的寺院更多。例如保存到今天的——

大慈恩寺、兴教寺、香积寺、荐福寺、青龙寺、华严寺⋯⋯

北宋东京城——

开宝寺、相国寺、祐国寺、繁台寺⋯⋯

北京城——

护国寺、隆福寺⋯⋯

南京城——

长干寺、宏觉寺、栖霞寺⋯⋯

从今天来看,城内一般有几处重要的寺院,其余的都建在城外近郊。在旧金山最热闹的中国城中心有一座金山圣寺。建筑在城内的寺院,规模都比较大,有许多寺院,附建高塔,十分华丽气派。

现将全国各城池里的寺院分析如下——

甘州城　圆通寺　水普寺　广庆寺　崇庆寺(五层塔)　宏仁寺(七层塔)　万寿寺(七层塔)

松江城　普照寺　本一禅院　　南禅寺

苏州城　瑞光寺　报国寺　南禅寺　遥光寺　东禅寺　天宁寺　华严寺
珠明寺　双塔寺　昭庆寺　大智寺

嘉兴城	水西寺	祥符寺	报国寺	精严寺	金明寺	天宁寺
临洮县城	乾清寺	安积寺	广通寺	万寿寺	普觉寺	圆通寺	隆喜寺
	宝塔寺	广福寺	圆觉寺			
大谷县城	普慈寺	安祥寺	万相寺	定福寺		
天津县城	望海寺	稽古寺	海光寺	大寺	达摩寺	通州寺	圣教寺
	文殊寺	无量寺	慈航寺	静安寺	天成寺	
华亭县城	禅定寺	云峰寺	普照寺	南禅寺	马鸣寺	
高淳县城	崇明寺（七层塔）	唐巷寺	吕坊寺			
宁波城	天宁寺	天封寺（十三层塔）		延庆寺		

甘肃夏河拉卜楞寺全寺鸟瞰图

城池里的书院

　　城池里的公共建筑除了庙宇寺院之外，还有书院。我国古代各城池都相应地建有书院。建书院的目的是要尊重孔孟，重视经学，发展教育，提倡文化。这是自古以来中华民族优秀文化传承的一种组织形式。书院有两种：一种是政府部门创办的；一种是地方士绅集体出资创办的。其中心思想是提倡国粹，教习经学、史学，使年轻人逐步学习，明大义，明是非，重天伦，懂得诗书礼仪。

　　书院最早设立的朝代，据现存的资料看是唐代。唐明皇在长安城就建立"丽正书院"，也就是从那时开始有书院。到宋代，有名的四大书院是：在应天建立应天书院；在长沙建立岳麓书院；在衡阳建立石鼓书院；在庐山建立白麓洞书院。到目前为止，四大书院的房屋建筑大部分仍然保持完好。其他如嵩山嵩阳书院至今留有房屋，但商丘的睢溪书院已全部拆光了。

以下是各城市的书院：

甘肃华亭县谷阳山，建有求忠书院；

云顺港内，建有景贤书院；

城南门里迎仪桥，建有大观书院；

长治城内东南角，建有宝庆书院；

溧阳县城内东北角，建有平凌书院；

陕西韩城县北门里，建有北门书院；

汉中府城内东南角，建有东湖书院；

宁波城西南，建有平湖书院；

丹徒县城东门里，建有高公书院；

祥符县城内西南角，建有大梁书院；

阳湖金台书院；

中部县城西北角，建中部书院；

安庆城内北城，建有凤鸣书院。

我国台湾地区有许多书院，从台北到台南，建立的书院已达60多处。至于书院内部布局什么样，我们从阳湖金台书院来观察，便知其大概——

金台书院布局以中轴线贯穿。大门外做雁翅影壁一堵，上覆檐顶。金台书院大门平面三间，屋顶为四阿式，在台基之上立柱，三间门做柜马叉子，即是今日的直棍栅栏，入门之后左右为裙房，既是房屋，又是门墙，合

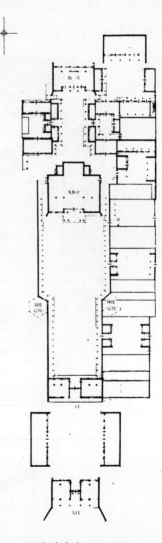

西安关中书院平面图

而为一。第二门曰垂花门,亦为三间,柱与梁之交接处,全部做花牙子,左五间为西厅,各厅之明间可以出入,其余各间满做大花窗。东西两侧是东西厢房,做硬山式顶,做五间。中轴线上第三进,做面阔三间的正厅,敞厅台基上立柱,柱头与梁枋交接,承担庑殿顶,三间大厅前檐不做门窗,三间窗栅,檐下边是四个大字"广育群才"。厅之左为西文场,右为东文场,每场各十一间,同样做硬山式顶。第四进为书院讲堂,同样做大三间,台基,立柱接梁枋,屋顶也做庑殿顶,前廊也做大花窗。讲堂与正厅两侧用栅栏相接,讲堂的两侧面也用斜栅栏与东西端部各划出半间,作为通道,两端之房屋均做大花窗。西北角与东北角,各用围墙壁

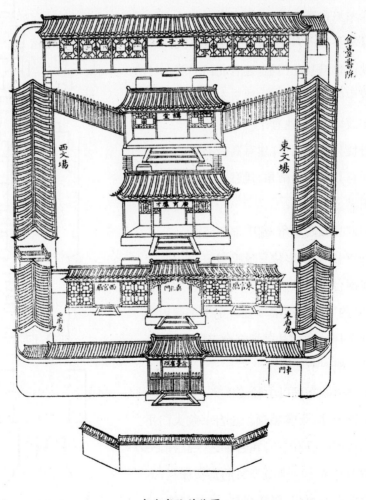

金台书院总体图

包柱。这就是金台书院的总体布局式样。

其实书院是发展儒学、藏书、讲学、读书、讲座之所，有书院之建立，可以教育人才，学校所不能办的由书院补充。特别是在光绪年间以后，书院在全国各地广为建立。从全国来看，每个县城都建有书院。新中国建立之后，这些书院逐步被拆除或改建。

今天在一个城池里要讲学，只靠学校的教室，或影院，或者是大礼堂都不十分合适。因此笔者建议，在学校正常建立的同时，应当保存书院，利用书院作为学校的扶助组织机构进行讲学、读书、学习。

笔者近年来访问我国各地书院，在寻访商丘旧城的睢溪书院时，发现已经被拆除，连一个砖块都找不到了，实在可惜！

城池中的塔

我国古代建筑都做平房，也就是说都做单层房屋。就是做楼阁也都做二三层，不过楼阁为数甚少。因此，在一个城中的建筑都是往横向发展，既或是农村中的村落，无论大小，也是如此。

在一些城池里建有佛寺，有佛寺就有建佛塔的可能。有的寺院不在城池中建塔，把它建在乡村、山间，离城池甚远，塔就与城池没有关系。城里建塔对城池来论，就会增加艺术气氛，增添城池的纵向艺术构图效果。

除佛塔之外，还有风水塔。从明代开始，在南方的县镇大都设风水塔。风水塔与佛塔基本上没有什么关系，它是另外一个系统。风水塔也是很高大的，它是在风水学说的思想影响下建造的，例如一个县城里某方位环境不好，或当地缺山，影响风水，就在这里建塔。也有的地方，当地不出人才，没有中科举，也建风水塔。

城池里的塔可起到标志性作用。我们到达一座城之前，在很远的地方就能看见塔,从而意识到这就快到达这个地方了。

　　风水塔一般建在城内地势比较低之处,也是根据城内四个方位风水之不同而分别找到它的位置,也有的城池把风水塔建在城墙之上,这样使塔高出七八米,塔若是高6米,那么就等于20多米高。在城内外建风水塔都是风水学的先生来决定的。

　　城内塔的高度,一般都在7～13层,北魏洛阳城永宁寺塔,方形9层,其高度达110米,显得洛阳城小而塔大。在北魏洛阳城内,建塔比较多,有数十座塔。如13层塔,高54米左右,因此,常常出现城池小而塔大的现象。例如山西应州城比较小,但释迦塔体积大。河北定州城开元寺塔(料敌塔),高80多米,显得塔高城小。这都是城池内建塔的状况。在一座城池之内建立高塔,除体现它的主要目的外,还能突破城池中都是以横平线条为形状的氛围,高塔向高空突出冲破横平线的呆板布局,增强城池的艺术性。

唐长安城内小雁塔

唐长安城内大雁塔

北宋东京城内祐国寺塔

河北正定开元寺塔

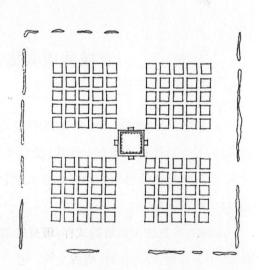

交河城 101 塔总平面图

苏州北寺塔

广州六榕寺塔

在城墙顶端建立文峰塔

　　文峰塔即是风水塔。从14世纪中叶开始,特别是长江以南各地,讲求风水习俗尤盛;另一方面在当地有一传说:建有文峰塔,就可以解决本县城不出状元,文人考学落榜,名落孙山的问题。县里建造文峰塔之后,希望文人兴起,状元及第,读书风气大盛。

　　文峰塔本身仿照佛塔的式样,塔身处都有横匾,书写对联,文人雅士之诗文作品,上下排联,吟诗作对,构成文风。这一点又与佛塔不同。文峰塔的位置,一般建在县城的空缺部位,基本上建于县城西北方向的多。

有的文峰塔又建在城墙上。有许多县城建在平地上,四周无山,一片平原,当然可以建塔;在县城四周有山的情况下,也可以将文峰塔建在山顶,这样在远处就可以看见文峰塔了。如江西瑞金县,县城四周多山,有5座文峰塔都建在山顶。到瑞金的人远远就望到文峰塔,当地的人们认为也是一种希望和寄托。

把文峰塔建在城墙上是因为文峰塔都是大塔,都是三四十米高,有城墙作为塔的高大台基,这样可以节省建塔的开支。

建在城墙上的塔还有一种说法是在东南角城墙造塔,以使文峰塔供奉文昌帝君,将塔与文昌阁之类建筑接近,借以求得文风大盛,出好学生,文风大起,蔚为大观,科考人才辈出,年年中举。如山西绛州那里将文峰塔建于东南角的城墙上。其他县城也有不少把文峰塔建在城墙上的。

城池里对民居的规划

建设城池的目的,主要为了满足统治阶级的享受及对民众的统治,对地主、大宅、王府等进行保护。例如在一座城池之中,首先建设衙署,然后建设寺院、庙宇、祠堂等所谓的公共建筑,把这些建筑都建设完成之后,城内的有效面积也就都被占掉了。尤其是把城内的有效面积占去一大半,再去掉全城的道路、河流、空场等等,那么就没有多少可供民众居住的建筑面积了。

广大民居,在城池里仅能居住在城边、城角、大宅和庙宇的隙地,如果在坊巷之中,也是在"阴山背后"大建筑的边角隙地而已。多半是通风不足,光线比较暗的地方。

古代城池内部面积倒是很大的,但基本上都被大型建筑群占完了,广大民居房屋又小又破。例如唐长安城里,街坊内规划建设成井字街,内部还有小巷子,都是弯弯曲曲的,那个时代叫做"坊曲",广大居民只能住在这个"坊曲"

里。当时统治者还实行夜禁制度,每到晚间在一定的时间里,街坊两端之巷口,都要关闭坊门,不许人员出入;坊门有人看管。到清代,北京前门外,遗留的"大栅栏"至今犹存。这就是坊门的一种。

　　元代大都城也是同样的,它采用"大街小巷"的布局方式。大街为商业街,凡是大型的商店都在大街上,车马行人过多,大街上车水马龙,喧闹之声不绝于耳。但小巷子里人员较少,没有大车之喧闹。小巷内为住宅大门,两侧排列宅门,人们回到家中安静之极,可以安静地休息。人们若是买东西,才到大街上去。居民的房屋都是矮小的房屋,大都在各胡同内大住宅的间隙地段,或者是胡同之末端紧临城墙之地段。例如北京城的东西苦水井胡同、小铁匠营胡同、小磨房胡同等等,这些房屋基本上都是用碎砖头和泥土砌的墙,间量小,进深浅,真是仅能容身而已,而且家家房屋特别密集,不仅房屋尺度小,而且破破烂烂的。统治阶级有时还开辟关厢,即是在一座小型城池东西城门外,另辟地建设街道,安排商店,其余再造小房作为民居。

城池里最大的跨街楼

　　在我国古代城池里,有一种跨街楼,这种建筑是我国独创的。它是历史上城池规划中的一种独特的设计手法。当时对城池规划与设计故意玩弄花样,要跨街做出楼阁,这是一种创造性的方式。我们常常看到城市里的大街、小的街巷中常有过街楼。例如苏州的河街与水巷之间就有跨街楼。两岸或两街的人们从过街楼上互相往来,不仅交通方便,而且又增加城市景观;也给水巷中的巷景增加风采,十分引人注目。在山西阳城县境内明代润城城中小巷里也有过街楼,十分简单,其实就是一种跨街廊屋,人们在里面行走,外面的人是看不见的。

　　山西介休县城,建城甚早。据文献记载,唐代已建设介休城,一直留存到明清时代。县城规划井然有序,建筑古朴,寺院、庙宇作为公共建筑出现,显得格外华丽。其中的玄神楼建在城东关顺城街中,结义庙的山门处。庙子坐北面南,一条中轴线穿过庙子中心,通过山门楼即是玄神楼——跨街楼。

　　玄神楼既是结义庙的山门楼,又是跨街楼,若从庙里向南看,它又是一座演戏楼,当地人呼曰乐楼。也就是说:这座楼是由三个楼互相组合在一起,一曰乐楼,二曰山门楼,三曰跨街楼。这座玄神楼是明代建造的,后来逐渐遭到破坏,到清康熙三年(1664年)又重新建立,至今比较完好。

　　这座楼的平面为"凸"字形,正面5间,向外伸出3间,底层总面积441平方米,二层楼身设平座,三面做围郭环绕。全楼为木结构建筑,总高度约计20米。三檐一平座,全部做斗栱,斗栱做三彩单下昂,平座斗栱做五彩三翘头。楼身三面明间各出歇山十字脊,山面向前,体现了宋代建筑风格。又形成丁字脊相交,上覆黄色琉璃瓦,剪边式。

　　总的来看,玄神楼是一座跨街楼,玲珑俏丽,构成了顺城大街上的重要景观。它的特点是占天不占地,三楼结合,有三种用途。玄神楼做得坚固耐久,而且平稳。它建在庙门与顺城大街之交叉处,南北方向是出入结义庙的通路,东西方向是顺城大街,直接通过跨街楼,构成丁字街道。用这座跨街楼来点缀城关、街

山西介休玄神楼

景,从大街的两端走过来,即知结义庙的位置,标志明显。它体现了山西地方常用的山门与战楼相结合的地方特色。

跨街楼与城池有密切的关系,它是城池规划中的一个重要项目,一个重要的设计手法,一个巧妙的建筑。我国的跨街楼从实物来看,是从秦代开始建造的。当时秦始皇建设阿房宫时,就有阁道与复道相通至南山。据记载,阁道是单层的,复道是双层的,人员在阁道与复道里行走,从外部看不到人。另外秦朝宫廷建筑群,有宫馆阁道相通30里之长。唐代宫廷里也有阁道。在北宋东京城的宫城里,北城景龙门与上清宝篆宫,也做阁道相通。

阁道、复道如同架空的封闭廊子,人们在里面通行,通道比较长,跨街楼的性质与阁道、复道基本相仿,不过跨街楼甚短,有一间到三间的长度。浙江诸暨县城,有一家合院,为一座四合院楼房。二层楼上东西南北四面与中心楼建有通道,这也是一种跨街楼的性质。

在山西陵川县城乡,有许多村头高阁,均为重要建筑。这种楼阁一般都做二三间,二至三层,第一层开大券门洞,用以往来行人,二层楼上供神仙,这也是一种跨街楼的式样。

城池里的牌坊

在一座城池里,有各式建筑,各式的陪衬景物,各种陪衬建筑。其中牌坊就是一项很重要的陪衬景观。城池里建设牌坊,增加城市的文化品位。

城池里有牌坊,而且牌坊特别多,它点缀城池里的建筑,增加城池里的风采。牌坊是一种标示性建筑,在庙宇里建得最多,其次是在城池内的主要街巷中建造。一般把牌坊建在城池里比较重要的位置,用以标示或旌表。它是古代建筑群中的"小品",是特有的小型建筑。

牌坊是一种独特的建筑模式,按其作用可以分为五个方面——

第一种为表彰坊:例如安徽歙县城内的许国坊,安徽歙县棠樾牌坊群,有七座牌坊,相当可观。

第二种为标表坊:例如西岳庙坊四柱之楼,中间为重楼,雕刻复杂,制作精美。上刻四个大字"天威咫尺",柱根为四个大抱鼓,上有狮子头。岱庙石坊,四柱三楼,做得品品有序。

第三种为陵寝坊:例如北京十三陵牌坊六柱,五门,十一楼,这个牌坊十分雄伟。明慧陵牌坊,五柱五楼,柱为冲天石柱,十分壮观。

第四种为德行坊:例如董氏节孝坊三间四根冲天柱,三楼式,挂着华带牌,梁枋雕刻细致。安徽歙县越棠牌坊群,基本上也都做冲天柱四根,雕刻比较简单,古朴大方。

第五种为第宅坊:例如山西关庙之东侧大牌坊为圭角形门洞,为四柱五楼牌坊,做两个柱台为基。

城池里建设牌坊,主要是建在重要的大街口,重要的部位,以作为标志。例如北京城内,前门大街牌坊,正对前门外大街街口,五间带戗柱的大牌坊,从南边进入北京时,老远处就看见这座牌坊。东单牌楼、西单牌楼,分别标志要进入东单北大街、西单北大街;东四牌楼、西四牌楼,分别标志东四大街、西四大街。从东西南北四个方向进入城中之时,都可以看到牌坊,告知人们大

歙州八柱十二楼四面牌坊

北京前门外五牌楼

街口就要到了。

　　此外,在城池里的主要大桥,桥头也建牌坊,例如北海大桥的两端桥头也建造牌坊,名曰金鳌玉蝀。在北海里边的大桥两端也建牌坊,名曰堆云积翠坊。北京成贤街东西方向的胡同的两端街口处,建有单间牌坊,以标志文庙在其巷子里。

　　在安徽歙县城,一进南门即为许国坊,这里是城池里的重要位置。在河北正定城,一进南门即为一座状元及第大牌坊。在山西怀仁县城,城中心十字大街的一组四座牌坊,面向东南西北,犹如北京城的四牌坊。

　　牌坊的起源起简单,时间大约自秦汉流传至今,都是我们今天常见的式样,牌坊之所以能立得坚牢,主要在于基座。

　　基座的种类有方墩基座,条形基座,抱鼓石基座,矩形基座,小方形石块基座,这要分别由牌坊之大小、高度、尺度之比例等决定。关于立柱,有做方形柱或抹角或窝角；有不出头的立柱，如同房屋；还有冲天柱，气魄非凡。

关于汉代之衡门，在后期做牌坊之时，于梁枋立柱之间，有意识做出衡门式样，如北京十三陵牌坊，每间一个衡门，五间即是五个衡门，做牌坊时将衡门寓于其中，表示牌坊也是由古代的衡门变化而来的，从牌坊里可以看到标准的衡门式样。关于牌坊的门洞，基本

五台山九龙坊

上都是由柱与梁枋交接出现的，方门洞口，这是正常的，也有的牌坊将洞门用砖砌墙，在门洞开券门。

牌坊的楼顶，一般都做四坡水式顶，上覆筒瓦，如同四坡水的楼阁式样。在华板上雕刻花纹图案：二龙戏珠，莲花等等。

檐下施斗栱，最复杂的做45度斜面栱，一般的都做一斗之升，或者做层层的华板支承檐子，犹如异形栱。到清代的一些木牌坊，则做重重的木斗栱，密密麻麻极其复杂。也有的牌坊则不做斗栱。

牌坊，附设石狮子，有卧狮子、蹲狮子、小狮子、柱头狮子；抱鼓石上刻狮子，每一座牌坊，都会有狮子的位置。狮子刻制生动活泼，姿态百出，格外逗人喜爱。

在牌坊中有砖牌坊、木牌坊、石牌坊，其中以石牌坊为最多。石牌坊所用材料坚固，耐久性强，时间久了，也不会腐蚀变形，也不怕风吹日晒和雨淋。我们今天所看到的大部分牌坊，都是石牌坊。牌坊是我国古建筑中的陪衬建筑，标示性建筑，设计形式突出，既表现出粗犷大方，而又在局部上细致加工，使之有粗有细，以示其艺术品位的张力。

北京城成贤街牌坊

城池中的五大建筑

在我国封建社会,因实行郡县制,要建立县城,用现代的话来讲,县城都是基层组织。当县城城墙建设完成之时,要及时建设五大建筑。

这五大建筑,一曰城隍庙;二曰孔子庙(文庙);三曰关公庙(武庙);四曰火神庙;五曰财神庙。在个别的县城里,不建火神庙,而建设泰山庙。这些庙宇是县城里最尊贵、最崇奉的对象,是在封建社会逐步形成的。从战国一直到明清,长达2000多年。这五大建筑是王朝发布政令规定的,是按礼制的标准来建设的。这些是统治阶级的建筑,广大人民拜神、敬神时可以随便出入。

城隍庙　各个县城里都有城隍庙。从《易经》那个时代开始就有城隍庙。一直到唐朝,建有许多城隍神祠。当时名人张九龄、杜牧、许远、韩愈、李商隐等都写过城隍神祠祭文。当时祭城隍爷,主要目的是祈雨。到宋代,城隍庙普遍建立;明太祖朱元璋还封京师的城隍爷为帝。到清代,满人学汉族方式,同样在各县城建立城隍庙。

孔子庙　即文庙,是供儒学大师、大成至圣先师孔夫子之庙。孔夫子是山东曲阜阙里人,他周游列国13年,从68岁开始,删诗书、赞周易、订礼乐、作春秋,有弟子3000人,其中身通六艺者有72人。到汉代,为他建设宣尼庙。北齐时代,在城内建立孔颜庙。到宋元时代,还发诏书,在各县城里建孔庙。特别是元大德年间,全国普遍建孔子庙,以后流传到明清时

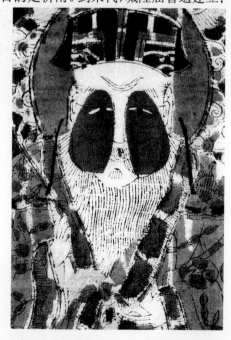

封建社会管理城池的神——城隍爷年画木刻

代。今天我们在各地所看到的孔子庙,大部分是在元代孔子庙的基址上重建起来的。

关公庙 即武庙,是为了祭祀关羽而建的。关羽,字云长,其人好读书,主要读《春秋》,是三国时代的一位战将,善战,百战百胜,公认他是武将的代表。要学习武艺,首先要拜关羽为师。他生在解州,战在襄阳,死在荆州,在宋、元、明、清各代他都被封为武侯。因此各县大建关帝庙(关公庙)。

火神庙 即火之祖庙。据《汉书·五行志》曰:"帝喾则有祝融,尧时有阏伯,民赖其德,死则以为火祖,配祭火星。"尧为火德王,又曰火德真君,实际上就是火神爷。秦汉之间,关于火神之说尤其昌盛。以后传到明、清两代,都供奉火神爷为火神庙。

财神庙 在各县中非常普遍,因为大众的思想,都想要发财,所以要供奉财神爷,建立财神庙。全名叫"增福财神之神位"。

第十章　对特殊城池的分析

为庙宇建城的方式

为把神灵摆在第一位，人们就建庙宇以奉祀先人。也祭祀历史上的名人，天地五谷之神，名山大川之神，牛马水火之神，各教祖师之神以及五行八作之神。庙宇建在城内，作为公共建筑出现，有大的院墙，不再需要城墙。在城镇的郊区、野外地带或山间、要道建设庙宇，四周都要建墙，用城墙包围起来，以保障安全。由于庙宇都是以分散单体的殿宇组合而成，仅仅有墙包围起来，还不够安全，因此为确保安全，必须在庙的外墙之外再建一圈城墙包围。

各种庙宇的构成为院、屋，呈四合院式，坐北面南，各进连接。庙宇的位置在城中都选取比较明显又重要的位置。一般城内没有大庙，凡是大型的庙宇都不在城池内。

中国五岳名山，每山有一个大型庙宇。西岳华山有西岳庙，东岳泰山有岱庙，中岳嵩山有中岳庙，南岳衡山有南岳庙，北岳恒山有北岳庙。

此外，还有昆明太和宫，荥河汾阳后土祠，解州关帝庙，曲阜孔子庙……这些都是大型庙宇。凡是大型庙宇，都要建城，为庙建城墙、角楼、城门等等。本章专门论述建有城墙的庙宇。

华山西岳庙　殿宇及房屋建筑很多,全庙主体部分先用围墙包住。全庙分前、中、后三大部分,外加正门部分,从前到后共四大部分。围墙之外东西侧及后部,还建造一组一组的房屋,作为辅助房间之用。周围再建城墙,城墙之正南端建设三大门,东西配门。北部再建造北城门,四角设角楼,每个角楼的城各作分析式,城楼之顶做出叠落式,这样使角楼非常壮观,而且有意义。这是为庙宇专门建造城池的一例。

荥河县汾阳后土祠　此庙建在汾河与黄河交汇处,北部和西面依靠黄河和

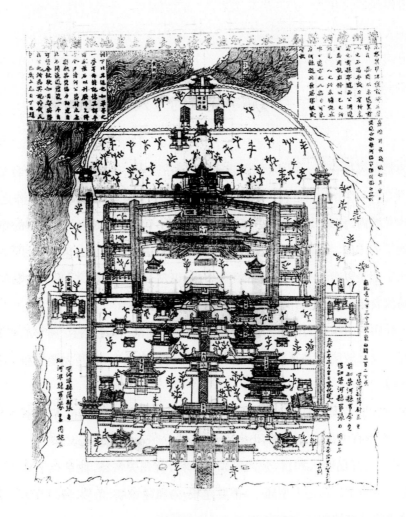

荥河县汾阳后土庙总平面图

汾河。全庙分为五进，每进都用隔墙划分。第一进为太宁庙门，进入后有东西碑楼。第二进是承天门，两侧设重檐重楼，修庙之碑记。第三进为延禧门，进入之后，左右为钟鼓楼、二廊殿、判官殿。第四进为回廊院，也是主院，进刊柔之门而为刊柔之殿，工字殿至寝殿，为重檐庑殿顶，两侧为斜廊相通。最后一进为配天殿。这样一大组建筑群再用城墙包围，四个转角建设角楼，角楼为平座单檐顶，角楼台子高，楼身有平座，显得角楼十分美观，这又是一座为庙专门建城之一例。

云南昆明太和宫　全庙房屋很多，中间建造铜殿，分外壮观，特别出名。各殿全部用石块建城，成为一座石头城，正南有城门，把全宫的建筑包入其中。太和宫之庙宇建城墙，宫城正圆形，这又是为庙宇建城的一个实例。

曲阜圣庙　在山东曲阜，全庙从南至北近600米长，东西宽150米，前半部250米，为门、坊重重的陪衬建筑，自大中门之后的350米为同文门、奎文阁、大成

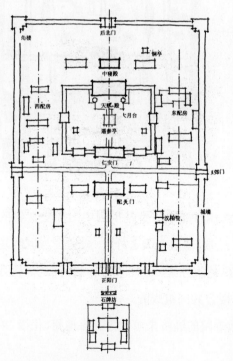

山东岱庙总平面图

门、大成殿、寝殿、圣迹殿。从大成门到寝殿之间四面回廊包围，作为圣庙之主体。两侧重重殿宇及碑亭……再用城墙包围，构成一大组庙宇，四个转角，设角楼。这一组城墙，雄伟壮观，这也是为庙宇建城的一大实例。

中岳庙　在嵩山之阳，从登村往正东行路北，庙宇广大，建筑大体完整，我们从《大金承安重修中岳庙图》碑来看：主体建筑在中心，从大门到后部有五重门，还有五座殿阁，四周回廊包围，全庙以中轴线贯穿。建庙时，先建方形三间重檐十字青亭、乌头门一间、乌头门六柱牌坊、五间廊门，进而五间正门，这也是主体部分

正门。东西井亭,再进为五间庙门,中型
神殿、供台、东西碑亭,七间重檐大殿为
庙中主要殿宇。殿之两侧各有八间斜廊
通入殿之侧门。大殿与后殿做工字殿,
中间有廊屋衔接,最北部由中轴正对金
锋山。四周都是廊房,包容庙之主体部
分。在主体建筑之四周,全庙城之内部
有许多合院殿宇,这些都是庙中的附设
房屋,是道人办公、会客所用。全城角楼
做得非常壮观。这也是为庙建城的一个
重要实例。

　　参注:各有关石碑拓片。

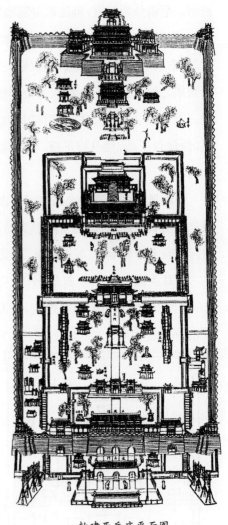

敕建西岳庙平面图

对为寺院建城的探讨

　　自从佛教传入,我国就开始建设佛
教寺院。从汉末以后,建寺越来越多。中
国的佛寺建筑风格,从单座建筑到总体布局无一不是受到中国历史文化的影
响,形成中国特有的寺院样式。除了经堂、佛殿宽大之外,一般房舍与世俗建筑
无大差别。它吸收了传统的礼制制度、建筑方式。也可以这样说:凡是佛教寺院
都是由大型的、高级的合院建筑殿阁楼台共同组成的。

　　很多寺院为地主僧团所建。佛教寺院的经济来源大部分靠地租、化缘、弟子
赞助、信士捐赠。

　　寺院地处山川、塞外、边陲,为了达到防卫的目的,还要为寺院建城池,造炮台。

瞿昙寺　在青海省乐都县城西南方向80公里,地处丝绸之路——由西宁进藏入疆之必经大道旁侧。该寺是明朝皇帝敕建的,寺院规模甚大,寺中的中轴线把隆国殿的主要殿座都贯穿起来。前后左右都有廊房,从前山门至后墙都有寺墙包围,并在寺院的左侧建设一居民住宅区,与寺院并列。然后,再将居民区、寺院的全部都包在城墙内。在寺院的山门南端,建城门、城楼,并在此门部位加建瓮城,从外入城由瓮城曲折而入,城墙高大雄伟,使全城固若金汤。这是为寺建城的一个佳例。

圣井寺　位于河南舞阳县城南,偏于西南。圣井寺殿阁建筑群,比其他寺院略小,但是在寺外,又重新建设城池。寺院在全城中心偏北,形成城池规模大,寺院比较小的布局。城里的用地都继续耕种庄稼农田。这也是为寺建城的一种方式。

北京承恩寺　地处在北京西部石景山区。寺院面对大街,从山门进入为天王殿、前殿、大雄宝殿,两端跨院为裙房,寺院后部留有大院子,约计南北长百米,东西宽60米左右。全寺周围建造城池,城墙均为土包石块砌筑,相当坚固。在东北角及西北角以及北墙中心都有石炮台(角楼),至今尚保存完好。这座承恩寺也是为寺建城的一例。

山西省平遥县双林寺　在县城南6里的桥头,寺院建在3米高的台基上。南城门用青砖做券门,寺内有三进院子,全城总面积大约近1万平方米。

河南荥阳县城大周山圣寿寺　寺院建在山间平缓处的坡上。寺院周围建一座椭圆形城池, 并不是那么整齐, 城墙也是弯弯曲曲的。城墙用砖石建造,非常坚固,有东、南两个城门。门额上书写"钺佛寨"三个大字。从这可以说明这是一座为寺院建造的寨城,其城坚固如同钺。

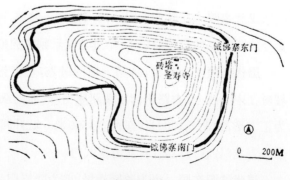

钺佛寨圣寿寺

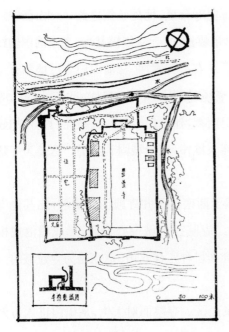

瞿昙寺

南京牛首山宏觉寺山门

为陵建城

在古代,我国也有不少地方,为陵建城。

汉武帝陵　在陕西咸阳。四周建矮小的墙,四面设门,人们不能随便出入。至今陵园的小城已经坍塌了,不过还能看到它的痕迹。

唐代乾陵　在梁山,从第一道门进入,正南正北方向,长达3000多米,到山坡时在中心线上,大路两侧出现两座山峰,如同双阙之布局。乾陵四周建城,城为正方形,南北长1500米,东西宽1500米。城开四门,南为朱雀门,之后为山陵,东为青龙门,右为白虎门,北为玄武门。

清代沈阳东陵　也为陵园建城,前为隆恩门,北为大明楼,城的四转角都建角楼。正门前向南的甬道相当于全城南北长的2.5倍。

沈阳北陵　即是昭陵，神道长相当于全城的2.5倍，全城为矩形，具体的陵园建筑建于城内。

陵园是死者的阴宅之地，所以为陵建城，也十分重要。同样，陵园的建筑群组，也是一组一组的亭台殿阁，也由城墙包围起来，确保安全，显示皇家威风。

为大型宅第建城

明末清初，我国一些官宦家庭，由于家族兴起，便开始大兴土木建造大型宅第，以至建有百间以上大宅的为数不少。这些房屋都是砖瓦到顶，本着中华民族的习惯式样，也是为了给子孙后代留下一笔可升值的财产。

这些大型宅第都是单体的，由一组一组的四合院连接在一起，然后再将这些房屋和合院用高墙包围起来，构成一座小的城池。实际这也是为大型宅第建城的一个方法。

全城以中轴线贯穿，不仅建城墙且设城门（大门）。城四角建角楼，城墙尺度甚高，城中有水井。大宅第有这样的一个城是相当安全的。山西、山东、河北、甘肃以至全国各地，都有类似的小城。

东北地区的大家门户则不然，不建像关内各地那样大的宅第。一般大型宅院有50～60间，再大的是70～100间。然后周围砌高墙，实质上这也是一座小型的城。

东北吉林地区郭尔罗斯前旗有王府一座，中轴线贯穿，大门为屋宇式，外院占1/3，合院空广，主院大门3间，入二门有正房5间，东西厢共12间，后园子种菜，周围为城墙，四角建角楼。另外一层为郭尔罗斯前旗旗长大宅，与王府大宅相差不多，内院仅11间房屋，四面为游廊，但是院子广大，房屋比较少，四周建城墙包

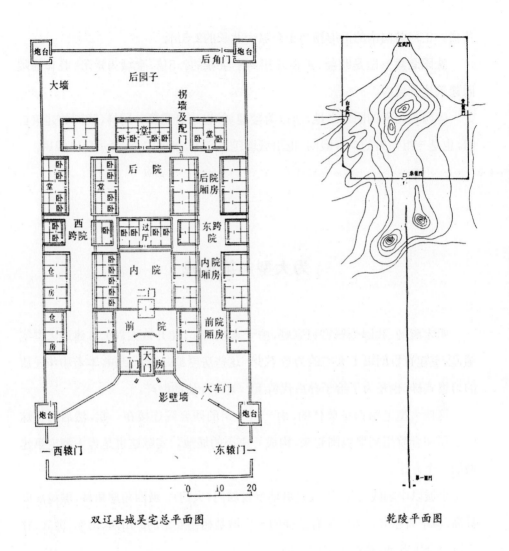

双辽县城吴宅总平面图　　　　　　　　乾陵平面图

围,四角设炮台(角楼)。

　　此外,在吉林双辽县吴俊升宅,全宅共76间房屋,分为主院、东西跨院,大门前为院门空间,设东西辕门。北部用八字墙遮挡,空间广阔。四面做城墙,四角建炮台(角楼)。

　　扶余县八家子张宅大院,全院共计39间房屋,还有5个粮仓,大门开在中轴线上,四周做城墙,四角设角楼。吉林舒兰县,八棵树村谷宅共11间,2个粮仓,全院四面建城墙,城的四角设角楼。以上是为住宅建设小城的例子。

甘肃山丹县大宅共75间房屋,是为住宅建城的一例。关内各地实例甚多。

山西灵石县王家大院,全宅建设城池、角楼、城门,将合院包围在内。它的总体布局是两院相连。如果宅与宅之间留出通路,路面不平,有高有低者,谓之龙路。

沿海卫城

大埕所城　在我国东南沿海地带,在战略与防守之关键部位,都建有小城用来防海盗。在明代,在海边每隔一段,要建海防城。

广东饶平县内柘林镇与南澳岛相望之地,建大埕所城。大埕所城北部依山,前面与左面为大海,右侧还有山。地势开阔,有利望远,以监视海盗进犯。

全城正方形,东西长1150米,南北长1150米。东西南北共开4个城门。十字大

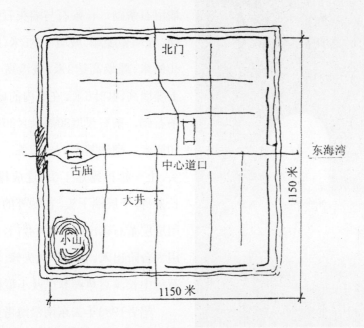

大埕所城平面图

街贯通全城。城内南北方向有4条大街，东西方向有4条大街，道路笔直，唯有南北门之间的大街略有弯曲。城的四面有护城河包围，在城的东北角有蓄水池，蓄水池还与护城河连通。城内建筑有城衙署，位于城中心偏南。正对东城门，建有龙王庙，在龙王庙处的大道作为广场，南北绕行，形成一种景观建筑。

大埋所城南城门城内

城的东门曰朝阳门，门洞宽仅3米，城墙为石墙，墙厚6米，非常坚牢。城墙内部用夯土版筑，城墙外用石条包砌。城墙用石条砌，长条石与端头石砌法平砌。城墙做牒墙，城墙下宽6米，牒墙宽80厘米，牒墙高达2米，城墙高4米，加上牒墙高，共计6米。在城内的城墙，用条石砌，条石尺度80厘米×20厘米×10厘米，砌法基本上一长条，立一丁头，上一排再露短丁头，连成排，一层长条身，一层端丁头。在城外的城墙则用层层条石砌出。城门为券门，门内都用大台阶出入。由于年久失修，城墙上石缝中长满蒿草蒺藜以及小型树木。

大埋所城南门从外望

笔者1983年去东南沿海考察时曾到大埋所城勘查。

大埕所城的一个瓮城

大埕所城东城外墙

大埕所城南城内墙

大埕所城西城墙

大埕所城北城门

大埕所城远景

大埕所城城内街巷

大鹏所城　所城是我国沿海各地所建设的防卫性城池,是明代当时为防范从东海来侵的倭寇而筑的。广西、广东、福建、浙江、山东、辽宁沿海各地建设了许多这样的城池,大小不等,形式各异,总数近2000所。这些城池保留到今天,基本上能看出其规模与式样,但是每个城池均遭到破坏。通过这些所城、卫城建设,能看出古代防御性城池的选址,特别是所城的城墙、城门位置、炮台位置,都是当年经过反复思考的,其中的街道布局也是有一定规划的。因此说这是一份宝贵的财产,也是我国城池建设史上的一项重要遗产。

大鹏所城在南海之滨,大鹏湾之岸边,它的平面采取方形,但是在东南做斜墙，成为半个梯形。长1200米，墙宽5米，城墙厚2米，高6米，墙的顶端都建设垛口，十分整齐，大约有600多个。所城占地面积达到61万平方米。全城开东南西北4个城门，城门大致相对，在城门之侧建立马面。南门与北门之间因建设文庙，道路不能直达。东门与西门可以相通。南城门近年做了维修，还比较壮观。四面护城河完整，河宽大约5米，四时皆可引入河水，防御性强。

　　所城里的公共建筑，除文庙外，还有很多。北门里有关帝庙，华光庙建在北城，天后宫建在西门内路北。天后宫是专门供祀天后娘娘的，天后娘娘被供为海

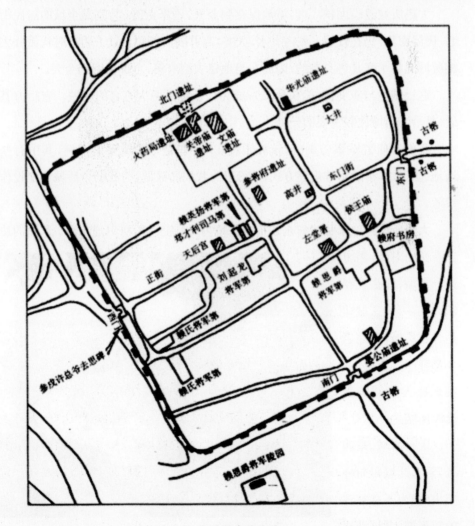

大鹏所城平面图

神。据《大清一统志》上记载，天后为福建莆田林愿的第六女，生时有祥光。她能乘云游海岛间。宋、元、明时，常常显灵，这就是古之天后神，凡是海船遇难之时，有求必应。因此在沿海各地建妈祖庙，妈祖庙专门供祀天妃，天后庙也供天妃，她保护海上舟行之安全。在山东烟台，建天后行宫，祈求天后娘娘常来常往，其建筑豪华壮丽。大鹏所城，临海防卫，自然也要供天妃娘娘，其他还有晏公庙、侯王庙……

在大鹏所城里有赖英扬将军第、郑才利司马第、参将府……

大鹏所城建设面积广大，城池保存到今天，还算完整。特别是全城的居民街巷，民屋密集，仍在使用。城内有水，大井、高井随时利用。过去明清时代派驻大鹏所城的将军都是终身制的，因而在当地建大型府第，全部保留到今天。

这一城池与东莞城（南头所城），成为广东地区两大有名的所城。它距海甚近，是沿海所城比较重要的一处。

我们在研究军事防御史、筑城工程史时，它是一项重要的实例，其中有些选地、防卫、军事战略等规划方式，都可以为我们所吸取，为我们今后城市建设作参考。

大京所城　位于福建省东北福安县境内，地临交溪，可以通东海。东海的边部有两山对峙，当中建一古城，即是长春镇大京乡。大京城即是大京所城，当地老乡都呼曰大京城。其实这座大京城即是沿海所城之一。

大京所城，东西长，到东北城角向外突出，成为不甚整齐的矩形城。北城墙比

大京所城外城角

较直,东城墙甚短,西城墙略有弯曲。南城墙向东北倾斜,使全城不甚整齐。北城墙开两个城门。东城墙只开一个城门,在东门外建立半圆形瓮城。西城墙有山,无法开城门。南城墙开两个城门,一是城中心南城门,二是城东南角门。

大京所城西城门

东城门内有一座山,建城之时,把山包入城中。其他部位都有一些小石山,民居布满城中,迟建的房屋只好建造在那些空隙地带。从东门进入,有一条大道通向西城墙边部,往南直出东南城门。从正南城门进城,一条大道与东西大道相交,构成丁字街口。

全城东西长500米,南北宽300米,城围3000多米。东城门外有一个半圆形瓮城,门洞3米,砌出两个石垛,瓮城城墙内部做圆形,出城门之时向左拐,向东出城,这是东城门瓮城的城门,做得非常坚固耐久。特别是城墙四面都用方块石材干砌的。地面上,横向平铺条石一层,水平铺砌,其上则用石块叠砌。北城门部分为城墙,面面突出,如同马面,城门两重直通。

笔者于1983年前往福建沿海考察古塔时,到达此县境。

大京所城便门

大京所城城内城墙　　　　　　　大京所城马面

大京所城墙壁石块

蓬莱水城　我国沿海岸线每隔50里左右，在关键处便建一座城池，名曰卫城。从广东沿海一直到辽宁沿海的海岸线上都建有卫城。这是明清建城方面的一个壮举。据统计，我国沿海卫城达数千座。

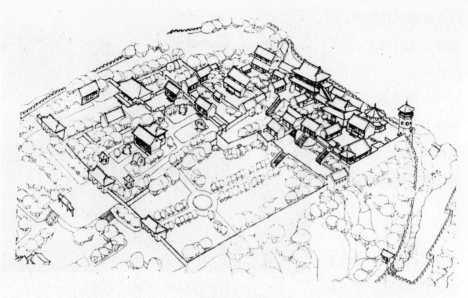

俯瞰蓬莱水城全景

蓬莱水城即是沿海卫城之一,它位于山东登州蓬莱海滨。名曰蓬莱水城,又名曰倭寇城。这个城的地理位置比沿海其他卫城好,建城的方式、防卫系统也比沿海其他卫城建设水平高,它负山控海,地势极其险峻。

水城分为两大部分。一为水门,其中包括防波堤、平浪台、码头、灯塔楼,这些都属于海港方面的建筑。二为防御性的建筑,有城墙、炮台、平台、水闸、护城河……水城的海岸线特别长,达到120里,其中有沙岸、岩岸,弯曲大。城内有小海,小海与大海通连,中间建有水门。城门向北,防波堤伸向海中,长80米,宽15米,高2米左右。

码头在丹崖山下,沿小海用砖砌出平台,可以停靠船只。码头上没有缆绳石柱,水城码头标高3.2米。

灯塔楼 在丹崖山岭,平面六角,高十几米,楼上有灯亭。水城城墙为保护沿海安全而设,城墙环绕小海,东南两面为平地,北海悬崖,西部即是丹崖山山脊,东西长720米,南北长300米,周长2000米,城墙下部厚10米,墙宽8米,其他平均7米高,用夯土筑城,土质夯得坚固,两面再用砖砌出墙皮。全城城门有两个,水门近海;南门名为振扬门——通达陆地各岸。

炮台　共两座,分别建在水门西北、东北两方向。

水城里建筑有蓬莱阁、上清宫、天后宫、龙王宫、关帝庙、海潮庵。蓬莱阁这里连建,基本上都是明代初年所建。总平面布局有三条轴线,三洞歇山顶屋宇式大门三座。这一大

蓬莱水城水门 平浪台 西炮台

组建筑群殿阁布局满满的,其中楼阁参差,高低错落,再加庭树满院,枝叶茂密,十分幽雅。蓬莱阁所建位置在丹崖山之顶端的城池中。从这里俯瞰小海,尽收眼底。

水城之中以小海为主体,小海可直达大海,大海船只可进入小海,并建水门控制。

蓬莱水城东侧墙

城内虽然不太大,但是风光名胜甚多,庙宇布置得满满的,几乎没有什么空地。目前蓬莱市在蓬莱水城的东南角平地地带进行建设。

笔者于1975年深秋,专程到达蓬莱具体考察水城。

参注:罗勋章:《蓬莱水城》,见《建筑史专辑》,上海科技出版社,1979年版。

第十一章　城池的绿色景观和艺术景观

城池里园林的布局

自古以来,许多大小城池都有园林布局。我国园林最早始于周代,周文王有灵囿、灵沼、灵台。从《诗经》来看,周文王设的灵台,有许多庶民来动手建设,很快就建成了。囿是养禽兽的场所,公元前700多年就开始建设了。园囿都用墙包围,其中有桃李、木瓜、桑树等等。春秋战国时代开始设梧桐园、鹿园等园林。

秦始皇时代建设上林苑。汉代长安城中建太液池,其园址在建章宫之北。池中筑有三山,方圆有十顷地,汉武帝秋日与赵飞燕在池上游览。秦代上林苑到汉武帝时扩大,建成汉代上林苑,在上林苑之南又筑昆明池。另外,还建宜春下苑,在长安城的东南角。三国时代曹操在邺城西北建设铜雀园,园中有钓鱼台、竹园等。魏明帝在洛阳城东北角建设华林园,等等。

唐代长安城里,在城的东南角建设曲江池,每到夏季,可以见到"孤蒲苍翠,柳荫四合,碧波红渠,依映可爱"。这样的景色是怡人的,是人们向往的。

在北宋东京城里,建有万岁山艮岳,它的正门阳华门,用太湖石为之,高数丈,花费几个月才运到山上。在奇峰之前,又建一座绛霄楼,极高,非常险峻。北宋的园池很多,除艮岳之外,尚有20多处园子,都建在城外数里,因为城内人多,面积不够大,一般都要将园子建在城外。南宋临安的园林,大多数都建在城外。

元代大都园林,大部分在城池内。在城内的有万岁山太液池,这是大都城中唯一的禁苑,其山皆用玲珑之石,叠积而成,峰峦隐映,松桧葱郁,碧波荡漾,秀若天成。太液池西的苑囿,有御苑、西前苑、万春园等等。

明代南京诸园,有乌衣园、绣春园、瞻园、莫愁湖园、息园、逸园、快园、括插园等,这只是一部分。若从王士祯著《游金陵诸园记》中看,除东园、西园、魏公南园外,尚有30多个有名的园子。

北京城园林,城内有北海、中南海、西海、太液池、梁家园、东北园、平乐园、官园、孙公园、大沙土园、四平园、曲水园、万牲园、怡园,等等。

除了都城建筑园林之外,在一般城池中也有园林,因为一般城池有效面积不多,园林只有一处或两处。凡是大型园林,一般建在城池的外面。另外在寺院庙宇和大型宅院里,都有园林之设置。

在寺院庙宇中的园林,一般都种植松柏树,因为松柏树象征延年益寿,冬日耐寒,万年长青。过去有言,"元鹤千年寿,苍松万古春",这说明松柏树的特点,因此在寺庙里都以松柏树为主。在寺庙的前半部,院子宽大,多为树园,多有几十株,少也有十几株以上,老树楂芽,枝干古拙,像一个个慈祥的老人。自古以来,大宅府第的前庭、院子等有空间的地方,都种植名贵树种,让人们驻足观赏,极具艺术性。南方大宅的天井、水池里也留出一部分位置植树,这是大宅园林的基本布局。

实际上,古代园林在设计上,均以花草石树为主,以河池水流为辅。从住宅到寺院,从庙宇到宫殿,都有园林的布局。大的园林建于城外,中等园林建在城边,小的园林建在城池内。

城池内外的绿化(街路艺术)

关于城池里的绿化,通过植树、造园增加城池里绿色的环境,这从古代就已经开始了。

从《诗经》中可以找到依据,当时周代已开始有庭,而且有园。《诗经》中写道:"桃之夭夭,其华灼灼",表明在园子周围开始筑墙包围,中就有"梅子、桃子、木瓜、李子、桑树、栗子……"在城池内外大量建造园林,是从汉代开始的。

在护城河两岸植树,据古代文献记载,是在北宋东京城开始的。当时东京城的护城河两岸,沿河成片栽植杨树与柳树,每当春夏之交,绿柳垂丝使东京城显得格外秀美。

至于在大街两旁植的树,以东京城为例,大都是些榆柳之类的树。不过在东京城的许多街道,还种植桃、李、梨、杏等果树。另外,还有桑榆树。当时街道上的树长得并不直,树干都是弯曲的,主要原因可能是大街两侧房屋太多,一个接一个"屋宇交连"。在这样的情况下,树木是长不好的,树干也总是弯曲的。从《清明上河图》上可以看出,东京城街道上的大树,都是比较粗壮的柳树,断断续续,每棵间距七八米。

古代城池中的道路树,在宋之前,文献没有记述。在宋以后,尤其在明清的城池中都会植树,而且树木品种及数量都是很多的。在浙江瑞安县城,西城墙之侧全是小山,在每个小山上都种有树,而且都根深叶茂。

汉中府城,主城为正方形。在东城墙的东面,建有弯曲的关城,关城面积相当于主城面积的一半。但是在主城内的学院署有大树群,洞宾庵有树丛,睡佛寺有树,柳林庵有垂柳群,府城城隍庙有大树群,万寿寺、文庙、观音阁前的树都成林,五云宫、陕安道署、汉中镇署、东湖岸上的树木也都郁郁葱葱,垂柳依依。在西北城角、汉台、中营守备署都有大树。清真寺、净明寺、地藏庵也有许多名贵的大树。

参注:《清明上河图》《汉中府城图》

寺庙里的绿色景观

在古代城池的各种院子里,都种植树木,庭中种树叫做庭树。庭树种类很多,基本上都是松树与柏树,以及各种名贵的可供欣赏的树种。在建设庙院时,本着百年大计,选择的树种大都用百年松、千年柏。松柏耐寒,春夏秋冬,总是枝叶碧绿,它本身又不怕狂风吹,也不怕暴雨淋。

在衙署、大堂、祠堂、书院、会馆这些公共建筑中,也都同样有一些树木,树干古老,老树盘根,枝干形态多变。除了老树之外,还有许多丛生树种、名贵树种。在名贵树种之中,有丁香、玉兰、枣树、核桃、冬青、槟榔、菩提等等。笔者在甘肃各地考察时,见到古庙中都有老树,其中有盘龙松、卧龙松、柏抱松、伞盖松等。在山西各地,还有唐槐、汉柏、宋桂等名贵树。

总之,凡是在古代大型建筑群里,各个庭院中都有老树和名贵的树。

寺庙里的绿色景观(一)

寺庙里的绿色景观(二)

城池里街道对景及端景

在一个城市中,道路的中间与尽端有一座或数座高大的建筑,它们互相对应。对景可增强城市宏伟的气魄,同时又能构成城市空间构图美的效果。国外的城市,街道构图往往没有端头建筑,不能构成对景。从城市一条路的一端向另一端望去一览无余,没有一个中心景物,没有一个对景中心。我国古代城市很注意设置端头建筑,每座城市有端景及对景的局面。

我国古代城市建设上,大的方面采取以宫城为中心(亦即宫殿中心),面对双阙,这是最大的对景,是最难构想出来的艺术手法。隋唐东都洛阳城,在选地规划时,着意考虑定鼎门面对龙门双阙。明代南京城皇城宫殿面对牛首山双阙,使宫殿中轴与牛首山双阙成为一条直线。这种对双阙手法是城市对景的一个重要方面。从宫廷遥观双阙,气势开阔,威严壮观。此外,还有宫城对城门,进入城池就有一个端景——宫廷。汉长安城覆盎门,面对长乐宫的宫城正门;北魏洛阳城的宫阳门,面对宫城;隋唐东都洛阳城定鼎门,面对宫城应天门;唐长安城明德门,面对朱雀门——太极宫;唐乾陵的第一道门,面对朱雀门、承光门;北宋东京城的南薰门,面对朱雀门——宫城的丹凤门;明代凤阳城门,面对宫廷正门;明清北京城永定门,面对正阳门。这些都是历代都城中轴线上的对景,是我国古代人民创造性的成就。

在一座城池内,端景产生的对景,实际例子很多。

城门楼　一般在一座城池的东西南北四个方向。在城内每条道路的尽端,都能看到一个城楼作为端景出现。凡是古代的城镇都有这样的对景。例如定州城以及各州府县城,还有北京城,尤其是故宫的东华门、西华门、地安门等等。城门楼是一个很好的街景,是一种很成功的对景。

钟楼和鼓楼　我国古代城池规划中,一般都要在十字街口或者是丁字街口建设一座钟楼或鼓楼,以便敲钟击鼓。北京城的钟楼与鼓楼偏于城的北端中心线上,其他一些中心城市都将钟楼与鼓楼建设在十字大街。呼和浩特城、大同城、沈阳城、古汾城都将鼓楼建在城中心。从四面八方进城的人,都能首先看到钟楼与鼓楼,这是一种很好的对景。

戏楼　城市里的十字大街或丁字街口建造的戏楼成为广大群众集会之所,这种设计方法,一方面将戏楼作为街景,另一方面将戏楼作为公共建筑的中心,可谓一举两得。青海大通城中心丁字街口就建有一座大戏楼;甘肃古浪县大境镇也将红楼建在城内十字大街的中心。这样就增加了城池空间的构图美,也成了中心大街的街景与对景。

牌楼　在城里建设牌楼是很重要的,实例也很多。牌楼是大街上的转角、交叉口、丁字街口的标志,除了这个功能外,它还能增添城池的街道美感。北京城里的东四牌楼、西四牌楼、东单牌楼、西单牌楼、前门五牌楼,都有这个意义。

寺院　城市里的道路尽端通常对着寺院。寺院也就成为一个端景,即对景。北京的隆福寺、临汾的大云寺、呼和浩特的慈灯寺等等,都是如此。

庙宇　庙宇是古代城池中的一种重要的公共建筑。地势选择在城池最适中的地方,而且是道路的直达部位。北京崇祝寺、永济县永乐宫、长治城隍庙,其道路都是直达庙宇正门。呼和浩特的大召(无量寺)、小召(崇福寺)也是采用这种方式。

古塔　古塔是佛寺里的一种建筑,在城池规划中它建在街道的尽端,构成城市的美景。苏州报恩寺塔就是面对大街形成城市的对景。

道路的尽端对宫殿、道路对衙门、道路对书院、道路对会馆、道路对影壁、道路对祠堂……这些都是城市对景的巧妙处理方法。

另外还有在大型建筑的后面对着一座山,把山设在中轴线中构成对景的手法。北宋东京城的万岁山、中岳庙的黄盖山、凤阳紫禁城的凤凰山、北京城的景山等都是利用自然地势构成的对景。

第十二章 城池里军事防御方式

大教场与演武场

大教场、演武场两项设施,都是军队演习武艺、操练军事战斗的场所。每一座城池的建立,城内或者城外,都要有驻军,军队进行操练,就要设置大教场以及演武场。

在城的内部,如有空场,这两项场地就在城内的城边城角建造。如果城内房屋甚挤,找不出宽广的空场,那就在城外贴进城边建设。从各县的情况来看,在城外建设这两项场地的比较多。

大教场 在大空场之旁侧,场边要建造主持练兵的教官休息、办公之所,因而都建设几组合院建筑,在合院之前端或侧面再进行场地建设。操场即教场,地势要平。同时在合院之附近或在大门之处,设立旗杆。旗杆有一根或两根,旗杆下端做台基,基上做旗杆台,将杆子立于台子的中心。旗杆用木材制作,旗杆的2/3处设旗杆斗,然后挂旗。凡是进行操练之际,都要挂旗,一般的军旗用三角形,两个旗,有横杆吊旗,然后将横杆升空。每次升旗之后,旗随风飘荡,表示已在练操之时。练操完毕,再将军旗降下来。有的大教场一场有两根旗杆,这叫双旗杆,对旗杆。还有的在大教场之处,建设两个台子,将双旗杆立在台子之上。还有的大教场建设双柱或四柱牌坊,用牌坊标志大教场之位置。

演武场　它与大教场有很多相似之处,但是这两项建筑是两个概念。演武场是专门表演武艺之用。有的城池把它叫做演武亭、演武馆、演武厅等。从其实质分析,演武场是这里的平民协助军队演习武艺的场所。

从南宋开始在城池里设大教场,据《宋史·礼志》记载:"高宗幸大教场,次幸白石教场阅兵……"宋高宗是南宋第一个皇帝赵构,到达临安(杭州)白石教场阅兵。

大教场与演武场实例——

凉州城　城池东北城外设有大教场,设有旗杆,合院。

祁县城　在城外西北角设演武场,并建有其他房屋,设有旗杆。

甘州城　在外城内西南设大教场,旗杆,合院三进。

高淳县城　西南建立演武场,设旗杆,合院。

长治城　城西南设演武场,旗杆,设房屋。

天津县城　城西北城外设大教场,设双旗杆。

太原县城　城外正北设演武亭。

云中郡城　城外建设大教场、双牌坊、楼阁。

宝鸡城　城外东南角设演武场,旗杆。

宁波城　城外东南角设演武场,设高台建筑。

屯留县城　城外东侧设演武场。

祥符县城　设大教场在城内西南角,旗杆。

安庆城　城外东南角设演武馆。

嘉兴城　城外东北角设演武场。

济宁城　城外正西设演武厅。

吉林城　城东门外东大营设大教场。

北京城　宣武门外设大教场,名曰将军大校场。

城外的鹿脚与地包

城池的防御方法,普遍采取鹿脚与地包。有这两种措施,对城池来说,可谓固若金汤了。

鹿脚布局这个防御方式是从大西北地区传到中原以及其他各地的。用鹿脚布局,是在护城河与城墙之空间地段,用木桩打入地内,木桩自由排3列,"乱打桩",混乱得像鹿脚踏过似的,不整齐,木桩为硬木材料,一根木桩,打入50厘米,地上露出40厘米,其桩与桩距离30厘米~40厘米之间。桩子露在地面上,与梅花鹿的腿一般高,因此叫做鹿脚。鹿脚可以起到绊马的作用。

关于地包的建设 在城池周围,特别是在战斗的关键部位设地包。在选好的位置处挖一大型方坑,深2米,底部3.5米×3.5米,在这个坑的边部有梯出入,坑顶做细木小梁纵横相搭,其上再用枝条覆盖,再和泥土加羊角,拌和均匀,将泥土堆积在枝条上,其上部再用浮土掩饰,这叫"地包"。

在地包盖与地包墙交地之处开观察洞口,其中有洞眼,防御的人躲在其中,敌人不可能发现,地包里的防卫者,可从洞眼向外观看敌方动态,必要时可放冷枪。我国城池防御和保卫方式方法甚多,除鹿脚布局、地包战斗之外,还有城墙的防御系统,团楼、硬楼以及弧墙、圆角墙等等。城门系统的防御还可利用瓮城,瓮城城门与城门开法并不是同一个方向,因为战斗时,城门是一个最薄弱的环节,城门若是防御性不强,最易于失手。敌方从城门入城那是很方便的。道路系统防御也是比较重要的,如果放敌入城,首先是道路不直通,城门不相对,这时可以通过进行巷战,来消灭敌方。此外,还有护城河之防御,水门之防御,炮台(角楼)防御,这些到必要时都可起到关键的作用。

关于鹿脚,笔者曾入大西北考察时亲眼见到过。

关于地包,笔者少时在东北地区地主庄园外见到过。

对古代城防建筑工程的阐述

我国古代建筑城池,其主要目的是为了防御敌人的进攻与掠夺。自从封建社会以来至今有2500年的历史,历代战争此起彼伏,所以各地建城池,为抗击敌人的进犯,必然要搞城防建筑设施以实现安全。

关于城防建筑的内容甚多,本文着重阐述其中最主要的城防建筑——

羊马城 它设在城池之外圈,距城50米～100米再建造一圈城墙。这个城的城墙规模和尺度都小于主体城池,这样的城叫做羊马城。南宋的静江府就建造羊马城,还有其他的城池也建造羊马城,它的目的是为了进一步保卫主体城。在羊马城之内不设街道,也没有住房,而是一圈空城,是为了防御作战而建的。

城墙 这是主体城,城墙高大宽厚,地基用石块做基础,运土堆土,运用版筑的方式,层层夯实,夯土坚硬,土墙表面砌砖。特别是到了明代嘉靖年间,社会经济大发展,那时将全国的主要城墙都进行包砖,成为砖城。这种砖城墙成为防御性强大的工程。

城门与城楼 一座主体城池的城,必然有出入之城门,但是城门的数目,要根据全城的大小、防御工程的结构、交通等方面才能确立,一般来看,至少要有东西南北4个城门。城门洞口,都做券门,宋和宋以前的城门都做圭角形的门洞。元、明、清则做券洞。

团楼与硬楼 在主体城池中,城墙的外部都有团楼,它是由城墙向外突出的半圆形的城墙(马面),因为它没有棱角,故曰团楼。

硬楼是在主体城上突出的方形城墙,用宋代术语称之马面。因为马面墙角都做整齐的棱角,成90度,故曰硬楼。其实团楼与硬楼都不做城楼,楼上是平的,当作战时,用以火力交叉,予以袭击敌人。

瓮城 它是在主体城池的关键城门外再做一个小型城,用它把守城门、保护城门、加强城门的防御性,是固守城关的主要部位。对瓮城的设计,有方形的、半圆形的、矩形的,是根据战略重要程度来设计的。凡有瓮城的城门,出入城门时需调转方向,左转或右转,再进入瓮城的城门,都是曲折而出,曲折而入的。我国瓮城的发展甚早。在汉代的一些城池,如汉长城之附属军城等已经开始建造瓮城了。敦煌、安西等地的一些汉代城墙都有瓮城,从那时之后各时代建城都分别建设瓮城。

城门桥 这种桥是在进出入主体城池的城门桥。这种桥与城池战略相关,它是护城河的桥。还有一些城池在旁侧河上也有进门桥。为了防御全城安全,建造各式的桥。一般来看城门桥都是平桥,固定式样。但是许多重要的军事的城池,城门桥则作为许多便桥或者是临时性的桥使用。浮桥是临时的,用毕即拆除。船桥是用小船横向排列,在船上铺木板,当兵马过桥时,拆去木板,将小船拉出,这样进城的人过不去河。拖板桥也是一种临时性的桥,两只船南岸与北岸,船帮相拼,用木板搭于船的两端,人们可以畅通,然后拆除木板,将船拉走。还有一种吊桥,平时将木板吊起,对岸的人进不了城。

高山 在城外跨进城之一半,或将高山纳入主体城池之中,这是从战略方面考虑的,这样有全城之制高点,备重兵,用以保卫全城之安全。山西沂州城,青海大通城,吉林省舒兰市巴彦鄂佛罗边门镇(今法特镇镇内有葛家山),这些都是利用山来控制全城进行防御。

战马城 即是在城墙内部不做城墙的墙身,用土做成大斜坡。战斗时,城内兵力会很快登上城墙,对敌进行防御。安徽寿州城,就是一个很好的代表作。

护城河与入门桥

护城河的尺度宽20米,深7米～8米,围绕全城一圈。

最早的护城河,应当始于史前龙山文化时代。

早期的城池尚保留下来的,如楚国的鄣都城,在城墙之外尚有一大段,河里

静江府城尊义门桥

还有水流过来,多少年来还有护城河的痕迹。但是有些城池的护城河由于淤泥
过深,护城河的痕迹一点也看不出来了。北京的护城河已做二环路,吉林城的护
城河已辟为环城路了。

在山西阳城县境内有一个润城,这是一座明代时建设的小城,实际上是镇
城。全城位置选在一条河中心,两边分流,城的四周为自然的大河,大河包围润
城,城门正对大河之岔口。

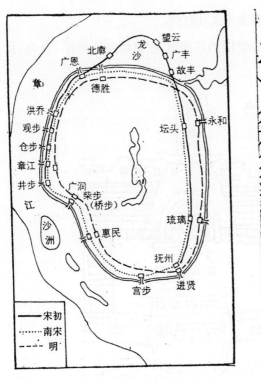

宋朝和明朝时南昌城址示意图

静江府城东江桥

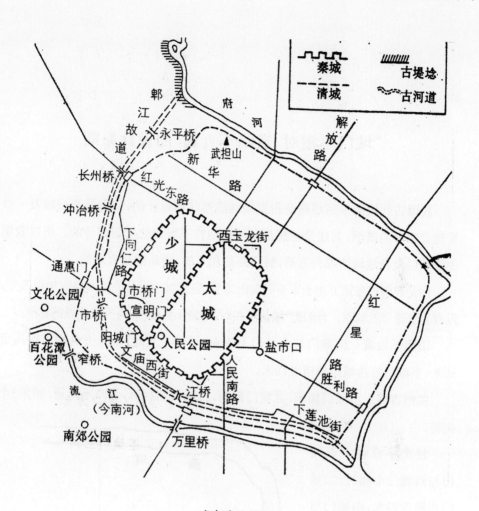

成都城位置图

"城门不相对　道路不直通"的设计原则

　　我国古代城池中的道路是根据城池的形状而设计的,特别是都城以及一些平地上重要的城池,其建设思想都是严格地按王城图的规划设计的。所以我国的都城以及各地城池都为方形,城门都是相对的,道路都是直通的。

　　但是我国许多地方由于军事防御的需要,也把城池设计的基本原则加以改变,没有完全遵守王城图。有的把"城门不相对,道路不直通"作为当地建城的标准。

　　山西长治城　南城门与北城门不相对,道路不直通,东西方向相差距离近50米,东城门与西城门相错近10米。

　　兰州古城　南城门偏东,北城门偏西,二城门不相对,道路不直通,相差3个街坊。

　　甘肃平凉城　东城门与西城门不相对,二城门相错近20米,南城门与北城门之间的道路不直通,各到丁字街为止。

　　庆阳城东城门与西城门不相对,道路到丁字口为止,道路不直通。

　　高淳县城　南城门与北城门也不相对,西城门三门道路不直通。

　　华亭县城　南北城

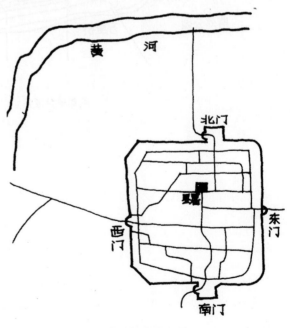

东明县城平面图

门相错,差10米,道路不直通。

通州城　东城门与西城门不相对,道路不直通,道路规划都是弯弯曲曲的。

祥符县城　南城门直通丁字街,北城门直通南部丁字街,二城门不相接,道路不直通。

溧阳县城　东西城门直达,南城门偏西,北城门偏东。

屯留县城　南北城门不相对,道路不直通。

淄川城　东西南北城门各不相对,道路均为丁字形。

金华城　东西城门不相对,四个城门的道路不直通。

陈留县城　南北城门相错,道路都不直通。

渑池县城　东西城门相对,而南城门为丁字路。

城池中的望楼

古代城池一般都设望楼,连小城镇里都设望楼。

最早的望楼是有实例的。汉代就已建成完美的望楼,汉墓的壁画上就绘出一种比较高的望楼。在最高的楼阁之上,还有一面鼓,这是在必要时把鼓敲响以报告敌情。从那时开始一直到清代,在中小型城池之内部均设望楼。望楼的高度不等,造型也不完全一样。

望楼的出现,其实最早是在住宅之内设置的。古代大住宅里,四面有高围墙,从院内向外什么也看不见,所以在院子之内设望楼。以后住宅都集中建立,用墙扩大包围,就成为小型城池,所以在这小城池之中建望楼。一直到清代,山西各地乡村在小型城中设村头高阁,内供奎星、土地等神位,人们常常登上这个大阁瞭望敌情,实际上这就是一种望楼。大型城池内不建望楼,即由城里的钟鼓楼等代替。

广东开平县城内，望楼十分普遍，几乎家家都有。从清代到民国年间，土匪横行，在南方的各个城池中都有望楼。这个时代的望楼有以下几种造型：有用青砖砌筑成方形或矩形的；有在清末民初受西方建筑风格的影响而用钢筋混凝土材料的，或者用石块砌然后与钢筋混凝土混合建的。广东各地，凡是望楼，基本上是这种风格。

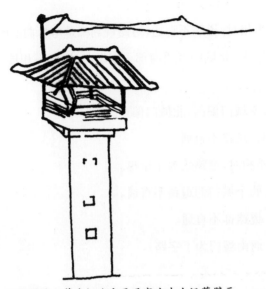

汉代望楼　摹自河北安平逯家庄出土汉墓壁画

陕西榆林城，是一座南北长的矩形城，在全城中有南北方向两条直通的大街，其中一条从榆林城的南门到北城门，有3公里长，在大街上建有八座楼。这八座楼阁都是属于瞭望性建筑。一是南城门楼，二为文昌楼，三为万佛楼，四为新明楼，五为钟楼，六为凯歌楼，七为鼓楼，八为北城门楼。这是其他的城所没有的。在主要大街建八座楼，主要是为了加强城池防御，同时，这八座楼也是一种街心景观建筑。

参注：赵立瀛等著《陕西古建筑》，陕西人民出版社，1992年版。

深圳沙井镇住宅望楼

"弧墙"与"圆角墙"的意义

在城池中,凡是城墙都建成直线的方形城池,这是建城的基本原则。但是有很多城池的城墙不做直线,而做"弧墙",在城的转角部分,不做90度角,不是那么规规矩矩的;也有很多城墙做"圆角"。

这种墙叫"弧墙",弧墙防护性强。防御人员可以从两端消灭敌人,敌方有多少兵力,防御人员就可以消灭多少兵力。建弧墙完全是出于军事防御的需要。弧墙都做一面,外面做"弧墙",或者东西城墙两面做"弧墙",这主要看哪一面可能受敌,哪一面是全城之弱点,弱面就设弧墙。也有许多城池在四面全部设弧墙的。

圆角墙(弧角墙):在一座城池之中,凡是设圆角墙的城池,便没有角楼。城上的防卫人员、士兵从东城墙顶走入北城墙顶,中间为圆角墙,没有什么阻隔,可以自由随便往来与出入。做圆角墙没有角楼阻挡,便于攻击敌人,士兵在城的圆角处,可以看到两边方向的弧墙,更易于防守。

有"弧墙"的城池　平凉城北城墙有两段弧墙,庆阳府城西城墙为弧墙,全坛县城的,西城墙做弧墙,松江县城西城墙也做弧墙。

有圆角的城墙　嘉祥县城,全城做出大圆角,青浦县城也做大圆角的城墙,其他有定海县城、鄞县县城、榆次县城、宝鸡县城、瑞安县城、太湖县城、通州县城、华阳县城、华亭县城、凤化县城、溧阳县城、繁昌县城、镇海县城……这些城池几乎全部都做成圆角城墙。

平凉府城

平凉府城建在甘肃省平凉,地处陇东,六盘山之东南坡,与宁夏毗邻。当地交通不便,现在从陕西宝鸡到这里有直通的铁路。明清时代是平凉府,设府城。这个府城建得十分复杂。

主城正方形,但是在东北角以及东城墙,做一个弯曲的斜弧墙,因此,东城墙是不整齐的。全城有五个城门。南城门做一个弧状瓮城。东城门做一个椭圆形瓮城。北城门做一个矩形的瓮城,东西方向长,而南北方向窄;人们出入小北门之时,先要向东拐,出东边的城门。东城墙为弧形,所以把东门开在弧形之中心,东城门外再做一个小圆弧形瓮城。在东城墙建一条半圆形城作为外城出现,

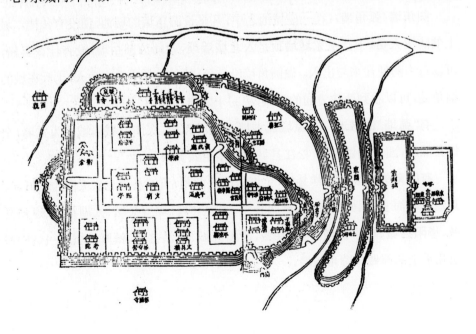

平凉府城图

这个又开城门四座,北城门一座,南城门一座,东城门两座。在东外城之东辟东关城。这座关城,南北方向相当于主城之南北大小,东西宽度比较窄,而且这座东关城的东、西城墙都做出弧形,北城墙很直,但是它的南城墙又是一个半圆形。关城有三个城门,即东城门、西城门、北城门。东关城之东,又建设一座紫荆城,这个城同样是南北长、东西窄的一座矩形城,不过这个城的四面城墙做得非常整齐,一点不弯曲。在紫荆城的东门外,又建一座城,其大小与紫荆城的面积相差不多,此城基本上是方形的,城墙也没有弯曲。

现在从总体看,主城之东门外有瓮城;再向东,即是东外城;东外城之外,为东关城;东关城之外,有紫荆城;紫荆城之外,还有一个小城。共计有六重城,有七个城门向东,而且这七个城门基本上相对。

全城的道路,主要体现在主城之中,五个城门道路不相对,每门进入后,道路都不直通,每条道路都再现丁字街口以及拐角路口。

主城内的建筑组群有很多。北城有:平凉府、府学;南城有:平凉县治、文昌楼、城守营、考院;西北角有:卫仓;城中心有:文昌宫、关帝庙、文庙、县学;东城有:子孙庙、城隍庙、马神庙、火神庙、怡平寺;东外城有:三圣庙、财神庙、药王庙、船仓子;东关城内有:土地庙;东小城内有:寺塔、东药庙、东观。

全城的水系,从东北向南方向流入。第一条河从东关城与紫荆城之间流向城中;第二条河是从东外城与东关城之间流向正南;第三条河是从正北流入北瓮城;第四条河是从正北流向西南,主河在城北,从东向西流入。

全城护城河,有四条支流,但护城河在图上没有表现出来。全城之内原有花亭,寺院建筑组群特别多,全城的建筑占得满满的。在北城瓮城之内有温泉、树木,这是全城园林之所在,但是图上表现得极其简单。

作者于1971年专程从陕西宝鸡进入平凉,考察陇东古建筑,同时考察平凉府城。

从图上可以看出,在建设平凉府城时,东城之外,又建四座城。

参注:《甘肃通志》中的平凉木刻图。

寿州城是我国唯一完整的土坡战城

　　在皖北大平原中心的古寿州城,南依大别山,北控淮河流域的广大平川以及泗洪地带,可攻可守。在军事上是一个可防守可进攻的有重大战略地位的古城,非常重要。这个府城建置甚早,远在春秋、战国到秦汉已不断建立邑城,隋唐置州城,明代扩为寿州府,清代在这个地方驻有总兵。此地相当重要,南锁长江,北据两淮。

　　寿州城目前保持尚完整,城墙尚遗存,唯有东西南北四个城门的城楼早已拆除了。不过各城门门洞尚保存。全城南北长2000米,东西长2000米,总面积400万平方米。这座城池在建设时,为了符合战略要求,将寿州城建为土坡战城。这样的城在建城时,本来是城墙的两面,用砖包砌中间墙进行夯筑,但是它只在城墙的外部做砖墙,在城里的这一面城墙不做砖城墙,而是用土填充,构成一种斜坡直至城墙顶部。也就是说,在寿州城建成之后,从外部来看,与其他城池是相同的,是一座牢固的砖城,雄险万端。但是,进城之后,从城的内部来观察,全城为土坡城。城墙外部墙高七八米,城墙内部延伸土城30度斜坡,没有内城砖,这

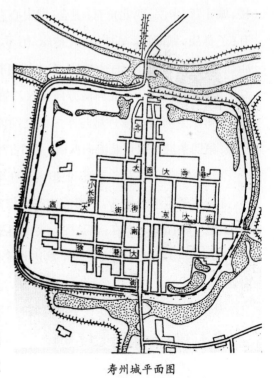

寿州城平面图

种做法,叫做土坡战城。

由于进入战争时,由土坡登城方便,城内的战兵可及时登城,而且登坡速度快捷,同时登城的兵力也多。从全城四面八方登城,同时战斗,这样易于获得战斗的全胜。如果城内不做土坡,仍然建造砖墙,在这样情况下,登城的兵力只能从马道登城,而且兵员登城拥挤,登城的人数又不多,实在不易战胜。因此,土坡战城优势甚多。

关于建设土坡城池,古代比较多,不过年深日久,古城、土城逐步遭到破坏,比较完整的能保存到今天的大概要首推寿州城了。所以说寿州城是我国唯一保存下来的土坡战城。

从遗迹中可以观察出当年寿州城宏伟壮观,可以进攻,可以远控,可以防守又可以交战。城内省去包砖,不做登城马道,可以从各面登上城端。

寿州城是一座府城,面积广大,全城基本上为方形,但在四个城角,不做90度角,全部作弧状,成为钝角。南门瓮城,矩形,瓮城城墙全部做石块七八层,西

寿州城南门

寿州城北城门

寿州城南门土坡城墙

城门瓮城状况基本相仿。北门的门洞略作大型圆弧,并非正圆形,城门洞之周围做成砖花看面,横分数格,再砌斗砖,券门顶端镶嵌石作门匾,上刻"北门"二字,其上做成一个小型屋宜的一座小殿宇,檐部有斗栱之示意,上出屋顶。西门刻出"靖淮"二字,整个门脸上下墙面一块直陡砖墙面,与两侧之城墙侧脚式样迥然不同。各门洞高与宽之比为2:1。在东墙还存留一个方形马面,全城四面的城墙均做砖城,非常完整。在城的东北城角处设有水闸,当年城内水大时,水闸可以控制,城内水少时,也可以控制。

根据地理位置、军事、战略的构想建设出寿州城池,其筑城工程技术之高,城墙之坚固,土坡战城是一大特色,这是我国唯一完整的土坡战城。敌人想把城墙打塌是不太容易的,因为它不是孤立的一堵墙。这种做法的防卫意义较大。

寿州城南土坡城墙

第十三章　关于筑城的施工方法

春秋战国筑城施工的方法

我国早期的城池数量很多,但对城墙的筑城施工方法,由于历代文献遗存有限,没有具体资料证明,人们只能根据现存城墙予以推测。笔者在1971年对郑韩故城进行考察时,在北城墙偏东的部位南侧,发现一个大洞。这是农民为了储存木材、粮食或其他物品,在城墙墙体上挖掘出来的。洞门宽4米,洞内南北方向5米,东西方向9米,约计45平方米。进入洞中,观察洞顶时,发现洞顶夯土层有塌落,并露出了一片当年筑城施工时的建筑工具的痕迹:圆形柳条筐,直径约80厘米;麻绳一条,曲折盘缠,长约5米~7米,直径1厘米;还有木扁担一条,长2米,宽15厘米左右。这三件建筑工具原物已经腐烂不存在了,只留下非常清楚的印痕。

从这些印痕,可以了解郑韩故城城墙的施工方法,就是用圆筐装土,用绳子绑在筐上,两人用木扁担抬起装土的圆形筐,从地面往城墙上运土,一层一层地抬土,一层一层夯实,这样逐步把城墙建起来。

郑韩故城在河南新郑县县城之外,城西面山水,东临黄水河,南为大平原,为军事要地,战国时期为韩国都城。该城城墙至今大部分尚存。全城周长45里,分为内城(宫殿区)、外城、手工业作坊区,共有九门,宏伟壮观。

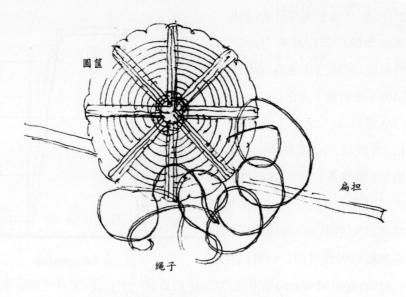

圆筐

扁担

绳子

郑韩故城出土的筐、绳子、扁担印痕

春秋时代郑国京城已用脚手架施工

春秋时代郑国的都城即是现存的郑韩故城,在今天的河南省新郑县的外围东南。但是郑国的京城却在今之河南荥阳县东南距县城40多里的张村附近,于公元724年建成。它不是都城,是一般城池。笔者于1971年专程前往该城作地面考古调查,目前全城城墙基址基本存在。全城略作矩形,南北宽1500米,东西长2000米,合计占地面积300万平方米。城的东南角及西城墙的北半部,城墙墙体基本存在。特别是西城墙的北半部,墙体遗留较高,仍然保存当年式样,高4米~6米不等,城墙的塌落处宽3米~5米。在城墙的表面保留着成排的洞眼,洞眼直径15厘米,每个洞眼相距70厘米~80厘米,洞眼的上下距离达到2米左右,排列十分整齐,这是当年建设大京城城墙时脚手架的插竿洞眼。施工完毕,虽然用大

泥封住,但是由于年深日久,洞眼
土都逐渐脱落露出原来的洞眼。
这些洞眼,表明当年建造城墙时,
采用脚手架的施工方法。

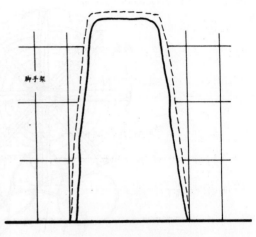

脚手架

全城的城门,大体上确认有6
个门,南城墙2个,北城墙2个,东
城墙、西城墙各1个门,这是在踏
勘全城时看出来的,同时也是根
据当代道路的名称分析得出的。
在南城墙的偏西城门,一进门有

郑国京城东城墙脚手架

郑庄公庙;在南城墙的偏东方向的门,进门后有一个古井,又有一座后来建造的
洪福寺遗址。城内有两条东西大街,稍北的一条东西大街可能是主街,连接东、
西城门。北城墙有两座城门,偏西端的北门,进门为御路岗,这是当年的宫殿区,
从这通向郑庄公庙;偏东方向的北门,有一条路叫通寺街,可直通洪福寺,这可
能是后来起的名字。通寺街的两侧斜面,还有南沟、北沟。城东有教场、点将台两
个土堆。

经过对全城的考察,最大的收益是发现城墙的施工方法。它采用单排插竿
脚手架施工,将插竿一端伸入墙体25厘米左右,另一端则绑扎到立竿上,在插竿
上铺上跳板,匠工和材料都在跳板上。

笔者在考察时,发现西城墙的两侧各有一排洞眼,洞眼距离地面有1.4米
高。向北数第四个洞眼,明显地可以看出洞眼内部洞壁,当然是圆形洞眼,洞壁
也是圆形
的,就在这圆形洞壁内侧,还有
麻绳缠竿的痕迹。这就说明当
年在施工插竿时这一根插竿竿
头已有裂口,故而当时施工的
工匠,用麻绳绑扎竿头的裂口,

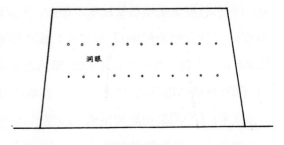

洞眼

城墙插竿洞眼

然后再将木竿连同绑扎的麻绳
一起插入城墙墙体中,在施工完
毕时并未将插竿抽出,以至麻绳
痕迹犹存。这是很难看到的一份
资料。

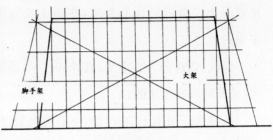

城墙脚手架

我们今天仅仅知道宋代的
脚手架,叫做"鹰架",明清两代叫"搭材作"。我国古代建筑的构造以木构建筑为
主流,很早就已用木构架了,在施工时,也都是用脚手架施工的。

筑城的工具——石夯、铁夯、木夯

夯,是筑城工程的一项重要工具。我国自古以来,各地筑城大都是用土做城
墙,要做土墙就是要在墙基上堆土,但土是松而软的,如同散沙,不能成为块状,
做不了墙体。在用土筑城时,要先将土加水进行闷湿,在墙的两侧用木板或木
橼,作为挡土的夹板,这时再用夯打土,把土打坚牢,两个人抬夯,砸土,这叫做
夯土。

夯土,由两人抬一夯,八人即可抬四个夯,打夯时,循序渐进,一夯压一夯,
一层一层地打,一段一段地打,这叫做打顺夯;还有一种方法叫做梅花夯,即是
打一个梅花再从四面打梅花。在打夯时为了减轻夯的重量,让人们精神上有一
个寄托,工人们口里唱着打夯歌,一面打一面唱。歌词中有开玩笑的话,也有逗
人乐的话,听到这样的歌词,大家容易产生一种愉悦感,从而分散精神,减轻打
夯的压力。

"夯"即是夯头,仰韶时期、龙山文化中出现过一些夯头。到商代,打夯有了
一定进步。若是从偃师二里头文化来看,比商代还进步,这从当时大面积打夯中

可以看出。战国时代的夯头，在出土文物中颇多见。

秦代石夯，分为大小头，直径30厘米，高40厘米，是从阿房宫出土的。

从陕西栎阳出土的汉代大头石夯来看，体现出圆锥体，高7.7厘米，孔的直径15厘米。茂陵出土的石夯，孔高9.5厘米，孔的直径11厘米，中间有洞。秦代石夯头与汉代石夯头近似。

在河南舞阳谢古洞遗址中，曾发现了金代铁夯头。金代铁夯头是很难得到的。其铁夯头比正圆形略长，直径16厘米，长20厘米，夯头全为圆形，唯独底部为平面，中间有一个圆形洞，直径10

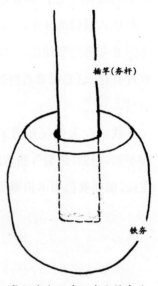

插竿(夯杆)

铁夯

舞阳谢古洞遗址出土铁夯头

厘米，这是插杆的圆孔，持杆进行打夯，夯头单人使用，叫"夯杆"。早期建筑，用夯杆打夯，夯窝直径比较小，当提出土层之后，全部为一个一个的小型夯窝。

从原始社会到清代，木夯贯穿整个历史。木夯种类特别多，可以说每个地方，用的木夯都是不相同的。木夯的材料，主要选取硬木、硬杂木。如松树、柏树、枣树、槐木、榆木、楸木、核桃、黄楸……

木夯大都是大小头，大头当然向下，抬夯和夯把安装也各不一样。

打夯方式各不相同。有两人、三人、四人，也有五人夯。除打夯之外，还有"硪"。"硪"分三种："大硪"、"石硪"、"铁硪"，不论什么硪，都是在硪上钻有洞眼，拴上绳，大家集体打，一个硪用七八个人或十多个人。大家拉着绳，一人一条，集体用力，把硪拉起来，再往下，一下一下打；一面打，一面唱歌，是一种集体劳动，很有意味。

参注：张驭寰著《中国土工建筑》。

夯土、版筑、土坯

夯土、版筑、土坯是我国土工建筑的三大技术方式。自从有人类，即与土打交道，所以人们常讲人是土里生土里长，终生都离不开土的。在原始社会，人们穴居、半穴居，以后逐渐搬到地面上来，还是土窑洞、土平房、土墙、土炕等等。人们造房子还是用土打墙，建筑宫殿也是土台、土楼、土塔、土城、土墙。

夯土可以夯筑地面、地基、墙基、河岸、岸壁。它主要是用夯打土，用外力作用使局部地基、墙基达到整体坚固的程度。

版筑是用木板做挡土墙，立柱挡住板，夯打层层移板。在陕西各地流传一种杆打墙。当地木板奇缺，没有办法解决，即用杆打墙。战国时代筑城，常用拉绳方式，在立板立杆的两侧用绳拉紧，以防夯土时将两侧木板或木杆外胀。

土坯是人工制作的，如砖块模式，但是土坯比砖块要大得多，用它砌成各式的墙体。用现在的话来说，土坯就是未烧制的砖块。土坯发展早，在原始社会时就出现，河南新野县遗址就有土坯。从西周时代的周原遗址的土坯来看，比今天的土坯尺度大而薄，其形状大略是方的。经过3000多年之后，大坯尺度变为30厘米×25厘米×7厘米。土坯与人基本上没有间

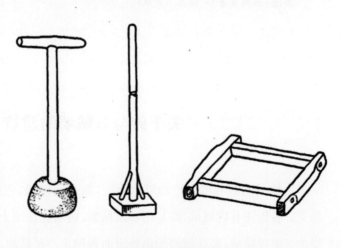

土坯模子   土坯夯工种

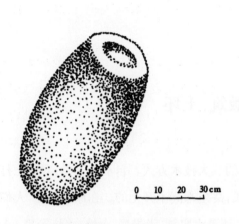

茂陵出土汉代石夯头

土夯工种　夯土版筑楼

西汉石夯头　陕西茂陵出土

断,凡是人们进行建筑都离不开土坯,甚至今天,广大农村建筑仍然就地取材打土坯。可以说土坯与人们的生活有着密不可分的关系。各地土坯的尺度不完全相同,砌法、做法也不完全相同。有些地方做土坯还在土坯中间加上木棍,用以加强抗压力、抗拉力。用土坯建造的房屋经历千百年也是不会塌毁的,它的特点是防震性强,防弹性更强,既防寒又隔热。可以说,土坯是过去使用的性能非常优良的建筑材料。

　　参注:张驭寰著《中国土工建筑》。

关于砖与石城墙的建造

　　古代城池的城墙建造均以土为主,做夯土城墙,也用夯土版筑的方法进行施工。各地还有砖城墙,即是用砖筑城墙,砖墙也是用土做墙心的。砖是经过焙烧的。做砖城墙,是在城墙的内外表面再砌出一层砖皮。砖砌包皮,当土墙完工之后，紧接着就得砌砖，内外都紧贴土城墙，有两面都砌砖的，这就成为砖城墙了。

这种砖砌城墙从汉代就有，不过那个时代，砖城尚不发达，仅个别的城墙做砖城墙。到明代，国力强盛，经济及手工业迅速发展，制砖技术也很快地达到一定的水平，因而烧砖业大发展，所以在全国大量建砖城墙，砖城墙有了突飞猛进的发展。今天，我们所能见的以及所知道的砖砌城墙基本上是明代的。当时谋士朱升向朱元璋献计"高筑墙，广积粮"。

用石灰或白灰做灰浆，大量砌筑，青砖城墙露出白色灰缝，十分美观。砌砖之时，墙面有侧脚，即是砖墙表面从下至上都向墙内倾斜，因此砖块层层砌出露凿于墙面中。砖城墙的顶端、垛口、枪眼也都用砖块砌出，完完整整，做工十分规矩。墙顶各处包括墙顶表面，都用青砖包住，一点也不露土。其他如马道、踏步，也是全部用砖块砌筑，非常整齐，城墙用砖块砌筑，使城墙达到非常坚固的状态。它可以防雨，经历时间虽久，但砖墙各处从不坍塌，固若磐石，砖城墙非常美观。

关于砖城墙的基础，必须用石块来做，这样使墙基更具有防潮的能力。不砌石块时，向地面之下砌40厘米，地面之上也有40厘米～50厘米，这样它可以保住砖的吸水率。

用石块砌筑城墙，这又是一种方法。凡是用石块砌城墙，应当是石材比较多的地区。例如太行山区以及福建各地石材较多，所以那里建造石城墙。特别是沿海各地建设的海防城，都用石材建城。沿海广东柘城、大呈所城，全部用石块；福建沿海的大京城，也是全部用石块建成的。用石块建设城池，城墙内部也用土，也同样是先打土墙，然后从土墙的两面紧紧地贴砌石条或石块。

石城墙有以下特点：石块大，易于施工，用石块做城墙干净利落，石头色调纯正，发出青白之色，这个色调不突出，有一种自身的防卫性。外观效果甚好，石块坚固耐久，可以抗年限，又可以防弹，用石块建造城池益处很多。我国的石城墙为数并不少，不过早期的石头城还不多，特别是在宋以前，基本上还没有见到石城墙。万里长城也是一段一段的，有的段落用石城墙，仅仅在内蒙古尚保留用石砌的一大段秦汉长城。

关于我国夯土筑城的发展

商代是我国奴隶社会发展的鼎盛时代，那时人们已用夯土筑城。例如郑州商城是分层夯筑的，最厚的部分在城的东北角，达到20多米，厚21米左右，夯层有8厘米～10厘米，城墙夯土坚实。东周王城的夯土是非常坚固耐用的。春秋末期，夯土工程也得到相应的发展。

战国时期各国城墙坚如磐石，城墙全部用夯土版筑。齐国的临淄城，城里的高大的土台，过去是宫廷，如桓公台、歇马台，从中可以观察出夯土技术。燕下都，城墙绝大部分已在地下，残存的高度为六七米，全部用夯土建城。赵王城分为东西二城，城墙土质坚硬，从城墙中看，它土质混合石灰面，所以更加坚硬。

汉代许多大型城池，其城墙也都用夯土筑的。在沙州城，还用芦苇来固定土，以防雨冲刷墙土，还可增加土墙的强度。

唐长安城城墙都采用土版筑的。在皇城西部街坊的城墙厚度为2.5米～3米，顺城街六条街坊为2.5米～3米，宫城南墙18米，外廓场城墙9米～12米，许多地方长宽都有三至五米。

北宋东京城，是在平地筑场城，城墙每面设马面一个，从护城河挖土，把土运到城墙上。宋代的筑城方式，根据

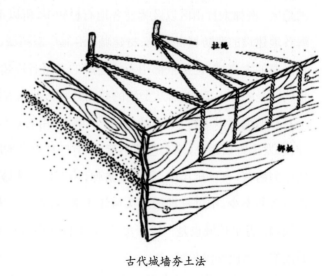

古代城墙夯土法

《营造法式》一书记载:"筑墙之制,每墙厚三尺,则高九尺,其上斜收比厚减半,若高增三尺,则厚加一尺,则减亦如之。凡墙每高一丈,则厚减高之半,其上收面之广比高五分之一,若高增一尺,其厚加三寸,减亦如之。"元大都城墙为军工修筑,时间短,因为是夯土,土质松软,每隔五年左右要再夯筑一次。

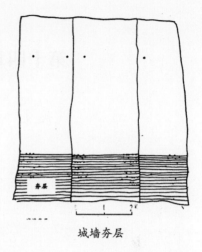

城墙夯层

　　明代初年,朱元璋采取"高筑城,广积粮"的防卫政策,在全国开荒种田,积极防卫。至今遗留下来的城池不下数千座,每一座城池都挖土筑城,城的两个侧面,包上砖的表皮。

古代城墙夯土法

第十四章　具体实例分析

宝坻旧城规划之特色

　　在北京城的东面香河县,再往东,有一座宝坻县城,归河北省管辖。它地处香河、蓟州、宝坻之三角地带。当年建设宝坻县城时,五代时在此设榷盐院,辽代时建新仓镇,金代时改为县城。因为它是国之宝,所以叫宝坻。建县之时先做一规划图,然后按图施工,建成之后,大约在金代,到今天已有800多年的历史。笔者于20世纪70年代初,曾往宝坻考察,与原图反复印证。当年建城之时十分完美,至今已大不相同,考其旧址,当可辨认。这是冀北与京东之要地,城北紧临洳河,地势开阔。

　　宝坻全城是东西略长的矩形,全城开东西南北四个城门,各个城门都做有侧脚的大砖台,台上建设城楼,城楼两层上覆歇山顶,十分壮观。各城门都开券门门洞。各城门外建造瓮城。瓮城城门全部开于瓮城右侧,独瓮城北门开于左侧,这是宝坻城独创的。全城四个城角均设角楼,角楼也是建在突出的方形砖台之上,角楼做两层,开券门,楼做庑殿顶。护城河不做直线河。当年建城时,故意变化形状,每面都有四五个回弯,这一点是宝坻城特有的。各城门的出入桥,都对着瓮城的中心架设,但是从瓮城的城门外,还得拐一个"S"形的弯曲状,这一点也算是宝坻城非常重要的特点。

　　城内大街,纵横相交,从南城门到北城门这一条大街是笔直的,街道很宽,是一条主要大街。东西方向的大街为二级大街,共三条。南部第一条横街,在东半城,东至东门,西至南门内大街。西城的南横街,西至城墙,直达南大街,当中一条为西门里大街向东,通过南大街直达东城根的文昌阁。第三条横街是东至城墙,西达城隍庙。这三条横街,哪一条也不直通,这是防御性规划全城的成果。

　　这座县城,在城内还有一条大河南北贯通。河从南城门东侧入城,弯弯曲曲穿过三条横街,从北城墙东部出城,入口与出口全部由水门与护城河连通。在一个县城里有河水贯通的例子是很少的。

　　城里的公共建筑,西半城有四大项,东半城有五大项。西半城有:

　　县衙门　在西半部的南横街,坐北面南;大街之南侧有大影壁;大门为三门制,一高两低;进门为大堂,建筑高大,做庑殿顶,其余都是附属房屋。

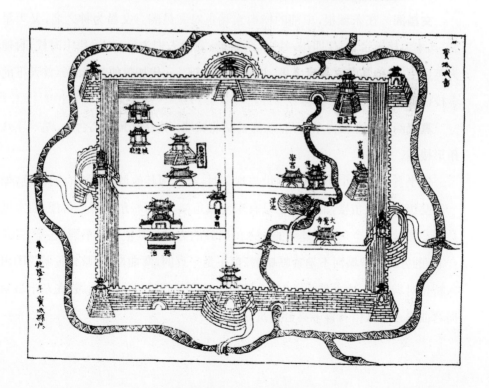

宝坻县城图　南北大街相通

关帝庙　为武庙,建在南大街之西侧,县衙门之东边。

城隍庙　建在城的西北角,与西北横街相通。庙前有一个大牌坊,是三门四柱三楼式,十分壮丽。进牌坊之内即是城隍庙大殿,三间,庑殿顶,并用直棂窗。

广济寺　在西城门内大街路北,坐北面南。在山门之后,即为大雄宝殿。做三开间,重檐庑殿顶。大殿建在高台之上愈显宏伟壮丽。

东半城有五大项公共建筑:

大觉寺　大东门里大街路北,坐北面南。

文庙(学宫)　在中横街路北,大门前有活水泮池,泮池与大河不相连,以达到清洁卫生的效果。

魁星楼　建在学堂的东邻,楼做三重檐,庑殿顶。魁星楼是供奉魁星之处。据《日知录》:魁者奎也,二字相通。奎星是北斗七星的第一个。同时奎为文章之府,所以以庙祀之。有奎星庙、奎文阁、奎星楼。

文昌阁　在东城根,中部的横街东端正对文昌阁。文昌为神之名,又为星名,其本为梓潼帝君,住四川,姓张,名亚子。死后人们为他立庙。唐宋时代,封他为英显王,让他掌管文昌府之事,并掌人间录籍。元代加封他为帝君。普天下的学校皆奉祀之。

真武阁　建在城内东北角,北部紧贴北城墙。建在八角形高台上,是一座八角形楼阁。

这个县城虽然很小,但在建设与规划时,有几项其他城池所没有的特色,如一般县级城不做角楼,北京城也只有东南城角楼、西南城角楼两个角楼,而宝坻县城竟然做了四个角楼。瓮城的出入门所开的方向与其他城池不同,它是“三左一右”的方式。护城河不是紧临城墙,也不是平直的,弯曲,不规整。各城门的出入桥正对城门楼,由瓮城出入时,必然产生“S”形的路。大河引入城,在东半城斜向弯曲通过。城内有许多高台建筑。

文水县城

文水县城位于山西吕梁山脉东坡下,在交城东南、汾阳东北之间。抗日战争时期的刘胡兰烈士就出生在这个县,因此该县在全国闻名。在北魏时,文水县叫绥阳县,隋代改为文水县。

县城为正方形,东南西北四面各开一座城门。西城门曰乐城门,北城门曰拱辰门。全城四个转角,各建角楼一座。

城内的道路,主要有东、西、南、北四条街,构成十字大街。西门大街叫武修街,东门大街叫贵信街,北门大街叫明敦街、善治街,南门内大街叫忠孝街。全城

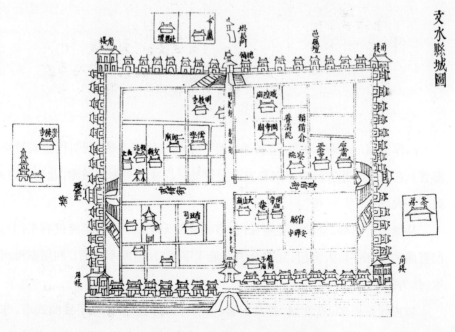

文水县城图 方形城池 十字大街相通

有环城路,南北八条街,东西六条大街。内部街道,还做出许多丁字街以及十字路口。

在东北半城建有明教寺、儒学、二郎庙、文庙、县府、典史。西南半城计有布政司……东南半城设有赵筒子庙、官厅、安禅寺、关帝庙、太山庙……东南半城有城隍庙、关帝庙、养济院、预备仓、察院、正念寺、后土庙等。在北城外建有社稷坛、演武场、邑历坛、总馆……东城外,有茶房。在西城外,有崇圣寺,寺内还有崇圣寺塔,共五层。南城外,建风雪坛、连城桥以及关城。也就是说,为满足平民居住的需求,只是在南门外建设了一座关城。

文水县城区规划出环城路,这种方式也是不多见的。城内的道路主要都是平行与垂直的。

城墙上部,照常建有垛口,同时还接连做成硬楼,彼此接连起来,每个硬楼在城墙顶上又立起两层楼,十分壮观。

参注:《太原府志》卷二,文水县城图。

高淳县城

高淳县城,汉属溧阳县,隋属溧水县。宋代选建高淳镇,到明代正式设立高淳县。它位于江苏省西南方向与安徽交界处。县城之南为团城湖,北为石臼湖,湖面甚大。

县城做正圆形,全城有五座城门,有城楼而无瓮城。城内道路仅有东门与西门直通大道,南门、大南门、北门全为直通丁字街口,道路不直通。利用秦淮河的水,作为护城河。

城内建筑很多。在北城,有县衙署、崇明寺,寺内有一座七层楼阁式塔。东北城里有学院、文昌阁。南城有学堂、城隍庙、文星楼、关帝庙。西门里有养济院、常平仓、青元观。

　　县城南面有五里岗、大材、王庄、青城埠、葛村、新坊等，是居民居住地。除此之外，尚有大通庵、龙源观、张庙、唐陵等等。县城东面有太平庄、谢塔铺、淤乡、镇乡，此外还有先农坛、急流庙、何庄庙等等。县城北面有祝南、孝义、东西谢、东西寨等，除此之外有演武场、社稷坛、凤坛等。县城西面有郭家塔、杜家山、阙巷村、前辛里等，此外还有三台寺、三台塔、华墓岗、磐山等。高淳县城四面多山，县城选在山间平地。县城里的用水来自石臼湖，水面甚大，距城甚近。高淳县城地处交通要道，村庄、建筑很多，与北方的古城城外的面貌完全不同。

　　参注：明代《高淳县志》。

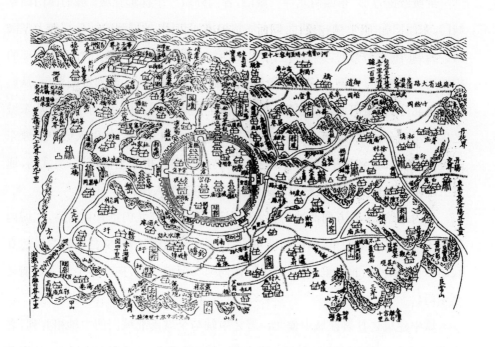

高淳县城图　城郊与城内关系

奉贤县城

　　奉贤县本属华亭县境,因在县东有奉贤泾,所以清代设奉贤县,县城设在南桥镇。奉贤县城在江苏省境内(今属上海市),是在从松江到南江县城必经之路上。它是南方的一座方形的典型城池。

　　全城做正方形,东西南北各一城门,各门外做一个梯形瓮城。城的西门曰阜城门,东门曰朝阳门。城的四面都有环状护城河包围,护城河的转角都做大型圆角。城西、城北都有河,护城河的水是由西城外的河进入护城河的,后从北部的护城河流出城外。南河是从城东南角的护城河流入主城中。南河进城之后,从魁星阁之北分岔,南河通过流歪渠,再向东流至武庙以南,进入仓河水池。从东城之内魁星阁分流至朝阳门与北河交汇。北河之水自东城之外引入城中继续东流,从县署后街,到言子祠再向南一直到城守署,向东折流至都司署、演武场,通过五座桥流入典史署的大湖内。另在城西北角建仙人潭。

　　城内道路,东西方向两城门有大道直通,而南门到北门也有直的路,在城内做一条环城路临南门里,到东西城角转弯,再从元通阁转弯,文昌阁转弯直达真武庙,再向东转至北门里,再从言子祠转向南与河道平行,向东再经过来贤街转至东门。

　　城中建筑之县署在城中偏北,署之中轴与全城南北城门的中轴相并列,署中轴正南建雁翅形影壁在东西大道之南,东西辕门跨于东西之大道上,县署前东西二厢房做八字形,这样显得署前的空间特别宽敞。进门之左为内贤,右为仓社,前厅、正厅三房并列,非常壮观,后厅为后寝,再用墙包城大院。东北角为真武庙。东门里有接婴堂。

　　西北角并列四座大祠庙:一曰言子祠,二曰节孝祠,祠前设大牌坊,三曰同乐堂,四曰城隍庙。在四座祠堂之南侧即河道之南则为城守署、都司署、演武场、典史署等。城的西南部分空地较多,只有一座武庙。

在县城东南半个城中,有七组建筑群:一曰文庙,三进,最南边同样设雁翅形大影壁,影壁之内建设泮池,东西大道上建设东西辕门,均为跨街式,然后为大殿、尊经阁。二曰学堂,三曰社仓,四曰三官庙,五曰元通庵,六曰文昌阁,七曰肇文书院,最东南角为魁星阁。这些建筑前后交错,大小不等,也是十分壮观的。

城外东北角有先农坛,门前有大牌坊。在北瓮城(月城)之内建立大佛阁。

这一座城全部用砖砌成,四角建角楼,四个瓮城(月城)为梯形城。关于水系,河道内外都做环城方式,城内的水流弯弯曲曲,汇成三个水池:一曰仓河池,二曰津池,三曰仙月潭。这样设计可以保证全城之用水。道路也做环城式,东西大道直通城门而南北大道不直通。城内建筑组群中以祠庙居多,这是我国城池中的一个特征。这座城的规划设计,还是体现出王城图的基本原则与特征。

参注:《奉贤县志》民国刻本

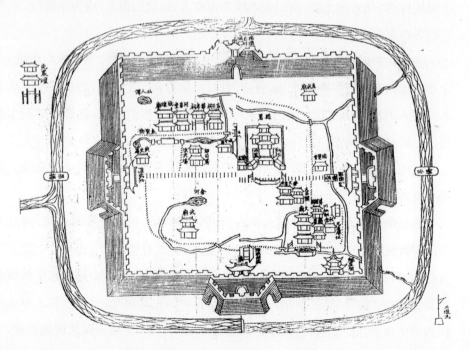

奉贤县城图　河水入城三条　十字大街相通

溧阳县城

　　溧阳县在秦始皇时代已设县,以溧水之阳为名。城在江苏省正南,宜兴之西,南与安徽、浙江为邻,上游溧河之水汇入此地,转入太湖。自古以来,此地为平坦地带,土地肥沃,是产粮米之区。

　　溧阳县城从唐代建县就在这个地方,千余年来,县城未改,宋元时代城墙已颓废,到明清两代又重修起来。

　　全城采取圆形,城墙亦为圆形,全城开四个城门。南城门曰南薰门,前后两楼。西城门,同样做两楼。北为北固门,东称东生门。四个城门,门洞、门楼基本上是同样的。从方位上看,南门偏西成为西南方向,北门偏东,成为东北门。东西二门各对东西方位。

　　全城由护城河围绕,河道紧临城墙。从上水门引入城中,城有水门两处,一个水门面向东南方向为下水关,有券洞口,正北方向为上水关,城做城楼。从上水门引入的河道一直到南城门之东,沿城墙拐入下水门出城,这是城中的主要河流。护城河从南薰门之外,有河道通入河中。

　　城内大道,南北不直通,仅从西门到东门大道直通。其他南北方向六条大道都不直通,出现许多丁字路口。

　　全城的建筑群:县署衙门大院,占据西北1/4城,正门对东西大路,路北方向。从前到后,一字影壁,八字小屋,正门为券门,上有楼,二门,正厅(大堂)三间过厅,东西两廊,大堂、二堂、后寝,左为承署、右为捕署,大院堂屋皆以中轴线前后贯穿,构成"前堂后寝"及左右对称式,符合中国礼制制度。平陵书院占据北固门内的大面积,它与养济院几乎占满全城东北的1/4。平陵书院的雁翅影壁,大门三间,前有廊,做出直棂栅栏,东西厢各七间;正堂楼阁,四周有墙围绕,使得平陵书院能有一个安静的环境。寺院为文武庙。

　　城的东南方位,占全城的1/4面积,有两大组建筑。第一处是学宫。在正门外的大河上,对中轴线架桥三座,大门做"一高两低式"五间门楼,东西二厢殿各三间,正面三间重楼的为学宫,再进入为重檐重楼,为学宫主要讲学之处。左为训马署,右为教论署。学宫用墙围绕,大墙之东还有武庙。第二处为城隍庙,大门三间,左右厢屋,正面有三间正殿,做重楼飞檐,十分壮观。还有坎离宫、三清殿、文昌阁,而文昌阁建在城墙之上部,为三重大阁。

　　参注:《溧阳县志》。

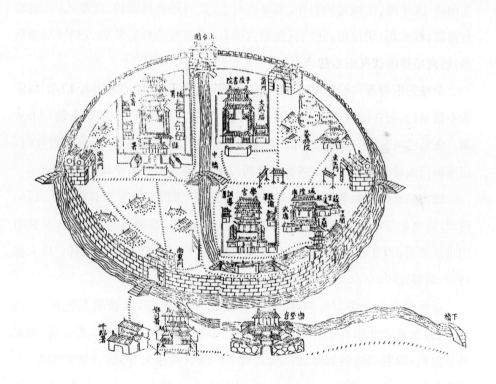

溧阳县城图　圆形城池　城中引入一条河

歙州城垣布局

安徽省歙州即是今日之歙县县城,从汉代开始设县。全城建在山间,做不整齐的形状,城池方而不方,圆而不圆,曲曲弯弯。城内正南方有马家坞、鸟聊山、太函山、文笔峰;东城城内有山,城外也有山,此外还有桃源坞、江象坞;北城墙有燕窝、程家坞、朱家坞,北门两侧城内也有山;西城墙外有斗山、石梦岭、观鸟山,城内城外也都有山。

全城的正南方向不建城门,唯在东南方向建紫阳门,城门东侧有水洞。城东也不做城门,仅在城之东北方向开问政门。新安门是正北门,门东也做一个水洞。西北门叫王屏门,建在山间。正西有一个城门,是主要的城门,名叫得胜门,这座城门四周有城墙包围。各城门做两门重檐,券门洞。五个城门布局相同。

城内的道路曲曲弯弯,从新安门到王屏门做半圆形路。从得胜门进入,通向问政门,也是弯弯曲曲的。从新安门向南走一段环路,直接通向新民桥。从紫阳门进入之后,为文庙、县衙署,这可能是许国坊。从得胜门进入,也有一座大牌坊,名叫解元坊。

城内的庙寺众多。在问政门内,有城隍庙、岁寒亭,东城有名宦祠、文昌阁;在县衙署之北山有文公祠、乡贤祠;在县衙之正东有土地庙、关帝庙;城北有节烈祠;得胜门内有元妙观。在县衙的西南有两座大寺院,一曰定光寺,二曰开化寺。

其他的建筑还有御书楼,也建在得胜门内。全城的庆钟楼选在问政门东侧的山顶端上。城中还建有书院,例如在城中心以及东城内有古问政书院、新问政书院,在城的中心有古紫阳书院。

歙县县城有以下特色:

1. 全城建设选用弯弯曲曲的地形。

2. 城址周围都有山,城墙都沿山建造。

3. 城门不相对,道路不直通。城内没有一条笔直的路,完全是从军事防御着眼。

4. 各城门不相对,每个城门都是扭脸的。什么叫做扭脸?例如从新政门进入后,面对山,城门脸面向东南方;王屏门面向西南方向,得胜门面向东及东南方,紫阳门面向东南方向。

5. 王屏门之西侧又建一座城墙,基本为方形。城内有一座小山,有一个小阙口与大城相连。得胜门之四周用一个方形小城包住,出入城门要过三道门。

6. 钟楼的位置与其他城池不同,这个城把钟楼建在全城的东北角的一个小山上,紧临城墙,名曰"庆钟楼"。

7. 县衙署与孔庙,在城中建造得过大,几乎占全城面积的1/2。

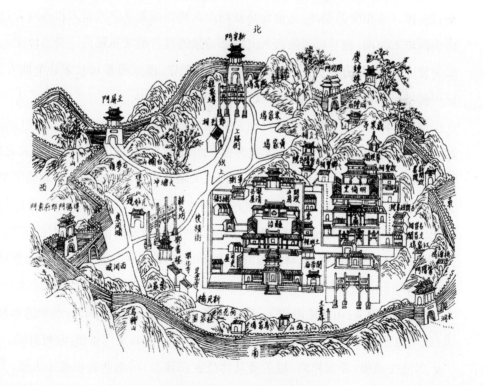

歙县县城图　城墙内外都有山

古潼关城楼成为一纸云烟

我国地大物博,天然形成山川古道、关隘要冲,丰富多彩。先民们就在这些险峻之地建设关城,用重兵把守,这是天然形成与人工建设互相结合的一种孔道、关卡,我国各地这样的关口是很多的。

古代潼关就是其中之一大险关,其地势适当黄河之曲,据崤函之险固,关城建在山腰,下临黄河,故称之谓险要关口。若从大的方面看,潼关西望华山,南临商岭,北据黄河,东接桃林要塞,实为历代兵家所争之地。按地理位置看,当地为秦、晋、豫三省相交的要冲,无论你是从河南入陕西或是从陕西进入山西或者是由山西进入河南,也可以说陕西入河南都必须通过古潼关东城门。自古以来关城斜建于山巅,故有斜坡,大清时代曾有重兵把守,派大将都司驻守这个地方。民国初年民军曾与清军激战,也在这个地方进行。

潼关,本名冲关,在西汉时已经建立关城,到东汉建安十六年(210年),马超、韩遂曾经屯兵在这个地方。北魏时代在此设置定居。到隋朝从旧址潼关北4里移到这个地方,至今已达1800多年。古代关隘甚多,其中有名的:晋北的平型关、雁门关;北京的居庸关;河北易县的紫荆关、倒马关;阜平的龙泉关;井陉的娘子关;汜水的虎牢关、正阳关;浙皖交界的颐岭关;新安的函谷关;灵宝的芦灵关;信阳的平靖关、武胜关;林虑山的壶关;和顺的黄榆关、康岭关;辽州的黄泽关;黎城的东阳关;泽州的天井关;大宁的马斗关;宝鸡的大散关;沔阳的阳平关;宁强的牢固关;山阳的漫川关;商南的富水关;平阳府的大庆关;永和的永和关;延川的延水关……这些都是我国特有的。地形不同,关门雄伟,险峻万端。

古潼关城楼,非常惊险,城关楼具体位置在陕西、河南两省相通之大道,关楼的北端紧临黄河,河水紧靠城关城墙,没有隙地,同时水面低下,这更是无法通过的。潼关城楼的南端紧依高山,紧连城墙,山水间有一条孔道,即是通往豫陕的通路。到关楼之时,道路则弯曲而进,所以险要万端,就在这险要之处建设关楼把守,有"一夫当关,万夫莫开"的场景。

古潼关的关楼,平面方形,除东西通道之外,关楼城台都是死墙,没有任何余地。城的关楼第一层为东西通达的券门门洞,关楼之东面券面的端顶用石匾刻"古潼关"三个大字。关台做明显的侧脚,上施城墙垛口,关楼的第二层每面各三间,四面外廊相通,以便窥视敌情。柱头梁枋施用简单的斗栱,楼顶四角挑起,上覆歇山屋顶,鸱尾头部向内,是一座典型的清式关楼建筑。上覆灰色瓦筒瓦,关楼建设坚固万分,宏伟壮观,人们走到关楼之时,觉得十分渺小。

笔者于1956年由晋入陕,过黄河风凌渡口,登上河南之岸,古城关城楼马上映入眼帘。不知什么原因,20世纪60年代将这个极其重要的古潼关城楼拆除了,古潼关城楼逝为一纸云烟。

古潼关城北门楼　地势险要

本书参考书目

刘敦桢主编:《中国古代建筑史》,中国建筑工业出版社,1984年6月。

梁思成:《中国建筑史》油印本。

董鉴泓:《中国古代城市建设》,中国建筑工业出版社,1998年11月。

阎崇年主编:《中国历代都城宫苑》,紫禁城出版社,1989年6月。

(清)戴震:《考工记图》,商务印书馆,1956年11月。

贺业钜:《考工记营国制度研究》,中国建筑工业出版社,1985年3月。

朱契:《明清两代宫苑建置沿革图考》,商务印书馆,1947年4月。

(明)张爵:《京师五城坊巷胡同集》,北京古籍出版社,1983年5月。

(清)朱一新:《京师巷坊志稿》,北京古籍出版社,1983年5月。

[瑞典]奥斯伍尔德·喜仁龙著,许永全译,宋惕冰校:《北京的城墙和城门》,北京燕山出版社,1985年8月。

蒋赞初:《南京史话》,江苏人民出版社,1980年11月。

(宋)孟元老:《东京梦华录》,中华书局出版,1982年3月。

邓之诚:《东京梦华录注》,中华书局出版,1982年1月。

铁玉钦等编著:《盛京皇宫》,紫禁城出版社,1987年5月。

赵立瀛、何融编著:《中国宫殿建筑》,中国建筑工业出版社,1989年8月。

陈桥驿主编:《中国历史名城》,中国青年出版社,1986年8月。

王学理:《秦都咸阳》,陕西人民出版社,1985年10月。

王国维:《水经注校》,上海人民出版社,1984年5月。

アンドリユボイド著:《中国の建筑と都市》,鹿鸟出版社,1954年9月。

[日本]高桥康夫:《京都中世都市史研究》,思文阁出版,1958年12月。

[日本]村田治郎:《中国的帝都》,京都综艺社,1956年4月;科学出版社,1986年。

新疆社科院考古所:《新疆考古三十年》,新疆人民出版社,1983年6月。

新疆文物考古所:《交河故城》,东方出版社,1998年。

中国建筑史编写组:《中国建筑史》,中国建筑工业出版社,1986年。

张博泉、苏金源、董玉瑛:《东北历代疆域史》,吉林人民出版社,1981年。

张驭寰:《古建筑勘查与探究》,江苏古籍出版社。

[日本]冈大路著,常赢生译:《中国宫苑园林史考》,农业出版社,1988年5月。

张驭寰:《北宋东京城复原研究》,《建筑学报》,2000年9期。

《十三经注疏》,中华书局,1979年。

佚名:《三辅黄图》,毕沅校正,丛书集成初编,上海商务印书馆,1936年。

叶骁军:《中国都城发展史》,陕西人民出版社,1988年。

《史记》、《后汉书》、《魏书》,中华书局,1975年5月。

(北魏)杨炫之著,范祥雍校注:《洛阳伽蓝记校注》,上海古籍出版社,1978年。

[日本]田中淡:《中国建筑史の研究》,东京弘文堂,1989。

张驭寰:《中国古代县城规划详解》,科学出版社,2007年10月。

张驭寰:《中国古代建筑文化》,机械工业出版社,2007年1月。

后 记

我国建国五十年来,在学界,关于中国古代城池史方面的书比较少,更是没有几本专著。本人在数十年间考察古建筑时,对古代城池尤为注意,积累了一些资料,从而有机会撰写成书。数年前作者应邀赴海外有关大学讲学,其中的讲稿,也对此书有所补充。除此之外,笔者在有关报刊上曾多次发表城池方面的研究文章。

这本书由天津百花文艺出版社于2003年5月第一次出版,印刷了一万册,当时该书的责任编辑为董令生同志。到今天已经超过五年的时间,全部图书也早已售完。

今天根据社会的需要,应广大读者的要求,又由中国友谊出版公司重新修订出版。作者修改了部分内容,又有机会与读者重新见面,如书中内容有不妥之处,敬请读者批评指正。

作者张驭寰书于

2008年12月